高等学校装配式建筑系列教材

装配式建筑数字化管理与实践

李政道　洪竞科　主　编

李　骁　陈　哲　副主编

王家远　刘炳胜　主　审

中国建筑工业出版社

图书在版编目（CIP）数据

装配式建筑数字化管理与实践 / 李政道，洪竞科主
编 . —北京：中国建筑工业出版社，2020.9
高等学校装配式建筑系列教材
ISBN 978-7-112-25491-0

Ⅰ.①装… Ⅱ.①李…②洪… Ⅲ.①装配式构件—
数字化—工程管理—高等学校—教材 Ⅳ.① TU3

中国版本图书馆 CIP 数据核字（2020）第 187162 号

　　本教材由 10 章组成。第 1 章主要介绍装配式建筑的相关概念、分类以及现状与发展趋势，以期让读者对其有一个基本的认识。第 2 章主要介绍装配式建筑供应链管理理论，让读者更全面了解装配式建筑的相关知识。第 3 章主要介绍可应用于装配式建筑的新一代信息技术，以期让读者对装配式建筑的信息技术有一个系统的了解。第 4 章与第 5 章主要介绍装配式建筑项目数字化管理系统的设计理念和构成框架以及系统功能，以期让读者对装配式建筑数字化管理系统有初步又清晰的了解。第 6 章~第 9 章分别介绍装配式建筑数字化管理系统的设计系统、生产管理系统、运输管理系统和装配管理系统，并结合应用案例进行阐释，以期帮助读者对装配式建筑数字化管理系统有更深层次的了解。第 10 章主要围绕实际案例详细地介绍和展示装配式建筑数字化管理系统的实施过程和功能应用效果，以期让读者对装配式建筑数字化管理系统有更直观和系统的掌握。

　　本教材可作为工程管理、土木工程等专业教学用书，也可以供高校师生、企业和项目管理人员在学习、研究及实践中加以应用借鉴。

　　为更好地支持相应课程的教学，我们向采用本书作为教材的教师提供教学课件，有需要者可与出版社联系，邮箱：jckj@cabp.com.cn，电话：（010）58337285，建工书院：http://edu.cabplink.com。

责任编辑：张　晶　牟琳琳
责任校对：张　颖

高等学校装配式建筑系列教材
装配式建筑数字化管理与实践
李政道　洪竞科　主　编
李　骁　陈　哲　副主编
王家远　刘炳胜　主　审

*

中国建筑工业出版社出版、发行（北京海淀三里河路 9 号）
各地新华书店、建筑书店经销
北京雅盈中佳图文设计公司制版
廊坊市海涛印刷有限公司印刷

*

开本：787 毫米 ×1092 毫米　1/16　印张：17　字数：386 千字
2021 年 7 月第一版　2021 年 7 月第一次印刷
定价：**59.00** 元（赠教师课件）
ISBN 978-7-112-25491-0
（36470）

高等学校装配式建筑系列教材编审委员会

序 言

随着建筑产业转型升级、不断发展，代表建筑业生产方式重大变革的装配式建筑成为了行业焦点和热点。为更好地推进建筑工业化（装配式建筑）、产业化，促进装配式建筑稳步、有序发展，相关政策、标准规范不断推出。在国家的大力推动下，装配式建筑迎来了黄金发展时期。2016 年 9 月，国务院办公厅印发《国务院办公厅关于大力发展装配式建筑的指导意见》（国办发 [2016]71 号）（简称《指导意见》），《指导意见》明确指出："大力培养装配式建筑设计、生产、施工、管理等专业人才。鼓励高等学校、职业学校设置装配式建筑相关课程，推动装配式建筑企业开展校企合作，创新人才培养模式。"同时，《装配式混凝土建筑技术标准》《装配式钢结构建筑技术标准》等相关标准规范也由住房和城乡建设部陆续推出。

为贯彻落实国务院《指导意见》精神，更好地满足教学需求，高等学校工程管理和工程造价学科专业指导委员会和中国建筑工业出版社共同组织策划了高等学校装配式建筑系列教材，在充分调研的基础上，组建成立了以专业指导委员会专家委员为骨干，各建筑类高校知名教授、专家广泛参与的教材编写团队（暨高等学校装配式建筑系列教材编审委员会），对教材的编写和出版进行顶层设计、内容把关。教材编审委员会分别于 2017 年 1 月和 2017 年 12 月开展了两次会议，确定了系列教材的课程名单、主编、进度节点等内容，致力于将本系列教材打造为高等学校工程管理类专业的核心教材、经典教材。教材内容具有前瞻性、实用性，突出建筑工业化的难点、重点，与专业相结合，深入介绍、阐明装配式建筑与建筑工业化的内在关系，为广大院校师生提供最新、最好的专业知识。

本系列教材的编写出版，是高等学校工程管理类专业教学内容变革与创新和教材建设在装配式建筑领域的一次全新尝试和有益拓展，是推进专业教学改革、助力专业教学的重要成果。我们期待与广大兄弟院校一道，锐意进取、携手共进，通过教材建设为高等学校工程管理类专业的不断发展做出新的贡献！

高等学校工程管理和工程造价学科专业指导委员会

中国建筑工业出版社

2018 年 6 月

前　言

城镇化是一个国家通向现代化的必经之路。城镇建设是城镇化的重要前提，建筑业的发展更是推动城镇化的重要动力。改革开放以来，我国城镇化率不断提升，但传统建造方式提供的建筑产品已不能满足人们对高品质建筑产品的美好需求，传统粗放型的发展模式已不能适应我国进入高质量发展阶段的时代要求。装配式建筑作为转变城乡建设模式和促进建筑业可持续发展的一种重要手段得到了国家层面的密切关注。国务院《关于进一步加强城市规划建设管理工作的若干意见》提出了"推广装配式建筑，力争用10年左右时间，使装配式建筑占新建建筑的比例达到30%"的发展目标和要求，预示在我国今后新型城镇化进程中，以装配式建筑为代表的工业化建筑将进入快速、规模化的发展阶段。

作为一种新型建筑生产方式，装配式建筑具有标准化设计、工厂化生产、装配化施工、信息化管理等特点，有利于节约资源能源、减少施工污染、提升劳动生产效率和质量安全水平。经过长期发展，国外发达国家已具有相对成熟的装配式技术应用与管理水平，但我国装配式建筑的发展饱受技术创新缺乏、产业协同不足、数字化水平低下等痛点的制约，应用效果及优势仍不显著。因此，在装配式建筑项目建造及运营全过程管理实践中，信息化与工业化的协同是核心难题。

2020年7月，住房和城乡建设部等十三个部门联合印发的《关于推动智能建造与建筑工业化协同发展的指导意见》提出"加大智能建造在工程建设各环节应用，形成涵盖科研、设计、生产加工、施工装配、运营等全产业链融合一体的智能建造产业体系。"在实现这个目标的过程中，不仅需要积极探索智能建造与建筑工业化协同发展路径和模式，更需通过新一代信息技术手段优化装配式建筑项目全过程管理，提升智能化建造水平。

本书从我国"新型基础设施建设"背景出发，基于装配式建筑全生命周期视角，对装配式建筑及其供应链管理的理论研究、发展和实践经验进行了系统梳理，分析总结了新一代信息技术与装配式建筑的融合应用情况，并构建了一套完整的装配式建筑数字化管理系统，详细介绍了装配式建筑数字化设计、生产、运输和装配的功能应用。在此基础上，本书将理论与实际工程应用相互结合，以期改变我国目前装配式建筑发展困局，有效提升建筑工程技术管理水平和数字化建造效益。

本书由李政道、洪竞科主编，由王家远、刘炳胜主审，由李骁、陈哲担任副主编。其中，李政道负责了本书第5～7章的编写，洪竞科负责了本书第8～10章的编写，李骁负责了本书第1、2章的编写，陈哲负责了本书第3、4章的编写。在本书的撰写过程中，作者特别感谢李张苗、王宏涛、向中儒、陈永忠、刘洪占、张宗军、李世钟、彭明、朱福建、杨晨、曾涛、郝晓冬、王琼、严计升、朱俊乐等行业专家在项目实践及应用过程中提供的大力支持。特别感谢刘贵文、沈岐平、郑展鹏、Nguyen Khoa Le、薛帆、彭喆、袁奕萱、王昊、郭珊、梁昕、李骁、罗丽姿、于涛、林雪等专家学者提供的专业技术咨询及指导意见。此外，硕士研究生陈哲承担了整书基础性的工作，其余多名硕士研究生参与了本书的资料收集、整理及文字校对工作。其中，本书的第 1~3 章由陈哲、赵祎彧负责；第 4、5 章分别由赖旭露、张丽梅负责；第 6、7 章由周美转负责；第 8 章胡明聪、张丽梅负责；第 9 章由胡明聪、赖旭露负责；第 10 章由赖旭露、张丽梅负责。

本书由国家自然科学基金项目（52078302 和 71801159）、广东省自然科学基金项目（2021A1515012204 和 2018A030310534）、教育部人文社科基金（18YJCZH090）、深圳市科技创新委员会项目（JCYJ20190808174409266 和 GJHZ20200731095806017）及深圳大学教材出版基金资助出版。另外，本书还借鉴和参考了部分国内外专家学者的研究成果，此处未能一一列举说明，谨在此一并表示衷心的感谢。

在我国清洁生产转型发展以及"中国建造"升级框架下，装配式建筑数字化管理及其实践已成为提升装配式建筑项目建造效率的核心手段。因此，以协同创新为基础，新一代信息技术发展及其融合应用，必然会是一个不断进步及创新的过程。为此，虽本书对相关理论和应用进行了多角度梳理和总结，但对其全面研判也难免挂一漏万，敬请大家批评指正并提出宝贵意见，以便后续不断修改完善。

李政道

2021 年 6 月于深圳大学荔园

目 录

1 装配式建筑概论 ··· 001

  1.1 装配式建筑概念、分类及优缺点 ································ 001

  1.2 装配式建筑发展历程 ·· 009

  1.3 我国装配式建筑现状 ·· 014

  1.4 装配式建筑未来发展趋势 ···································· 029

2 装配式建筑供应链管理概论 ······································ 033

  2.1 供应链管理 ··· 033

  2.2 装配式建筑供应链管理 ······································ 037

  2.3 装配式建筑供应链信息化管理 ································ 039

3 装配式建筑与新一代信息技术融合应用 ···························· 046

  3.1 5G 通信技术 ·· 046

  3.2 BIM 技术 ·· 050

  3.3 P-BIM 技术 ·· 057

  3.4 物联网技术 ·· 060

  3.5 GIS 技术 ·· 064

  3.6 MES 技术 ·· 067

  3.7 大数据技术 ·· 070

  3.8 云技术 ·· 072

  3.9 人工智能（AI）技术 ·· 074

  3.10 3D 打印技术 ··· 076

  3.11 区块链技术 ··· 078

4 装配式建筑项目数字化管理系统构建 ······························ 081

  4.1 指导思想及构建原则 ·· 081

  4.2 系统建设管理目标 ··· 083

  4.3 系统总体方案架构 ··· 084

  4.4 系统总体功能 ··· 093

  4.5 实现关键技术 ··· 096

  4.6 管理组织体系 ··· 104

5 装配式建筑项目数字化管理系统功能 ························· 107

   5.1 项目管理理念 ··· 107

   5.2 系统功能目标与技术路线 ································· 114

   5.3 系统总体应用框架 ······································· 121

   5.4 系统架构 ··· 123

   5.5 主要功能 ··· 124

6 装配式建筑数字化设计 ······································· 131

   6.1 装配式建筑数字化设计理念 ······························ 131

   6.2 装配式建筑设计基本内容 ································· 134

   6.3 装配式建筑数字化设计技术 ······························ 142

   6.4 装配式建筑数字化设计管理 ······························ 149

   6.5 应用案例 ··· 152

7 装配式建筑数字化生产管理系统 ······························ 158

   7.1 装配式建筑数字化生产管理理念 ·························· 158

   7.2 装配式建筑预制构件生产内容 ···························· 159

   7.3 装配式建筑数字化生产技术 ······························ 170

   7.4 装配式建筑数字化生产管理 ······························ 171

   7.5 应用案例 ··· 176

8 装配式建筑数字化运输管理系统 ······························ 181

   8.1 装配式建筑数字化运输理念 ······························ 181

   8.2 装配式建筑数字化运输系统建设目标 ····················· 188

   8.3 数字化运输系统的内容与组成 ···························· 191

   8.4 主要功能 ··· 195

9 装配式建筑数字化装配管理系统 ······························ 198

   9.1 装配式建筑数字化装配理念 ······························ 198

   9.2 装配式建筑预制构件装配的特点 ·························· 202

   9.3 装配式建筑预制构件装配施工工艺 ························ 204

9.4　数字化装配管理系统内容及组成 ·· 216

9.5　装配式建筑数字化装配系统主要功能 ··································· 221

10　装配式建筑项目案例数字化管理实践 ································· 226

10.1　工程概况 ··· 226

10.2　应用背景 ··· 227

10.3　数字化管理系统的功能 ··· 228

10.4　系统的安装和实施 ··· 237

10.5　系统的运行管理 ··· 240

10.6　项目管理的优化 ··· 251

10.7　应用效果 ··· 253

参考文献 ··· 254

1 装配式建筑概论

1.1 装配式建筑概念、分类及优缺点

1.1.1 装配式建筑概念

自21世纪以来，我国建筑行业进入了一个快速发展的时期，为我国国民经济的增长作出了重要贡献，带动了一系列附属相关产业的发展。然而，随着人口增加、环境恶化、资源短缺、人工价格升高、土地形势日益严峻以及行业竞争压力增大，以往粗放型的建筑方式已不能满足当今建筑行业可持续化发展的要求。因此，为提高建筑企业的市场竞争力，推动建筑业向信息化、工业化及可持续化转型，装配式建筑应运而生。发展装配式建筑是推进新型建筑工业化的一个重要载体和途径，也是切实转变城市建设模式，建设资源节约型、环境友好型城市的现实需要。

装配式建筑是指建筑经过集成化、标准化设计（建筑、结构、给水排水、电气、设备、装修）后，将传统建造方式中的大量现场作业变为工厂化生产，在工厂中通过机械化生产方式制作建筑所需的构件，如楼板、墙板、楼梯、阳台等，将构件运输至施工现场后，通过可靠的连接方式装配安装而成的建筑。图1-1为某装配式建筑项目施工现场。

装配式建筑的主要建造流程可分为四个阶段（图1-2）：

（1）构件标准化设计

预制构件的设计对其生产、运输和安装有着极其重要的影响。在设计阶段，可建设性、可运输性和可施工性都必须考虑在内，设计单位要坚持标准化、规范化的设计原则，确保构件的精准和规范。

（2）构件预制生产

构件经过设计后，由构件预制厂进行机械化

图1-1　某装配式建筑项目施工现场

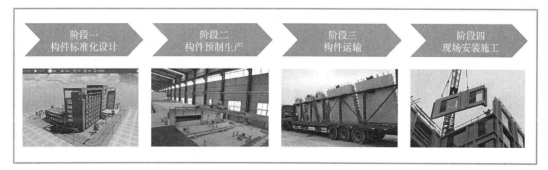

图1-2　装配式建筑主要建造流程

生产，预制构件可以包括梁、柱、墙板、楼板、楼梯等部品部件。工厂化的预制构件的优势在于能够实现成批工业化生产，节约材料，降低成本；有成熟的施工工艺，有利于保证构件质量；由于使用机械化生产，能加快工程进度，降低工人劳动强度。

（3）构件运输

预制构件制作、养护完成后，储存在构件预制厂，然后由运输公司负责将预制构件运输到施工现场，交付给施工方进行组装。由于预制墙板、楼板尺寸较大，合理的运输规划不容忽视。

（4）现场安装施工

构件运输至现场后，通过塔式起重机将构件吊起至指定安装位置，由现场施工人员进行调整、安装和连接。针对具体的项目情况，建筑的组装方式和施工进度都应当根据实际情况进行调整。

1.1.2 装配式建筑分类

1. 按建筑结构体系分类

（1）砌块建筑

顾名思义，砌块建筑（图1-3）是指用预制的块状材料砌成墙体的建筑，一般用于建造低层建筑（3~5层），在设计过程中可以通过提高砌块强度或配置钢筋适当增加楼层层数。砌块建筑具有适应性强、生产工艺较为简单、施工简单方便、造价较低的优势。砌块按大小可分为小型、中型、大型。小型砌块的工业化程度较低，优点是灵活方便，使用广泛，适用于人工搬运和砌筑；中型砌块可用小型机械吊装，节省砌筑劳动力；而大型砌块在实际工程中使用较少，目前已被预制大型板材所代替。

砌块又可分为实心和空心两种，实心砌块一般采用轻质材料预制而成。砌块之间的连接缝是确保砌体强度的关键，一般可采用水泥砂浆砌筑，小型砌块还可采用套接的干插法，可减少施工中的湿作业。有些砌块的表面经过一定的处理后可作清水墙。

（2）板材建筑

板材建筑（图1-4）又可称为大板建筑，是全装配式建筑的主要类型，其结构主要由大型

图1-3 装配式砌块建筑

图1-4 装配式板材建筑

内外墙板、楼板和屋面板等板材构成，由工厂事先预制生产后运输至施工现场装配而成。板材建筑的优势在于能有效减轻结构自重，提高建筑装配率，扩大建筑的使用面积和提供良好的抗震能力。板材建筑中的内墙板一般为钢筋混凝土的实心板或空心板，外墙板一般采用带保温层的钢筋混凝土复合板，或采用轻骨料混凝土、泡沫混凝土等带有外饰面的预制墙板。建筑内常采用集中的室内管道配件或盒式卫生间等，以提高建筑装配率。大板建筑的关键在于节点设计，在结构上应确保构件连接的整体性，其次在防水构造上要着重解决外墙板接缝之间的防水问题，以及楼缝、角部的热工处理问题。大板建筑的不足在于建筑物造型和布局有较大的局限性；小开间横向承重的大板建筑内部分隔灵活性不足（纵墙式、内柱式和大跨度楼板式的内部则可灵活划分建筑使用空间）。

（3）盒式建筑

在板材建筑的基础上经过发展之后形成了盒式建筑（图1-5），因此其工厂化的程度非常高，现场安装快。工厂先完成盒子的结构部分，然后可以进行盒子内部装修和设备安装，甚至连家具、地板等一概安装齐全，盒子吊装完成、接好管线后即可使用。盒式建筑的缺点是前期投资大，盒子自重较大，运输不便，且必须使用重型吊装设备安装盒子，因此发展受到限制。其主要装配形式有：

1）全盒式：如图1-5右图所示，建筑主体全部由承重盒子重叠构成。

2）板材盒式：将小开间的厨房、卫生间或楼梯间等在工厂预制成承重盒子，运输至施工现场后与墙板和楼板等预制构件装配而成。

3）核心体盒式：将卫生间盒子作为承重核心，四周再用预制楼板、墙板或骨架组成建筑。

4）骨架盒式：用轻质材料制成的许多住宅单元或单间式盒子，支承在承重骨架上形成建筑。其次还可以用轻质材料预制成安装齐全的卫生间盒子，安置在其他结构形式的建筑中。

（4）骨架板材建筑

骨架板材建筑（图1-6）由预制的骨架和板材构成，其承重结构一般有两种形式。一种是由预制柱和梁构成框架承重结构，然后放置楼板和非承重的内外墙板的框架结构体系；另一

图1-5　盒式建筑

图1-6　骨架板材建筑

种是由预制柱和楼板构成承重的板柱结构体系，内外墙板也是非承重的。承重的骨架一般多采用重型的钢筋混凝土结构，也有采用钢和木做成的骨架和板材组合，但是一般用于轻型装配式建筑中。骨架板材建筑的优势在于结构合理，可以减轻建筑物的自重，内部分隔灵活，适用于多层和高层的建筑。

前面所述的第一种钢筋混凝土框架结构体系的骨架板材建筑可分为两种：全装配式；预制和现浇相结合的装配整体式。构件之间的连接是保证这类建筑的结构具有足够的刚度和整体性的关键。柱与基础、柱与梁、梁与板、梁与梁等之间的节点连接，应根据结构的需要和施工条件，通过计算进行设计和选择节点连接方法，常见的方法有焊接法、牛腿搁置法和留筋现浇成整体的叠合法等。

板柱结构体系的骨架板材建筑由方形或接近方形的预制楼板与预制柱组合而成。楼板多数为四角搁置在柱上，也有在楼板接缝处留槽，从柱预留孔中穿钢筋，张拉后灌混凝土。

（5）升板和升层建筑

升板和升层建筑的结构体系是由板与柱一起承重。其在底层混凝土地面上重复浇筑各层楼板和屋面板，然后竖立预制钢筋混凝土柱，以柱为导杆，用放在柱上的千斤顶把楼板和屋面板升高到设计高度，加以固定，因此被称为升板和升层建筑。外墙可用砖墙、砌块墙、预制外墙板、轻质组合墙板或幕墙等非承重墙，也可以在提升楼板时提升滑动模板、浇筑外墙。由于升板建筑施工时大量操作在地面进行，可减少高空和垂直运输作业，节约模板和脚手架，并可减少施工现场占地面积。升板建筑多采用无梁楼板或双向密肋楼板，楼板同柱子连接节点常采用后浇柱帽或采用承重销、剪力块等无柱节点。升板建筑一般柱距较大，楼板承载力也较强，多用于商场、仓库、工厂和多层车库等。而升层建筑是在升板建筑每层的楼板还在地面时先安装好内外预制墙体，一起提升的建筑。升层建筑可以加快施工速度，比较适用于场地条件受限的地方。

2. 按构件材料分类

（1）预制装配式混凝土结构

预制装配式混凝土结构也称为PC结构，通常把钢筋混凝土预制构件通称PC构件。按结构承重方式可分为以下两种：

1）剪力墙结构

剪力墙结构（图1-7）中作为承重结构的是剪力墙墙板，作为受弯构件就是楼板。现阶段装配式建筑的预制构件生产厂大多生产板构件。装配施工时以吊装为主，吊装后再处理构件之间的连接构造问题。

2）框架结构

框架结构（图1-8）用更换模具的方式在同一条生产线上分别生产柱、梁、板构件。施

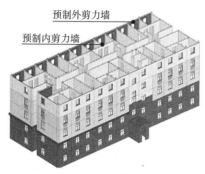

图1-7 剪力墙结构

图1-8 框架结构

工时进行构件的吊装施工，吊装后再处理构件之间的节点构造问题。框架结构的墙体在框架吊装完成之后再组装墙板（可以是轻质、保温环保的绿色板材）。

（2）预制集装箱式结构

集装箱式结构的材料主要是钢筋混凝土，一般是按建筑的需求，预先在工厂制作建筑的部件，例如客厅、卧室、卫生间、阳台等。一个部件即为一个房间，相当于一个集成的箱体，在施工现场进行吊装组合。材料不仅限于钢筋混凝土，例如，日本早期装配式建筑集装箱结构用的是高强度塑料，但其防火性能较差。

（3）预制装配式钢结构

预制装配式钢结构也称为 PS 结构（图 1-9），主要采用钢材制作预制构件，再外加楼板、墙板及楼梯组装成建筑。PS 结构建筑又可分为全钢（型钢）结构和轻钢结构。钢结构的承重部分采用型钢，其有较高的承载力，可用于装配高层建筑；轻钢结构以薄壁钢材作为构件的主要材料，可内嵌轻质墙板，主要用于多层建筑或小型别墅建筑。

1）全钢结构

全钢（型钢）结构的截面较大，因此具有较高的承载力，截面可为工字钢、L 型钢或 T 型钢。根据结构设计的设计要求，在特有的生产线上生产柱、梁和楼梯等构件。装配时构件的连接可以是锚固（加腹板和螺栓）、也可以采用焊接。

2）轻钢结构

轻钢结构则一般采用截面较小的轻质槽钢，槽的宽度由结构设计确定。轻质槽钢截面小，一般较薄，在槽内装配轻质板材作为轻钢结构的整体板材，施工时进行整体装配。由于轻质槽钢截面小而承载力小，一般用于多层建筑或别墅建筑。轻钢结构施工一般采用螺栓连接，具有施工快、工期短、便于拆卸的优势，目前市场前景较好。

（4）木结构

木结构装配式建筑（图 1-10）的柱、梁、板、墙、楼梯等构件均用木材制造。木结构装配式建筑的优势在于具有良好的抗震性能和环保性能。一些木材资源丰富的国家，如德国、俄罗斯等，则大力发展木结构装配式建筑。但是由于木结构装配式建筑主要建筑材料为木材，易遭受火灾、白蚁侵蚀和雨水腐蚀，与混凝土建筑相比维持时间不长。

图1-9　装配式钢结构

图1-10　木结构装配式建筑

1.1.3 装配式建筑的优势

1. 施工生产优势

（1）节省消耗，降低人工成本

传统的施工建筑生产模式消耗能源约占全国能源消耗的35%。在传统的现浇式施工方式中，由于施工项目的构件尺寸各不相同，造成施工使用的模板无法重复使用，只能采购一次性的木质模板并根据实际需求切割成不同尺寸，导致大量木材浪费。而装配式建筑由于标准化设计，各个项目的构件尺寸比较统一，其采用的钢模板可循环使用，能大幅减少木材资源的使用和浪费。据统计，与传统现浇混凝土施工模式相比，装配式技术可节约水约25%，节约木板材料约60%，降低施工能源消耗约20%。而装配式建筑由于将现场施工转化成了模板工程，标准化作业大幅降低了木材等资源的消耗。另外在人工成本方面，目前我国建筑行业工人呈老龄化趋势，劳动力短缺，劳动力成本逐年增加，给现浇的建筑生产方式增加成本负担。装配式建筑由于采用工厂化生产、机械化现场安装的施工方式，能有效减少现场施工作业和施工人员，降低人工费用，从而减少施工中的人工成本。

（2）生产率提高，缩短工期

传统的施工方法在混凝土浇筑和养护上耗费大量的时间，很难优化其对时间的利用率，而装配式建筑在工厂里预先生产大量预制构件，这些预制构件运输到施工现场进行装配。工厂的生产效率远高于手工作业，施工装配机械化程度高，能大幅减少传统现浇施工现场大量和泥、抹灰等湿作业，并且交叉作业方便有序，提高了劳动生产效率，因此可以缩短施工时间。并且工厂化的生产方式可以不受恶劣天气等自然环境的影响，工期更为可控。

（3）保证工程质量，减少安全隐患

传统现浇式施工方式的现场施工条件容易受外界环境的影响，如高温、雨天等，同时施工现场的人员情况相对复杂，现场的施工管理难免出现疏忽，建筑构件质量难以保证，而装配式的建筑施工方式，可以大大降低这些不利因素的影响。相比于传统施工模式，装配式建筑在工艺流程、原材料等方面加工工艺更为标准化，构件生产车间的温度、湿度能进行较好的控制，对预制构件的生产、后期养护更容易把控，进而使预制构件的质量和安全性能比现场建筑施工构件更有保障。同时，在现场的装配施工阶段，采用专业的安装工作队伍和施工机械进行构件的组合安装，工作流程集约化以便于集中管理，从而使装配式建筑的施工质量得到很好的保证。

赖忠毅和马少春教授等人通过观察和实验研究，发现装配式建筑具有良好的抗震性能，能更好地保证用户安全。装配式建筑的大多数相关组件均由介电材料制成，因此建筑物的隔热性能也更好；此外，大多数预制建筑物的结构元素通常由钢筋混凝土制成，制造商对主要使用的混合方法熟悉，可灵活构建一个所需要的刚性预制构件，这种方法不仅能够提高适应外部环境的能力，同时也提高了建筑物的承载力，保证了建筑物的质量。

传统现浇的施工方式由于现场作业量大，工序复杂，再加上高空和露天作业多，存在诸多安全隐患。而装配式建筑构件集中在工厂中生产，具备相应的生产车间，工人的工作环境得以改善。在施工过程中，主要采用大型起吊设备进行吊运安装，施工人员的劳动强度也大幅降低，进而有效降低工人由于疲劳而引起的意外伤亡事故，因此能大幅减少安全隐患。

（4）模数化设计，造型美观新颖

装配式建筑采用模数化设计的方式，可以结合周边环境进行设计，使建筑更自然、更和谐地与城市环境融为一体，这种设计方式生产出的建筑物结构灵活，造型美观，性能良好，更能满足新时期下人们的物质与精神文化需要。

2. 社会经济优势

（1）减少环境污染，推行绿色建筑概念

与传统的现场浇筑方式相比较，装配式建筑的构件是通过工厂化生产（图1-11），现场装配式施工的，因而不需要现场搅拌水泥、现场粉刷等操作，湿作业比较少，对施工现场周边环境的影响降到最低，并且避免大量施工机械运转，很大程度上能降低施工现场的粉尘和噪声等环境污染。

数据表明，装配式建筑的各类构件可回收率超过60%；建筑废弃物相比于传统的现浇式施工方式可减少80%以上；混凝土损耗比传统的现浇式施工方式可减少35%以上；建筑节能可比传统的现浇式施工方式高出50%以上。由此可看出装配式的施工方式在节能环保、减少污染方面远优于传统的现浇式施工方式。

（2）推动建筑工业化发展，带动经济增长

装配式建筑的产业化带动新的产业模式，促进相关产业升级，拉长建筑产业链条，全面提升规划、设计、施工等企业的技术变革，还能增加建筑附加值，实现建筑业产值增加。

1）装配式建筑的发展能带动众多新型产业的发展。装配式建筑包括有混凝土结构建筑、钢结构建筑、木结构建筑等，量大面广，产业链长且分支众多。发展装配式建筑能够为预制构件生产企业、专用设备制造企业、物流产业、信息产业等开拓新的市场，促进产业再造和增加就业。随着产业链条向纵深和广度不断发展，将催生更多的相关配套企业，从而推动建筑工业化的发展进程。

图1-11 装配式建筑预制构件生产车间

2）拉动投资，带动地方经济发展。发展装配式建筑必须投资建厂，生产建筑所需要的预制构件，能带动大量社会投资涌入。其次，从国家住宅产业现代化试点（示范）城市的发展过程看，凭着引入"一批企业"，建设"一批项目"，带动"一片区域"，形成"一系列新经济增长点"，发展装配式建筑能有效刺激区域经济快速增长。

（3）装配式建筑的税收优惠政策

装配式建筑不仅能缓解建筑业施工战线长、现场管理难度高等问题，在税务管理方面也有诸多优势。

耕地占用税和城市土地使用税：传统建筑行业，为了便于运输和使用，钢筋加工厂、作业车间、混凝土拌合站等一般设在工地附近。对于铁路、高速工程，多占用野外田地，项目占用的耕地所产生的耕地占用税是项目中的一块较大开支；对于地铁市政项目，由于工作区域较大，也会产生较高的城镇土地使用税。而装配式建筑主体基本都在装配式车间完成，能大幅减少现场施工作业面的占用，节省耕地占用税和城镇土地使用税的支出。

增值税：2016年国务院办公厅发布《关于大力发展装配式建筑的指导意见》中指出，支持符合高新技术企业要求的建筑零部件装配，享受相关优惠政策。符合新材料目录的预制结构件生产企业可享受增值税即征即退的政策。

企业所得税：国家近年来鼓励创新和研发，装配式建筑目前处于起步阶段，各种工艺技术都有待进一步优化和创新，符合要求的相关研发事项不仅可以在税前扣除，还享受75%的优惠政策扣除。

1.1.4　目前装配式建筑的局限性

装配式建筑的建造方式符合国内建筑业的发展趋势，随着建筑工业化和产业化不断推进，装配式建筑的应用落地将会越来越广泛，但是在现阶段，装配式建筑还存在工艺落后、工业化程度低，数字化、智能化管理不足等问题，在这些方面尚需要进一步加大科学研究的工作，促进装配式建筑的发展。

1. 数字化、智能化管理的不足

装配式建筑建造过程不同于传统的现浇式施工方式，涉及研发、设计、构件生产、施工以及后期运营维护阶段，对业主单位、设计单位、构件生产厂商、行业监管部门和施工单位都提出了新的要求和挑战。目前产业相关的监管机制、技术体系和配套政策亟待进一步的完善，特别是装配式建筑产业链条各利益相关方企业管理系统信息化程度低，系统间的信息孤岛导致产业链条上的各单位缺乏有效的项目协同管理、建设过程缺乏实时定位追溯管理系统，项目管理过程无法实现实时可视化等管理问题，制约着装配式建筑产业链的进一步发展。

2. 工艺落后、工业化程度低

相比发达国家而言，国内预制构件产品形式单一，机械化和工业化水平较低，生产的构件达不到规定的质量标准。美国、德国、新加坡、日本等发达国家和地区对装配式建筑的应用较为广泛，可达到60%以上，而我国尚未达到10%，未能形成规模化效应，难以发挥装配式建筑的优势。

3. 装配式建筑综合成本较高

在大规模工业化的基础上,工业化生产能够极大程度地提高劳动效率,同时节约建筑成本。然而,就现阶段而言,装配式建筑工程成本较传统施工建筑方式较高。主要原因在于构件生产基地建设一次性投资较大,构件摊销费高,同时构件生产标准化程度低,最终导致预制构件单价较高。此外,装配式建筑结构体系试点在项目设计、生产、运输及安装协同运作方面存在难度,项目实际工期远超预期,导致装配式建筑工程成本增加。据测算,混凝土预制装配技术约增加 300~500 元 /m² 建设成本。另外,现阶段国内建筑市场劳动力成本仍较低廉,导致装配式建筑结构体系对项目劳动力成本的节约有限,与传统现浇结构体系相比,在综合成本上不占优势。

4. 市场认可度较低

装配式建筑相比于传统的现浇式建筑而言,存在高额的税赋落差和其他一系列相关因素增加了企业的前期一次性投入成本,极大地降低了预制构件生产企业的生产积极性。同时,房地产开发商对装配式建筑的认可度较低,不愿意开发装配式住宅,即便个别开发商愿意开发装配式住宅,消费者也会因为装配式建筑普及率不高,对装配式建筑的概念和优势模糊不清,持保守态度而不愿意购入。

5. 装配式技术标准体系缺乏

现阶段缺乏完整的混凝土预制装配技术标准体系,装配式建筑的设计、生产、施工、验收环节均缺乏标准,也没有适用于装配式施工的定额可供参考,缺乏能够熟练掌握装配式施工技术的施工单位。虽然有的开发公司认识到装配式建筑未来的广阔发展前景,但一些承包商如设计、施工单位都不具备装配式建筑的研发能力。技术体系的不成熟阻碍了装配式建筑的发展,目前我国的装配式建筑预制构件的标准数量远低于发达国家的水平,完善技术标准体系是发展装配式建筑的当务之急。

6. 产业管理不完善

装配式建筑生产过程包括建筑产品的前期研发、设计、构件生产、运输、现场装配施工、后期运营维护,涉及业主方、设计单位、构件生产厂商、运输单位、构件安装单位和施工单位等,所有的上下游企业形成完整的产业链,然而现阶段装配式建筑产品的产业链发展尚不成熟。对开发商来说,只有少数开发企业有足够的资金及管理能力发展装配式建筑,多数企业缺乏装配式建筑的建设能力。对构件生产企业而言,国内只有少数企业具有优质建筑预制构件生产能力,同时缺乏设计单位、运输单位及施工单位的有效沟通协作,难以整合产业链以满足装配式建筑产品项目开发需要。

1.2 装配式建筑发展历程

发达国家的装配式建筑大多经过几十年甚至上百年的时间发展,已达到相对成熟、完善的阶段,其中美国、日本、新加坡、法国、瑞典、丹麦、德国等是最为典型的国家。各国结合自身的实际情况，选择了不同的发展道路和方式。

1.2.1 欧洲装配式建筑发展历程

装配式建筑产生于传统建筑生产方式，在适应各国各阶段的建筑需求中不断发展。第二次世界大战结束后，战争使得欧洲各参与国受到了严重的创伤，建筑特别是住宅楼房急需大量的重建。为了快速且高效地解决住房问题，欧洲采取装配式的方式建造了一大批的房屋建筑，并因此形成了一套标准且完整的装配式建筑住宅体系，随后预制装配式混凝土结构被推广到美国、日本、新加坡等国家。

1. 法国

法国 1891 年就已开始装配式混凝土的发展，至今已有 130 年的历史。法国建筑工业化以混凝土体系为主，钢、木结构体系为辅，多采用框架或板柱体系，并逐步向大跨度发展。现阶段，法国建筑工业化的特点是：焊接连接等干法作业流行；结构构件与设备、装修工程分开，减少预埋，使得生产和施工质量提高；主要采用预应力混凝土装配式框架结构体系，装配率可达到 80%，脚手架用量减少 50%，节能可达 70%。图 1-12 为法国装配式建筑南泰尔公寓楼。

2. 瑞典和丹麦

瑞典和丹麦早在 1950 年初就已有大量企业开发混凝土、板墙装配的预制构件。目前，新建装配式住宅通用部件占比达到 80%，满足多样性的需求的同时，又达到了 50% 以上的节能率，这种新建住宅比传统住宅的能耗有大幅的下降。丹麦则主要将模数法制化应用在装配式住宅，国际标准化组织 ISO 模数协调标准就是以丹麦的标准为蓝本编制。因此丹麦推行装配式建筑的途径是以产品目录设计为标准的体系，从而使构件达到标准化，然后实现多元化的需求，所以丹麦建筑实现了多元化与标准化的和谐统一。

3. 德国

纵观德国装配式工业化住宅的发展历程，大致经历了以下三个阶段：

第一阶段（1945~1960 年）：工业化形成的初期阶段。该阶段主要是建立工业化生产（建造）体系。由于战争的破坏、城市化的发展以及难民的涌入，导致民主德国、联邦德国地区的住宅极度短缺，这为混凝土预制构件的发展提供了契机。在这一时期，德国各地出现了各种类型的大板住宅建筑体系，如劳斯（Cauus）体系、组装板（Plate Assembly）体系、劳森娜 & 尼尔森（Larsena & Nielsen）体系等。这些体系可采用框架体系和非框架体系，主体结构构件有混凝土预制楼板和墙板。特别是组装板体系在德国得到了广泛应用，德国拜耳集团在勒沃库森最早建立的四层楼染料厂，就是采

图1-12　法国南泰尔公寓楼

用组装板体系的板式结构，它由 T 形板组装而成，其墙板、楼板的宽度均为 1.5m，楼板跨度为 15m。

第二阶段（1960~1980 年）：工业化的快速发展期。该阶段的重点在于提高住宅的质量和性价比。由于经济的发展，人们的生活条件开始变好，对住宅舒适度的要求提高，加上产业的深化发展与专业工人的短缺，进一步促进了建筑构件的工业化生产。在这一阶段，不仅是住宅建设，德国的各类学校也得到了广泛建设，使得柱、支撑以及大跨度的楼板（7.2m/8.4m）在装配式框架结构体系的运用中逐渐成熟。特别是联邦德国地区工业厂房以及体育场馆的建设使得预制柱、预应力特型桁架、桁条和棚顶得到了广泛应用。

第三阶段（1981 年至今）：工业化发展的成熟期。该阶段的重点是进一步减少住宅的能耗和环境负荷，发展节能住宅。德国是世界上建筑能耗降幅度最大的国家，近几年来着重于零能耗装配式建筑的工业化。"从大幅度节能的各种构件到评价各项生态指标的装配建筑，德国都将其实施于装配式住宅与建筑，这就需要装配式住宅与节能标准相互之间充分融合。"德国预制装配住宅协会会长巴拉克·斯科特认为，"德国装配式建筑工业化的实践证明，利用工业化的生产手段是实现装配式住宅与建筑达到低能耗、低污染、资源节约、提高品质和效率的根本途径。"此外，装配式建筑占德国小住宅建设比例最高，2015 年占新建建筑面积的 16%。图 1-13 为德国装配式建筑柏林 Tour Total 大楼。

1.2.2 美国装配式建筑发展历程

美国的住宅建筑市场发育比较完善，起源于 20 世纪 30 年代的汽车房屋（图 1-14），在当时是美国装配式建筑住宅的主流，也是美国装配式建筑产业化、标准化的雏形。然而当时的"房车"在美国人心中大多是低档、破旧的住宅形象，联邦政府也对这种住宅群的分布设置诸多限制，其住宅用地也很难进入城市内部或城郊较好的地段。

图1-13　柏林Tour Total大楼

在 20 世纪 40 年代末到 50 年代初，第二次世界大战结束后，美国涌入大量战后移民，同时战后军人大量复工，导致对住宅的需求量剧增。在此背景下，联邦政府提倡使用汽车房屋，将汽车房屋改造为装配式住宅，并尽量提高这种住宅的质量。同时，一些装配式住宅生产工厂开始生产底部配有滑轨的装配式住宅，可以用拖车托运。由于当时的装配式建筑住宅

图1-14　汽车房屋

由房车发展而来，居住在其中的也大多是底层人士，因此给美国的装配式建筑住宅贴上了"低等""廉价"的标签。

20世纪60年代后，随着生活水平的提高，美国人对住宅舒适度的要求也不断提高，同时通货膨胀导致的房地产领域资金抽逃、专业工人短缺促使了建筑构件的机械化生产，美国的装配建筑进入一个新阶段，其特点是出现了现浇集成体系和全装配体系，并由专项体系向通用体系过渡。20世纪70年代后，美国国会通过了国家装配式建筑建造及安全法，并由美国住房和城市发展部负责颁布一系列行业规范标准，这些规范标准一直沿用至今。因此，当时所建造的装配式住宅不仅美观舒适，个性化也有所提升。此外，美国装配式建筑开始由追求数量到追求质量、可持续的转变。

20世纪80年代至20世纪末，该阶段美国建筑业致力于发展装配式建筑标准化的功能块，设计上统一模数，兼具统一和变化，既能降低建设成本，提高工厂通用性，增加施工的可操作性，也能给设计带来更大的灵活性。到了1988年，美国超过60%的产业化装配住宅是由2个以上的单元组成，约75%的装配住宅在私人土地上组装，其数量已超过组装在装配住宅社区的数量，许多新的产业化装配住宅社区开始提供永久性高质量装配住宅。1990年后，美国建筑产业结构在"装配式建造潮流"中进行了调整，大型装配式住宅公司收购零售公司和金融服务公司，同时本地的金融巨头也进入装配式住宅市场。在1991年的PCI年会上，预制混凝土结构的发展被视为美国乃至全球建筑业发展的新契机。1997年，美国针对产业化装配住宅颁布了《美国统一建筑规范（UBC-97）》，其在强度和刚度上均超过当时对应的现浇混凝土结构。

2000年，美国改进了产业化装配式住宅法律，明确规定了装配式住宅的安装标准和安装企业责任，以装配式住宅为主导的美国装配式建筑产业已初具规模，并开始多方向发展。

图1-15 美国泛美大厦

2000年后，在政策的推动下，美国装配式建筑快速发展，产业化发展进入成熟期，发展重点是进一步降低装配式建筑的物耗和环境影响，发展可持续的资源循环型绿色装配式建筑。

近年来，美国在数字化环境下的集成装配式建筑已经发展渗透到建筑技术的各个层面，例如"数字化建构""模数协调""虚拟现实"等概念已成为学术界的研究焦点。这表明美国建筑业持续深化电脑及信息技术辅助设计建筑，用数控机械建造建筑，利用数字信息定位进行机械化安装。目前，美国建筑构件和部品部件的标准化、系列化、专业化、商品化和社会化程度几乎达到100%。用户可浏览构件产品目录，买到所需要的产品，这些构件产品结构性能好、具有良好的通用性，且易于机械化生产。图1-15为美国装配式建筑泛美大厦。

1.2.3 亚洲装配式建筑发展历程

1. 新加坡

20 世纪 60 年代,新加坡政府面临住房、就业和交通三大难题,其中住房问题最为突出,全国有 40% 人口居住在棚户区。1960 年新加坡成立建设局,全面负责公共住房的建设,经过半个世纪的努力,新加坡共建设了近 100 万套住宅,95% 的新加坡人都拥有了自己的住房。新加坡建设局于 20 世纪 60 年代开始尝试推动建筑工业化,然而由于当地承包商的经验不足,导致建设项目实施结果与预期效果相差较大,新加坡第一次建筑工业化尝试失败。到 20 世纪 70 年代,新加坡再次尝试建筑工业化转型。新加坡建设局签署了一份要求在 6 年内建设完成 8820 套公寓住宅的合同,合同要求其建筑形式采用丹麦大板预制体系。但是由于承办商的施工管理方法不适应新加坡当地条件,加上 1974 年石油价格上升引起了建筑材料不断上涨,导致承包商财务危机严重,最终合同终止,第二次建筑工业化尝试失败。经过前两次失败之后,新加坡建设局吸取经验教训,在 20 世纪 80 年代开始第三次工业尝试,在公共住宅项目中推行大规模的工业化生产。为了寻求适合新加坡的工业化生产方式,建设局分别与澳大利亚、日本、法国以及当地承包商签订合同,要求采用不同的装配式建筑体系,生产 6.5 万套装配式建筑住宅。由于预制构件标准化程度高,显著提升了建设项目生产效率,项目的建设时间缩短 4~10 个月不等,建设成本也具有明显优势。通过三次工业化尝试,新加坡对工业化的生产方式进行了全面的总结,决定采用预制混凝土构件,如预制梁、外墙、楼板,并配套使用机械化模板体系,新加坡建筑工业化逐步向全国推广。通过近 20 年的努力,新加坡政府方面推广装配式建筑取得显著效果,新加坡 80% 的住宅都由政府主导建造,以剪力墙结构为主,装配率可达到 70%,大部分为塔式或板式混凝土的多高层建筑。图 1-16 为新加坡达士岭组屋,建筑预制装配率超过 90%。

2. 日本

日本的装配式建筑发展是以大规模的政府公团和公营住宅发展为契机,并逐步扩大到公共建筑等应用范围,政府部门通过出台相关的政策标准,从提高建筑质量的角度出发,经历了从量到质、从传统建筑业向工业化、从应急政策转向可持续发展的历程。

1968 年,日本提出装配式住宅的概念,历经标准化、多样化、工业化到集约化、信息化的不断发展,最终得以完善成熟。1950 年到 1973 年是发展初期,第二次世界大战后日本为给流离失所的人们提供住房,开始探索

图1-16 新加坡达士岭组屋

图1-17 日本某装配式建筑住宅项目

装配式施工的生产方式。日本通过建立统一模数标准，使现场施工操作简单化，低成本、高效率地建造住宅，满足人们的基本住房需求，住宅类型逐渐从追求低价型发展为规格量产型。1973年到1985年为提升时期，日本采用装配式建造方式的住宅从满足基本住房需求阶段进入提升居住功能阶段，重点发展楼梯、整体厨房卫生间、室内整体全装修以及采暖体系、通风体系等，住宅类型开始企业量产型。到20世纪80年代中期，满足日本政府装配式建筑要求的住宅占竣工住宅总数比例已增至15%~20%。1985年至今是成熟阶段，随着人们对建筑高品质的要求，从20世纪90年代初开始日本几乎没有采用传统手工方式建造的住宅。近年来，日本推出了采用部件化、高生产效率、建筑内部结构可变的装配式建造，除了主体结构工业化之外，借助于其在内装部品方面成熟的产品体系，形成主体工业化与内装工业化协调发展的完善体系，住宅类型向高附加值、资源循环利用的方向发展。图1-17为日本某装配式建筑住宅项目。

1.3 我国装配式建筑现状

1.3.1 国内装配式建筑发展历程

20世纪50年代~70年代，在苏联的影响下，我国开始发展预制构件和预制装配式建筑。1956年，国务院颁发的《关于加强和发展建筑工业的决定》中明确指出："为了从根本上改善我国的建筑工业，必须积极地有步骤地实行工厂化、机械化施工，逐步完成对建筑工业的技术改造，逐步完成向建筑工业化的过渡"，其特征是设计标准化、构件生产工厂化和施工机械化。但是由于相关科学技术的研发跟不上建设的速度。许多施工技术未能经过系统性和理论性的验证和分析，多种专用材料（例如绝热材料、防水材料、密封材料等）的性能尚未达到要求就用于实际工程，使得这个时期建造的装配式建筑质量不过关，抗震性能差。

20世界70年代~80年代，在总结之前20多年建筑工业化发展经验的基础上，提出了"四化、三改、两加强"，即房屋建造体系化、制品生产工厂化、施工操作机械化、组织管理科学化，改革建筑结构、改革地基基础、改革建筑设备，加强建筑材料生产、加强建筑机具生产。随后我国建筑工业化发展迎来了新一轮高峰，各地纷纷组建产业链企业，快速建立标准化设计体系，一大批大板建筑、砌块建筑项目落地。但随着规模扩大，市场需求快速增长，工业化生产产能却无法满足建设的需要，导致构件质量下滑。此外，配套技术研发也未能满足建筑的需求，防水、隔声等一系列技术质量问题逐渐暴露，同时改革开放带来的商品住宅个性化要求不断提高,装配式建筑的发展再次骤然止步。

20世纪80年代初~1999年。国外的现浇混凝土机械化生产技术传入我国,孕育出了内浇外砌、内浇外挂、大模板全现浇等不同体系。在砖石砌体被抛弃后,大模板现浇配筋混凝土内墙应运而生,现浇楼板的框架结构、内浇外砌和外浇内砌等各种体系纷纷出现。从20世纪80年代开始,上述体系在国内广泛应用,因为它有效解决了高层建筑采用框架结构时梁柱节点和填充墙之间设计复杂的问题。同时,由现浇配筋混凝土内横墙、纵墙和承重墙或现浇的筒体结构形成刚度很大的抗剪体系,可以抵抗较大的水平荷载,因此提高了结构的最大允许高度,外墙则可采用预制的外挂墙板或砖砌外墙(即内浇外挂和内浇外砌体系)。这种建筑结构体系将施工现场泵送混凝土的机械化施工和预制外墙构件的装配化高效结合,有效发挥了各自的优势,得以快速发展。20世纪90年代初至2000年前后,由于城市建设发展的需要,北京大量兴建的高层住宅大多采用是内浇外挂体系,而起初的内浇外挂住宅体系是房屋的内墙(剪力墙)采用现浇混凝土,楼板则用工厂预制整间大楼板(或预制现浇叠合楼板),外墙采用工厂预制混凝土外墙板。

2000~2015年,现浇体系得到大规模发展,几乎占领高层住宅市场,其次是预制装配整体式结构体系开始发展。这一时期我国建筑业经历了两个阶段:住宅产业现代化阶段、建筑产业现代化阶段。1999年国务院印发了《关于推进住宅产业现代化提高住宅质量的若干意见》(国办发〔1999〕72号),明确提出了推进住宅产业化工作的主要目标和任务。吸收引进国外技术,推广四新技术,即"新技术、新产品、新材料、新工艺",我国进入住宅产业现代化阶段。以万科为首的一批开发商开始全面提升大板体系,2008年万科两栋装配式剪力墙体系住宅诞生,预制装配整体式结构体系开始发展。

建筑产业现代化阶段主要是从2010年到2015年。2013年10月,俞正声主席主持双周协商座谈会,提出了"发展建筑产业化"的建议。2013年底,全国住房城乡建设工作会议明确指出"促进建筑产业现代化"的发展要求。2014年7月,住房和城乡建设部出台了《关于推进建筑业发展和改革的若干意见》,指出"统筹规划建筑产业现代化发展目标和路径,推动建筑产业现代化结构体系、建筑设计、部品构件配件生产、施工、主体装修集成等方面的关键技术研究与应用,进一步发挥政府投资项目的试点示范引导作用并适时扩大试点范围,积极稳妥推进建筑产业现代化"。

2015年至今,我国开始大力推动装配式建筑的发展,进入装配式建筑发展的新时期。2016年2月,中共中央国务院《关于进一步加强城市规划建设管理工作的若干意见》(中发〔2016〕6号)明确提出"发展新型建造方式,大力推广装配式建筑的要求"。2016年9月,国务院办公厅印发《关于大力发展装配式建筑的指导意见》(国办发〔2016〕71号)系统性地提出发展装配式建筑的总体要求、八项重点任务及相关措施。坚持标准化设计、工厂化生产、装配化施工、一体化装修、信息化管理、智能化应用,从而提高技术水平和工程质量,推动建筑产业转型升级。以京津冀、长三角、珠三角三大城市群为重点推广地区,以常住人口超过300万的其他城市为积极推进地区,其余城市则为鼓励推进地区,根据实际情况发展装配式混凝土结构、钢结构和现代木结构等装配式建筑。争取用 10 年左右的时间，使装配式建筑占新建建筑面积的比例达到 30%。同时，逐步完善法律法规、技术标准和监管体系，推动形成一批设计、施工、部品部件规模化生产企业，具有现代装配建造水平的工程总承包企业以及与之相适应的专业化技能队伍。积极稳妥推广钢结构建筑，在条件适宜的区域，倡导发展现代木结构建筑。

以上部分内容介绍的是我国内地装配式建筑的发展历程，而作为国内最接近发达国家水平的香港地区，其发展历程与内地有所不同。我国香港地区的装配式建筑发展与公共房屋（公屋）息息相关。20 世纪 60 年代中期，大量人口从内地迁往香港，导致住房紧张，许多人只能聚居于寮屋或非常残破的旧楼。因此，香港特区政府迫切需要兴建大量房屋，满足庞大的住房需求和改善住房质量。

香港早期的公屋外墙楼板均采用传统现场现浇的工艺，内墙则用砖砌筑，粗放式的建设模式导致材料严重浪费，产生大量建筑垃圾，且质量无法有效控制，建筑耐久性差，导致后期维修费用较大。随着香港地区工人工资上涨，建筑工程费用成本逐年增加，从 1980 年起，由于户型的标准化设计，政府为加快房屋建设速度，保证施工质量，香港地区房屋委员会提出在公屋中使用预制混凝土构件。

早期的预制构件直接在工地现场制造，为法国、日本等国家的"后装"工法，即主体结构现浇完成后，预制外墙构件在工地生产后逐层吊装，由工地负责质量。但由于预制构件行业及工人素质参差不齐，导致预制构件加工尺寸难以精准控制，因此施工质量难以保证，且安装的构件与主体外墙之间的拼接部分容易出现渗水等问题。为了解决这些问题，香港地区房屋委员会总结经验教训并结合实际状况提出改进后的"先装"工法，即将所有预制构件预留钢筋，主体结构一般采用先安装预制外墙，随后内部主体结构进行现浇的方式。预制外墙可根据需求作为承重的结构墙或非承重墙。由于先将墙体固定在设计位置，主体结构现场浇筑混凝土，现浇部分固结后形成整体结构，因此可解决预制尺寸精度不高的问题，降低构件生产难度，提高房屋的质量，而且这种整体式的结构能有效提高房屋防水、隔声的性能，基本解决了外墙渗水的问题。外墙预制构件取得一定的成功后，香港地区房屋委员会进一步推动装配式工业化施工，将楼梯、内墙板、整体厨房和卫生间都改为预制生产，并规定公屋建设必须使用预制构件。到 20 世纪 90 年代，由于公屋的需求不断增加，为解决预制构件的堆放问题，香港地区开始将预制构件生产厂搬迁至内地（如珠江一带）。承包商在内地开设预制工厂，并用陆路或水运的方式运输至施工现场，之后由于水运需在码头重复装卸构件，陆路运输预制构件逐渐变为主流。

随着公屋设计的标准化，预制构件的生产逐渐趋于规模化，并带来了一定的效率和效益。1998 年后，私人商品房开发项目也开始采用预制外墙技术，但由于预制外墙的成本较高，预制技术并未普及。2002 年后，在政府政策的大力推行下，预制技术被大量使用。2001 年和 2002 年，香港地区多部门联合发布《联合作业备考第 1 号》和《联合作业备考第 2 号》，规定露台、空中花园、非结构外墙等采用预制构件的项目可以获得面积豁免，外墙面积不计入建筑面积，可获豁免的累积总建筑面积不超过项目的规划总建筑面积的 8%。相当于变相提高容积率，多出的可售面积可以部分抵消房地产开发商增加的成本。随着政府政策的推行，鼓励开发商提供环保设施，采用环保的建筑方法和技术创新。近年来，香港地区房屋委员会提出将以预制建筑房屋的方式在 2016 年至 2020 年提供多达 93400 套公共住房，以解决香港地区严峻的住房问题。图 1-18 为香港地区装配式建筑白石角高级商住楼。

图1-18　香港地区白石角高级商住楼

1.3.2　全国部分省市装配式建筑相关政策

2015 年开始，国务院开始密集出台规定，对装配式建筑提出要求，对大力发展装配式建筑和钢结构重点区域、未来装配式建筑占比新建筑的目标、重点发展城市进行了明确指示。

2017 年 3 月，住房和城乡建设部连续推出《装配式建设示范城市管理办法》《"十三五"装配式建筑行动方案》《装配式建筑产业基地管理办法》。2017 年 11 月，住房和城乡建设部认定了 30 个城市和 195 家企业为第一批装配式建筑示范城市和产业基地。示范城市分布在东、中、西部，装配式建筑发展各具特色；产业基地涉及 27 个省、自治区和部分央企，产业类型涵盖设计、生产、施工、装备制造、运行维护等全产业链。在试点示范的引领下，装配式建筑已经形成在全国推进的局面。

2018 年 3 月，住房和城乡建设部建筑节能与科技司 2018 年工作要点指出要加强装配式建筑产业基地建设，培育专业化企业，提高全产业链、建筑工程各环节装配化能力，整体提升装配式建筑产业发展水平。2018 年 6 月，国务院《全面加强生态环境保护坚决打好污染防治攻坚战的意见》指出要鼓励新建建筑采用绿色建材，大力发展装配式建筑，提高新建绿色建筑比例。2018 年 11 月，住房和城乡建设部贯彻落实《城市安全发展意见实施推方案》指出要推动装配式建筑、绿色建筑、建筑节能、建筑信息模型（BIM）技术、大数据在建设工程中的应用，推动新型智慧城市建设。

为积极响应国家号召，目前全国 31 个省（市、自治区）出台装配式建筑相关的指导意见和配套措施，不少地方更是提出了装配式建筑的明确发展要求和目标。在各方共同推动下，2015 年全国新建装配式建筑面积达到 7260 万 m^2，2016 年全国装配式建筑面积为 1.14 亿 m^2，2017 年全国装配式建筑面积为 1.27 亿 m^2。2018 年，全国新开工装配式建筑面积达到 2.9 亿 m^2，较 2017 年增长了 81%。据不完全统计，近 3 年来全国新建预制构件厂数量约 200 个。以下内容是对全国部分省（市、自治区）装配式建筑政策解读。

1. 北京市

2015 年 10 月，北京市颁布了《关于在本市保障性住房中实施全装修成品交房有关意见的通知》,并同时发布了《关于实施保障性住房全装修成品交房若干规定的通知》。通知要求从2015年10月31日起,凡新纳入北京市保障房年度建设计划的项目(含自住型商品住房)应全面推行全装修成品交房。此外,经济适用房、限价房按公租房装修标准统一实施装配式装修,自住型商品房装修参照公租房,装修标准不能低于公租房装修标准。

2017年3月,北京市人民政府办公厅印发的《关于加快发展装配式建筑的实施意见》(京政办发〔2017〕8号)指出,到2018年,装配式建筑占新建建筑面积比例超过20%,到2020年要达到30%以上,推动形成一批设计、施工、构件生产规模化的企业。

对于实施范围内的装配式建筑项目,按照建筑外墙厚度参照同类型建筑的外墙厚度计算建筑面积。建筑外墙采用夹心保温复合墙体的,其夹心保温墙体外叶板水平投影面积不计入建筑面积;未在实施范围内的非政府投资项目,凡自愿采用装配式建筑并符合实施标准的,给予实施项目不高于3%的面积奖励。对于实施范围内的预制率达到50%以上、装配率达到70%以上的非政府投资项目予以财政奖励;对于未在实施范围的非政府投资项目,凡自愿采用装配式建筑并符合实施标准的,按增量成本给予一定比例的财政奖励,并鼓励金融机构对装配式建筑项目提供信贷支持。

2. 重庆市

2018年1月,重庆市发布的《重庆市人民政府办公厅关于大力发展装配式建筑的实施意见》(渝府办发〔2017〕185号)指出,大力发展装配式混凝土结构、钢结构及现代木结构建筑,争取到2020年全市装配式建筑占新建建筑面积的占比超过15%,2025年达到30%以上。重点发展区域从2018年3月1日起,积极发展区域从2019年1月1日起,鼓励发展区域从2020年1月1日起,以下项目应为装配式建筑或采用装配式建造方式:保障性住房和政府投资、主导建设的建筑工程项目;装配式建筑发展专业规划中的建筑工程项目;噪声敏感区域的建筑工程项目;桥梁、综合管廊、人行天桥等市政设施工程项目。国土房管部门在办理商品房预售许可时,允许将装配式预制构件投资计入工程建设总投资,允许将预制构件生产纳入工程进度衡量。

2018年7月发布的《重庆市人民政府办公厅关于进一步促进建筑业改革与持续健康发展的实施意见》(渝府办发〔2018〕95号)指出,以装配式建筑推动建筑生产工业化发展,加快建设速度、提高生产效率、改善作业环境、节约资源能源、保障质量安全。指明装配式建筑重点发展区域、积极发展区域和鼓励发展区域,培育装配式建筑特色产业园。以保障性住房和政府投资、主导建设的建筑工程及市政设施项目为重点,推广使用装配式建筑。编制装配式建筑发展专业规划,明确装配式建筑实施比例、实施范围等控制性指标,统筹发展装配式建筑设计、生产、施工、装修、运输、设备制造及运行维护等全产业集群,确保2020年重庆市装配式建筑占新建建筑面积的比例达到15%以上,2025年达到30%以上。

3. 天津市

2017年7月,天津市政府发布了《天津市人民政府办公厅印发关于大力发展装配式建筑实施方案的通知》指出,2017年底前,政府投资项目、保障性住房和5万 m^2 及以上公共建筑应当采用装配式建筑，建筑面积 10 万 m² 及以上新建商品房采用装配式建筑的比例不低于总面积的 30%；2018~2020 年，新建的公共建筑具备条件的应全部采用装配式建筑，中心城区、滨海新区核心区和中新生态城商品住宅应全部采用装配式建筑；采用装配式建筑的保障性住房和商品住房全装修比例达到 100%；2021~2025 年，全市范围内国有建设用地新建项目具备条件的全部采用装配式建筑。对采用建筑工业化方式建造的新建项目，达到一定装配率比例，给予全额返还新型墙改基金、散水基金或专项资金奖励。此外，高新技术企业的装配式建筑企业，可享受减免 15% 的税率征收企业所得税。

4. 上海市

2016 年 9 月，上海市政府发布《上海市装配式建筑 2016—2020 年发展规划》要求各区县政府和相关管委会在本区域供地面积总量中落实的装配式建筑的新建建筑面积比例，2015 年不少于 50%；2016 年起外环线以内新建民用建筑应全部采用装配式建筑、外环线以外超过 50%；2017 年起外环线以外在 50% 基础上逐年增加。"十三五"期间，全市装配式建筑的单体预制率达到 40% 以上或装配率达到 60% 以上。外环线以内采用装配式建筑的新建商品住宅、公租房和廉租房项目 100% 采用全装修。同时，建成国家住宅产业现代化综合示范城市。培育形成 2~3 个国家级建筑工业化示范基地，形成一系列达到国际先进水平的关键核心和成套技术，培育一批龙头企业，打造具有全国影响力的建筑工业化产业联盟。符合装配整体式建筑示范的项目（居住建筑装配式建筑面积 3 万 m² 以上，公共建筑装配式建筑面积 2 万 m² 以上。建筑要求：装配式建筑单体预制率应不低于 45% 或装配率不低于 65%），每平方米补贴 100 元。

5. 浙江省

2017 年 12 月，杭州市颁布了《杭州市人民政府办公厅关于推进绿色建筑和建筑工业化发展的实施意见》（杭政办函〔2017〕119 号）（以下简称《意见》），《意见》指出，以上城区、下城区、江干区、拱墅区、西湖区、滨江区、杭州经济开发区为重点推进地区，萧山区、余杭区、富阳区、临安区、大江东产业集聚区为积极推进地区，桐庐县、淳安县、建德市为鼓励推进地区，不断提高装配式建筑占比，到 2020 年，杭州市装配式建筑占新建建筑的比例达到 30% 及以上。全面贯彻落实《浙江省绿色建筑条例》，出台和实施《杭州市绿色建筑专项规划》，全面推进绿色建筑发展并促进绿色建筑提标。到 2020 年，杭州市域范围内新建一星级以上绿色建筑占比达到 100%，二星级以上绿色建筑占比达到 55%，三星级绿色建筑占比达到 10%。获得绿色运行二星、三星标识和国家绿色建筑创新奖的装配式建筑项目，按照有关规定由市区两级财政给予扶持。装配式建筑项目符合杭州市工业和科技统筹资金使用管理有关规定的，企业可向项目所在地的区、县（市）政府相关部门申请本市工业和科技统筹资金。企业开发绿色建筑新技术、新工艺、新材料和新设备所产生的研发费用，可以按照国家有关规定享受税前加计扣除等优惠政策。对于装配式建筑项目，施工企业缴纳的质量保证金以合同总价扣除预制构件总价作为基数乘以 2% 费率计取，建设单位缴纳的住宅物业保修金以物业建筑安装总造价扣除预制构件总价作为基数乘以 2% 费率计取。

6. 安徽省

2017 年 1 月，安徽省发布的《安徽省人民政府办公厅关于大力发展装配式建筑的通知》（皖政办秘〔2016〕240 号）中指出，到 2020 年，装配式施工能力大幅提升，力争装配式建筑占新建建筑面积的占比达到 15%，2025 年争取达到 30%。支持高等院校、科研院所以及设计、生产、施工企业针对装配式建筑的先进适用技术、工法工艺和产品展开科研攻关，集中技术力量开发节点连接、防火、防腐、防水、抗震等核心技术。加快编制装配式建筑地方标准，支持企业编制标准，鼓励社会组织编制团体标准，强化建筑材料标准、部品部件标准、工程标准之间的衔接，逐步建立并完善设计、生产、施工和使用维护全过程的装配式建筑标准规范体系。

7. 湖北省

2017 年 3 月，湖北省颁布的《湖北省人民政府办公厅关于大力发展装配式建筑的实施意见》（鄂政办发〔2017〕17 号）指出，到 2020 年，武汉市装配式建筑面积占新建建筑面积比例达到 35% 以上。襄阳市、宜昌市和荆门市达到 20% 以上，其他设区城市、恩施州、直管市和神农架林区达到 15% 以上。到 2025 年，全省占比需达到 30% 以上。充分发挥设计先导作用，引导设计单位按照装配式建筑的设计规则进行建筑方案和施工图设计。加快推行装配式建筑一体化集成设计，制定施工图设计审查要点。推进 BIM 技术应用，提高建筑、结构、设备和装修等专业协同设计能力，设计深度应符合工厂化生产、装配化施工、一体化装修的要求。完善设计单位施工图交底制度，设计单位应对构件生产、施工安装及装修全过程进行指导服务。对政府投资新建的公共建筑工程以及保障性住房项目、"三旧"改造等项目，如符合装配式建造条件和要求，需采用装配式建筑，积极开展市政基础设施（包括综合管廊）工程装配式建造试点示范，形成有利于装配式建筑发展的体制机制和市场环境。

8. 江苏省

江苏省政府先后颁布了《关于加快推进建筑产业现代化促进建筑产业转型升级的意见》（苏政发〔2014〕111 号）、《关于促进建筑业改革发展的意见》（苏政发〔2017〕151 号），明确建筑产业现代化发展总体要求、重点任务、支持政策和保障措施。部门层面，省住房和城乡建设厅编制了《江苏省"十三五"建筑产业现代化发展规划》，并在城乡规划、预制装配率计算、"三板"（预制内外墙板、预制楼板、预制楼梯板）推广应用、工程招标投标、施工图审查、工程定额、质量安全监管、监测评价等方面出台了一系列配套政策。特别是全面推广应用"三板"政策、预制装配率计算细则，在全国属于创新性的做法，也在实践中取得了良好效果。其次，各设区市和县级示范城市结合各地实际情况，出台了推进建筑产业现代化的实施意见，明确发展目标和重点推进领域，细化规划条件制定、土地出让、容积率奖励、城市基础设施配套费奖补、房地产开发项目提前预售、财政支持、费用减免等方面的支持政策，有效落实相关税收优惠政策。南京、徐州、苏州、南通等地将建筑产业现代化要求纳入规划条件和土地出让合同，对鼓励建筑企业技术创新、设备升级改造进行财政补贴，并在装配式建筑项目中实行费用减免和容积率奖励等方面提出创新性的扶持政策，对推动建筑产业现代化发展起到了积极引导作用。

9. 广东省

2017年4月，广东省颁布的《广东省人民政府办公厅关于大力发展装配式建筑的实施意见》（粤府办〔2017〕28号）中提出，珠三角城市群，到2020年年底前，装配式建筑占新建建筑面积比例达到15%以上，其中政府投资工程装配式建筑面积占比达到50%以上；到2025年年底前，装配式建筑占新建建筑面积比例达到35%以上，其中政府投资工程装配式建筑面积占比达到70%以上。常住人口超过300万的粤东西北地区地级市中心城区，要求到2020年年底前，装配式建筑占新建建筑面积比例达到15%以上，其中政府投资工程装配式建筑面积占比达到30%以上；到2025年年底前，装配式建筑占新建建筑面积比例达到30%以上，其中政府投资工程装配式建筑面积占比达到50%以上。全省其他地区，到2020年年底前，装配式建筑占新建建筑面积比例达到10%以上，其中政府投资工程装配式建筑面积占比达到30%以上；到2025年年底前，装配式建筑占新建建筑面积比例达到20%以上，其中政府投资工程装配式建筑面积占比达到50%以上。

为贯彻落实中共中央、国务院《关于进一步加强城市规划建设管理工作的若干意见》（中发〔2016〕6号）、国务院办公厅《关于大力发展装配式建筑的指导意见》（国办发〔2016〕71号）、《广东省人民政府办公厅关于大力发展装配式建筑的实施意见》（粤府办〔2017〕28号）中关于"发展新型建造方式，大力推广装配式建筑"的要求，深圳市住房和建设局于2017年连续发布《深圳市住房和建设局关于加快推进装配式建筑的通知》（深建规〔2017〕1号）、《深圳市装配式建筑住宅项目建筑面积奖励实施细则》（深建规〔2017〕2号）和《深圳市住房和建设局关于装配式建筑项目设计阶段技术认定工作的通知》（深建规〔2017〕3号），积极推动装配式建筑的发展。其中，2号文中提出，对采用装配式建造的住宅，给予一定优惠政策。奖励建筑面积不超过符合深圳市装配式建筑相关技术要求的住宅规定建筑面积总和的3%，最多5000m²。奖励后的容积率不得超《深圳市城市规划标准与准则》中所规定的容积率上限。

10. 湖南省

2017年5月，湖南省发布的《湖南省人民政府办公厅关于加快推进装配式建筑发展的实施意见》（湘政办发〔2017〕28号）中指出，加快推进装配式混凝土结构、钢结构、现代木结构建筑的应用，到2020年，湖南省市州中心城市装配式建筑占新建建筑比例超过30%，其中长沙市、株洲市、湘潭市三市中心城区达到50%以上。各市州中心城市的下列项目需采用装配式建筑：①政府投资建设的新建保障性住房、学校、医院、科研、办公、酒店、综合楼、工业厂房等建筑；②适合于工厂预制的城市地铁管片、地下综合管廊、城市道路和园林绿化的辅助设施等市政公用设施工程；③长沙市区二环线以内、长沙高新区、长沙经开区，以及其他市州中心城区社会资本投资的适当采用装配式建筑的工程项目。推进装配式建筑设计、生产、施工、管理、服务的全产业链建设，打造一批以BIM为核心的装配式建设工程设计集团和生产、施工龙头企业，促进传统建筑产业转型升级。鼓励和支持企业、高等学校、研发机构研究开发装配式建筑新技术、新工艺、新材料和新设备，符合条件的研究开发费用可以按照国家有关规定享受税前加计扣除等优惠政策。对装配式建筑产业基地（住宅产业化基地）企业，经相关职能部门认定为高新技术企业的，享受高新技术企业相应税收优惠政策。

11. 四川省

2017年6月，四川省发布的《四川省人民政府办公厅关于大力发展装配式建筑的实施意见》（川办发〔2017〕56号）中指出，到2020年，全省装配式建筑占新建建筑的30%，装配率达到30%以上，其中五个试点市装配式建筑占新建建筑35%以上；新建住宅全装修达到50%。2025年，装配率达到50%以上的建筑，占新建建筑的40%；桥梁、铁路、道路、综合管廊、隧道、市政工程等建设中，除须现浇外全部采用预制装配式。四川省装配式建筑补助政策有以下几点：

（1）土地支持。优先支持建筑产业现代化基地和示范项目用地，对列入年度重大项目投资计划的优先安排用地指标，加强建筑产业现代化项目建设用地保障；

（2）税收优惠。利用现代化方式生产的企业，经申请被认定为高新技术企业的，可减免15%的税率缴纳企业所得税；

（3）容积率奖励，在办理规划审批时，其外墙预制部分建筑面积（不超过规划总建筑面积的3%）可不计入成交地块的容积率核算；

（4）评优评奖优惠政策。装配率达到30%以上的项目，享受绿色建筑政策补助，并在项目评优评奖中优先考虑；

（5）科技创新扶持政策、金融支持、预售资金监管、投标政策、基金支持。

12. 福建省

2017年6月，福建省发布的《福建省人民政府办公厅关于大力发展装配式建筑的实施意见》（闽政办〔2017〕59号）中提出，到2020年，福建省实现装配式建筑占新建建筑的建筑面积比例超过20%。其中，福州、厦门市为全国装配式建筑积极推进地区，比例要超过25%，争创国家装配式建筑示范城市；泉州、漳州、三明市为省内装配式建筑积极推进地区，比例要超过20%，争创国家装配式建筑试点城市；其他地区为装配式建筑鼓励推进地区，比例要达到15%以上。到2025年，全省实现装配式建筑占新建建筑的建筑面积比例达到35%以上。为确保目标的实现和任务落到实处，福建省在四个方面加大政策扶持：①加强用地保障。明确各地可将发展装配式建筑的相关要求纳入规划设计条件和供地方案，并落实到土地使用合同中。对自主采用装配式建造的商品房项目，明确了不计入容积率的政策以及优先办理商品房预售许可等政策。②加强金融服务。鼓励金融机构对装配式建筑的商品房的开发贷款、消费贷款加大支持力度，并明确使用住房公积金贷款购买装配式建造的商品房的相关优惠政策。③落实税费政策。明确部品部件生产企业享受已出台的具体税费优惠政策。④加大行业扶持。明确在资质申请、评先评优、工程质量保证金、物流运输、交通通畅等方面的扶持政策。

13. 河北省

2017年1月，河北省发布的《河北省人民政府办公厅关于大力发展装配式建筑的实施意见》（冀政办字〔2017〕3号）中指出，用10年左右的时间，使全省装配式建筑占新建建筑面积的比例超过 30%，形成适应装配式建筑发展的市场机制和环境，建立完善的法规、标准和监管体系，培育一大批设计、施工、部品部件规模化生产企业、具备现代装配建造技术的总承包企业以及与之相适应的专业化技能队伍。张家口、石家庄、唐山、保定、邯郸、沧州市和环京津县（市、区）率先发展，其他市、县加快发展。

目前，河北装配式建筑发展处于起步阶段，总体水平与全国水平大体相当，其中钢结构建筑发展走在全国前列。发展现状主要表现在以下几个方面：

（1）注重顶层设计。2015 年 3 月，省政府印发《关于推进住宅产业现代化的指导意见》，提出了住宅产业现代化的发展目标、工作重点、支持政策和保障措施。2016 年 6 月，河北省政府审时度势，准确把握河北省作为钢铁大省的特点，印发了《加快推进钢结构建筑发展方案》，明确把钢结构建筑作为河北省发展装配式建筑的主攻方向。

（2）注重产业培育。河北现有 5 个国家住宅产业化基地和 16 个省住宅产业化基地，涵盖预制构件、建筑部品、新型墙材、装备制造等多个领域；预制混凝土构件生产企业 11 家，年设计产能 54 万 m³；钢构件生产企业 49 家，年设计产能 178 万 t；木构件生产企业 1 家，年设计产能 1 万 m³，具备了加快推进装配式建筑发展的产业基础。

（3）注重标准引领。先后颁布实施了《装配式混凝土构件制作与验收标准》等 5 部地方标准，2017 年完成编制的标准有 13 部。

截至目前，河北省在建钢结构建筑项目 380 万 m²、装配式混凝土结构建筑项目 70 万 m²，落实农村装配式低层住宅 400 多套。

14. 辽宁省

2017 年 8 月，辽宁省发布的《辽宁省人民政府办公厅关于大力发展装配式建筑的实施意见》（辽政办发〔2017〕93 号）中提出，大力推广适合工业化生产的装配式混凝土建筑、钢结构建筑和现代木结构建筑，装配式建筑占新建建筑面积比例逐年提高，每年力争提高 3% 以上。大力推行新建住宅全装修，城市中心区域原则上全部推行新建住宅全装修，逐年提高成品住宅比例。到 2020 年底，全省装配式建筑占新建建筑面积的比例力争超过 20%，其中沈阳市力争达到 35% 以上，大连市力争达到 25% 以上，其他城市力争达到 10% 以上。到 2025 年底，全省装配式建筑占新建建筑面积比例力争达到 35% 以上，其中沈阳市力争达到 50% 以上，大连市力争达到 40% 以上，其他城市力争达到 30% 以上。各地区根据自身财力状况，给予装配式建筑基地或项目一定的财政补贴政策。符合新型墙体材料目录的构件生产企业，可按规定享受增值税即征即退优惠政策。房地产开发企业开发成品住房所产生的实际装修成本，可按规定在税前扣除。规划部门应根据装配式建筑发展规划，在出具土地出让规划条件时，明确装配式建筑项目应达到的比例。对装配式建筑比例达到 30% 以上的开发建设项目，在办理规划审批时，可根据项目规模，允许不超过规划总面积的 5% 不计入成交地块的容积率核算。具体办法由各市政府另行制定。国土资源部门在土地出让合同中要明确相关计算要求。

15. 海南省

2018 年 4 月，海南省发布的《海南省人民政府办公厅关于促进建筑业持续健康发展的实施意见》(琼府办〔2018〕32号）中指出，要以市场为导向、以质量提升为核心发展绿色建筑、装配式建筑，推进建筑业转型升级和可持续健康发展，助力海南省全面深化改革开放、建设自由贸易试验区和中国特色自由贸易港。到2020年，力争实现全省建筑业总产值年均增速8%左右。全省80%以上的房屋建筑工程项目实现信息化手段监管，建筑品质进一步提升。实现建筑市场信用主体诚信评价全覆盖，以诚信评价为主的监管模式初步形成，建筑市场诚信体系更加健全，秩序更加规范。工程建造方式和施工组织模式变革取得重大进展，实现海南省装配式建筑发展目标。指导市县制定装配式建筑项目建筑面积奖励的把关环节及落实机制。鼓励各类装配式建筑企业申报高新技术企业优惠扶持政策。对装配式建筑业绩突出的企业，在资质晋升、评奖评优等方面予以一定支持。支持企业、高等学校和研发机构研发装配式建筑新技术、新工艺、新材料和新设备，符合条件的研究开发费用可以按照国家有关规定享受优惠政策。

16. 陕西省

2017年3月，陕西省发布的《陕西省人民政府办公厅关于大力发展装配式建筑的实施意见》(陕政办发〔2017〕15号）中提出，陕西省的发展目标是形成一批设计、施工、部品部件规模化生产企业，专业技术人员能力素质大幅提高，工程管理制度健全规范。2020年，重点推进地区装配式建筑占新建建筑的比例超过20%，力争2025年全省达到30%以上。以中高层建筑和农村居住建筑为重点，推广装配式建筑结构设计、节点连接设计、构造设计等技术，推动装配式建筑的设计、生产、施工的一体化、产业化发展。到2020年，装配式公共建筑、商品住宅试点示范规模达到200万 m^2；装配式农房示范规模达到20万 m^2。着眼于培育区域技术优势和产业竞争力，提高产业聚集度，发展技术先进、专业配套、管理规范的装配式建筑产业基地。到2020年，形成3~5个以骨干企业为核心、产业链完善的产业集群，并建设省级装配式建筑产业基地5~10个、国家级装配式建筑产业基地2~3个。

17. 山东省

山东省于2017年1月发布的《山东省人民政府办公厅关于贯彻国办发〔2016〕71号文件力发展装配式建筑的实施意见》(鲁政办发〔2017〕28号）中指出，到2020年，建立适应于装配式建筑发展的技术、标准和监管体系，济南、青岛市装配式建筑占新建建筑比例超过30%，其他设区城市和县（市）分别超过25%、15%；到2025年，全省装配式建筑占新建建筑比例超过40%，形成一批以优势企业为核心、涵盖全产业链的装配式建筑产业集群。各级财政要研究推动装配式建筑发展的政策，对具有示范意义的装配式建筑工程项目给予支持，符合条件的，可参照重点技改工程项目，享受贷款贴息等税费优惠政策。符合新型墙体材料目录的预制构件生产企业，可按规定享受增值税即征即退优惠政策。

18. 甘肃省

甘肃省于2017年8月发布的《甘肃省人民政府办公厅关于大力发展装配式建筑的实施意见》(甘政办发〔2017〕132号）中指出，到2020年建成一批装配式建筑试点项目，以试点项目带动产业发展，初步建成全省产业布局合理的装配式建筑产业基地，逐步形成全产业链协作的产业集群；争创国家装配式建筑示范城市和产业基地。到 2025 年，基本形成较为完善的技术标准、科技支撑、产业配套、监督管理和市场推广体系，争取装配式建筑占新建建筑面积的比例超过 30%。兰州市、天水市和嘉峪关市作为装配式建筑试点城市，要培育、支持和发展 3 个以上省级装配式建筑产业基地，争创国家级装配式建筑产业基地和示范城市。建设、发展改革、国土资源、工信、财政、科技、质监、地税等部门要结合实际，出台推动试点项目建设的政策和措施。通过试点建设，总结适宜甘肃省的装配式建筑工艺、技术，探索形成甘肃省发展装配式建筑的政策、标准和监管体系，加快形成产业体系，激发市场主体的内在动力，引导甘肃省装配式建筑有序发展。

19. 山西省

山西省 2017 年 6 月发布的《山西省人民政府办公厅关于大力发展装配式建筑的实施意见》（晋政办发〔2017〕62 号）指出，结合山西省现有装配式建筑产业发展现状，以太原、大同两市为重点推进地区，鼓励其他地区结合自身实际统筹推进。2017 年，太原市、大同市装配式建筑占新建建筑面积的比例达到 5% 以上，2018 年达到 15% 以上。各地政府投资项目，特别是保障性住房、公共建筑及桥梁、综合管廊等市政基础设施建设，要率先采用装配式建造方式。农村、景区要因地制宜发展木结构和轻钢结构装配式建筑。形成一批以设计、施工、部品部件规模化生产企业为核心、贯通上下游产业链条的产业集群。装配式建筑产业基地数量和产能基本满足全省发展需求。到 2020 年底，全省 11 个设区城市装配式建筑占新建建筑面积的比例达到 15% 以上，其中太原市、大同市力争达到 25% 以上。自 2021 年起，装配式建筑占新建建筑面积的比例每年提高 3% 以上，到 2025 年底，装配式建筑成为山西省主要建造方式之一，装配式建筑占新建建筑面积的比例达到 30% 以上。

20. 黑龙江省

2017 年 11 月，黑龙江省发布的《黑龙江省人民政府办公厅关于推进装配式建筑发展的实施意见》（黑政办规〔2017〕66 号）中指出，2020 年末，全省装配式建筑占新建建筑面积的比例达到 10% 以上；试点城市装配式建筑占新建建筑面积的比例不低于 30%。到 2025 年末，全省装配式建筑占新建建筑面积的比例力争超过 30%。鼓励试点城市哈尔滨先行先试，结合所在区位、产业和资源条件，推进装配式建筑发展的政策和技术体系，推动装配式建筑产业基地和示范项目的建设，加快形成装配式建筑产业体系，并在全省范围内推广。政府投资或主导的公共建筑，以及保障性住房、旧城改造、棚户区改造和市政基础设施等项目应率先应用装配式建筑。在大型公共建筑和工业厂房优先采用装配式钢结构；在具备条件的地区，倡导发展现代木结构建筑；在农房建设中积极推进轻钢结构；临时建筑、工地临建、管道管廊等积极采用可装配、可重复利用的部品部件。积极推广使用预制内外墙板、楼梯、叠合楼板、阳台板、梁和集成化橱柜、浴室等构配件、部品部件。

21. 吉林省

吉林省 2017 年 7 月发布的《吉林省人民政府办公厅关于大力发展装配式建筑的实施意见》（吉政办发〔2017〕55 号）（简称《实施意见》）中设定了发展目标，以长春、吉林两市为重点推进地区，其余城市则为鼓励推进地区，要根据当地实际情况发展装配式混凝土结构、钢结构和现代木结构。同时，逐步制定和完善相关法律法规、技术标准和监管体系，推动形成一批集设计、部品部件规模化生产、施工于一体的，具有现代装配建造水平的总承包企业以及与之相适应的专业化技能队伍。发展目标主要分为三个阶段：

（1）试点示范期（2017~2018年）。在长春、吉林等地设立试点。到2018年，全省建成5个以上装配式建筑产业基地，培育一批装配式建筑优势企业；全省装配式建筑面积不低于200万 m^2，初步建立装配式建筑技术、标准、质量、计价体系。

（2）推广发展期（2019~2020年）。该阶段目标：创建2~3家国家级装配式建筑产业基地；全省装配式建筑面积不低于500万 m^2；长春、吉林两市装配式建筑占新建建筑面积比例达到20%以上，其他设区城市达到10%以上。

（3）普及应用期（2021~2025年）。形成一批综合实力较强的装配式建筑龙头企业、技术力量雄厚的研发中心和特色鲜明的产业基地，使装配式建筑建造方式成为主要建造方式之一，并由建筑工程、市政公用工程，向桥梁、水利、铁路等领域推广。全省装配式建筑占新建建筑面积的比例超过30%。

22. 内蒙古自治区

内蒙古自治区于2017年9月发布的《内蒙古自治区人民政府办公厅关于大力发展装配式建筑的实施意见》（内政办发〔2017〕156号）中指出，2020年，全区新开工装配式建筑占当年新建建筑面积的比例达到10%以上，其中呼和浩特市、包头市、赤峰市达到15%以上，呼伦贝尔市、兴安盟、通辽市、鄂尔多斯市、巴彦淖尔市、乌海市达到10%以上，锡林郭勒盟、乌兰察布市、阿拉善盟达到5%以上。到2025年，全区装配式建筑占当年新建建筑面积的比例力争超过30%，其中呼和浩特市、包头市装配式建筑占当年新建建筑面积的比例达到40%以上，其余盟市均力争达到30%以上。

23. 河南省

河南省2017年12月发布的《河南省人民政府办公厅关于大力发展装配式建筑的实施意见》（豫政办〔2017〕153号）中指出，到2020年底，全省装配式建筑（装配率高于50%）占新建建筑面积的比例达到20%以上，政府投资或主导的项目达到50%，其中郑州市装配式建筑面积占新建建筑面积的比例达到30%以上，政府投资或主导的项目达到60%以上。到2025年底，全省装配式建筑占新建建筑面积的比例力争达到40%，其中郑州市达到50%以上，政府投资或主导的项目原则上达到100%。

24. 广西壮族自治区

广西壮族自治区2017年12月发布的《广西壮族自治区装配式建筑发展"十三五"专项规划》（桂建管〔2017〕102号）中提出以下目标：①"十三五"期间广西壮族自治区装配式建筑发展目标，到2020年，全区装配式建筑占新建建筑面积的比例达到20%以上；②分步骤分地区逐步推进装配式建筑发展，分2016~2018年试点示范期和2019~2020年推广发展期两个阶段推进，并将各设区市发展目标细化为重点发展、积极发展、鼓励发展三类地区，对示范基地、城市、项目等提出具体任务要求。引导形成服务北部湾经济区和西江经济带的设区市发展定位产业布局，构建综合性、区域性、自给性三级全区装配式建筑生产基地，强化实现区域协调和互补带动的整体效应，打造产业聚集区，推进试点项目建设，推动创新发展。明确要求装配式建筑在政府投资公共建筑、基础设施等建设项目和社会投资工程项目的具体推广应用。加强领导、强化机制、完善管理等的组织保障外。在用地政策、财政政策和金融支持、税费优惠等方面提供支持，对装配式建筑设计、生产、建设、施工、开发、管理、销售及购买业主等各方给予全面的政策支持。

25. 宁夏回族自治区

宁夏回族自治区 2017 年 4 月发布的《宁夏回族自治区人民政府办公厅关于大力发展装配式建筑的实施意见》（宁政办发〔2017〕71 号）提出，从 2017 年起，各级人民政府投资的总建筑面积超过 3000m² 的学校、医院等公益性建筑项目，单体建筑面积超过 10000m² 的机场、车站、机关办公楼等公共建筑和保障性安居工程，优先采用装配式建筑。社会投资总建筑面积超过 50000m² 的住宅小区、总建筑面积（或单体）超过 10000m² 的新建商业、办公等建设项目，应根据实际情况推行装配式建造方式。

到 2020 年，宁夏回族自治区将基本形成适应装配式建筑发展的政策和技术保障体系，装配式建筑占同时期新建建筑的比例达到 10%。在已有基础上建成 5 个以上自治区级建筑产业化生产基地，建设 2 个国家建筑产业化生产基地，培育 3 家以上集设计、生产、施工为一体的总承包企业。

到 2025 年，基本建立装配式建筑产业制造、物流配送、设计施工、信息管理和技术培训产业链，满足全区装配式建筑的市场需求，形成一批具有较强综合实力的企业和产业体系，全区装配式建筑占同时期新建建筑的比例达到 25%。建成 8 个及以上自治区级建筑产业化生产基地和 3 个以上国家建筑产业化生产基地，培育 5 个以上具有现代装配建造水平的工程总承包企业或产业联盟，形成 6 个以上与之相适应的设计、施工、部品部件规模化生产企业。

26. 青海省

青海省 2017 年 8 月发布的《青海省人民政府办公厅关于推进装配式建筑发展的实施意见》（青政办〔2017〕141 号）指出，以西宁市、海东市为装配式建筑重点推进区域，重点发展预制混凝土结构、装配式建筑钢结构，其他地区结合当地实际，发展以钢结构为主的装配式建筑。到 2020 年，基本建立适应青海省装配式建筑的技术、标准、政策和监管体系。全省装配式建筑占同期新建建筑的比例达到 10% 以上，其中西宁市、海东市达到 15% 以上，其他地区达到 5% 以上。创建 1~2 个国家级装配式建筑示范城市和 1~2 个国家级装配式产业基地。

27. 云南省

云南省 2017 年 6 月发布的《云南省人民政府办公厅关于大力发展装配式建筑的实施意见》（云政办发〔2017〕65 号）中指出，政府和国企投资、主导建设的建筑项目应采用装配式技术，并鼓励社会投资的建筑项目使用装配式技术，大力推广装配式商品房及装配式医院、学校等公共建筑。各地要明确商品房住宅使用装配式技术的比例，并逐年提高。到 2020 年，初步建立装配式建筑的技术、标准和监管体系；昆明市、曲靖市、红河州装配式建筑占新建建筑面积比例达到20%，其他每个州、市至少有3个及以上示范项目。到2025年，力争使全省装配式建筑占新建建筑面积比例达到30%，其中昆明市、曲靖市和红河州达到40%以上；形成一批涵盖全产业链的装配式建筑产业集群，将装配式建筑产业打造成为西南先进、辐射南亚东南亚的新兴产业。加强装配式建筑关键技术、通用技术体系和住宅标准化研究，建立全省统一的通用部品部件数据库。加快编制装配式建筑标准规范、导则、图集、评价标准和计价定额。制定新技术推广目录和落后技术、产品禁限用目录。加快科技成果转化，鼓励行业协会和企业编制标准，经技术审查论证后，可作为工程设计、施工、验收依据。

28. 新疆维吾尔自治区

新疆维吾尔自治区2017年9月发布的《新疆关于大力发展自治区装配式建筑的实施意见》中指出，以乌鲁木齐市、克拉玛依市、吐鲁番市、库尔勒市、昌吉市为积极推进地区，其余城市则为鼓励推进地区，根据各地实际情况发展混凝土结构、钢结构等装配式建筑。到2020年，积极推进地区的装配式建筑占新建建筑面积的比例达到15%以上，鼓励推进地区达到10%以上。到2025年，全区装配式建筑占新建建筑面积的比例达到30%。同时，逐步完善法律法规、技术标准和监管体系，推动形成一批设计、施工、部品部件规模化专业生产企业，具有现代装配建造水平的工程总承包企业以及与之相适应的专业化技能队伍。装配式建筑部品部件生产企业，经认定为高新技术企业的，可依法享受企业所得税相关优惠政策。对于装配式建筑项目减免城市市政基础设施配套费，减收扬尘排污费。

29. 贵州省

贵州省2017年9月发布的《贵州省人民政府办公厅关于大力发展装配式建筑的实施意见》中指出，力争到2025年底，全省装配式建筑占新建建筑面积比例达到30%。发展目标划分为以下三步：

（1）试点示范期（2017~2020年）。装配式建筑发展积极推进地区为贵阳市、遵义市、安顺市中心城区和贵安新区直管区，其他区域则为鼓励推进地区，其中黔东南州重点发展现代木结构装配式建筑。前期，政府投资项目优先采用装配式建造，积极培育装配式建筑产业基地、创建装配式建筑示范项目。从2018年10月1日起，积极推进地区建筑规模2万m²以上的棚户区改造（货币化安置的除外）、公共建筑和政府投资的办公建筑、学校、医院等建设项目，广泛采用装配式建造；对以招标拍卖方式取得地上建筑规模10万m²以上的新建项目，不少于建筑规模30%的建筑积极采用装配式建造。积极支持鼓励推进地区政府投资的办公建筑、学校、医院等建设项目采用装配式建造。在全省合理布局建设装配式建筑生产基地。到2020年底，全省培育10个以上国家级装配式建筑示范项目、20个以上省级装配式建筑示范项目，建成5个以上国家级装配式建筑生产基地、10个以上省级装配式建筑生产基地、3个以上装配式建筑科研创新基地，培育一批龙头骨干企业形成产业联盟，培育1个以上国家级装配式建筑示范城市；全省采用装配式建造的项目建筑面积不少于500万m²，装配式建筑占新建建筑面积的比例达到10%以上，积极推进地区达到15%以上，鼓励推进地区达到10%以上。

（2）推广应用期（2021~2023年）。在全省范围内统筹规划建设装配式建筑生产基地，对以招标拍卖方式取得地上建筑规模10万m²以上的新建项目，全部优先采用装配式建造。到2023年底，全省培育一批以优势企业为核心、全产业链协作的产业集群；全省装配式建筑占新建建筑面积的比例达到20%以上，积极推进地区达到25%以上，鼓励推进地区达到15%以上，基本形成覆盖装配式建筑设计、生产、施工、监管和验收等全过程的标准体系。

（3）积极发展期（2024~2025年）。力争到2025年底，全省装配式建筑占新建建筑面积的比例达到30%，形成一批以龙头核心企业、技术研发中心、产业基地为依托，特色明显的产业聚集区，装配式建筑技术水平得到不断进步，自主创新能力明显增强。

30. 江西省

江西省2016年8月公布的《江西省人民政府关于推进装配式建筑发展的指导意见》中指出，到2020年，江西省采用装配式施工的建筑占同期新建建筑的比例达到30%，其中，政府投资项目达到50%。到2025年底，全省采用装配式施工的建筑占同期新建建筑的比例力争达到50%，符合条件的政府投资项目全部采用装配式施工。符合条件的装配式建筑示范项目可参照重点技改工程项目，可享受税费优惠政策。销售建筑配件适用17%的增值税率，提供建筑安装服务适用11%的增值税率。企业开发装配式建筑的新技术、新产品、新工艺所发生的研发费用，可以在计算应纳税所得额时加计扣除。

31. 西藏自治区

西藏自治区2017年11月发布的《西藏自治区人民政府办公厅关于推进高原装配式建筑发展的实施意见》中指出：①到2020年，全区培育2家以上有一定竞争力的本土装配式建筑企业，并引进3家以上国内装配式建筑龙头企业；②建成4个以上装配式建筑产业基地，其中，拉萨市要完成2个以上装配式建筑产业基地建设，日喀则市要完成1个以上装配式建筑产业基地建设。

2020年前，在以国家投资为主导的文化、教育、卫生、体育等公共建筑，易地扶贫搬迁、边境地区小康村建设、保障性住房、灾后恢复重建、市政基础设施、特色小城镇、工业建筑等建设项目中，相关项目审批部门要选择一定数量可借鉴、可复制的典型装配式建筑工程作为政府推行示范项目。"十四五"期间，相关项目审批部门要确保国家投资项目中装配式建筑占同期新建建筑面积的比例不低于30%。

1.4 装配式建筑未来发展趋势

装配式建筑是现代工业化的生产方式，其特点有：标准化设计、工厂化生产、装配化施工、信息化管理、一体化装修和智能化应用。

（1）标准化设计

标准化设计是指在一段时期内，面向通用型产品，采用共性条件，制定统一的标准和模式开展的适用范围较广的设计，适用于技术成熟，经济合理，市场容量较大的产品设计。装配式建筑标准化设计的关键核心是形成标准化的部品部件单元。当装配式建筑所有的设计标准、手册和图集建立起来以后，建筑物的设计不再像现在一样要对宏观到微观的所有细节进行逐一计算、绘图，而是可以像机械设计一样选择标准件，满足功能要求。

标准化设计下的装配式建筑，可以有效保证设计质量，从而提高工程质量；大幅减少重复劳动工作量，提高设计效率；有利于应用和推广新技术；有利于后续实施构配件生产工厂化、装配化和施工机械化，提高劳动生产率，加快建设进度；有利于节约建设材料，降低工程造价，提高经济效益。

（2）工厂化生产

工厂化生产是指在人工创造的环境（如工厂）中进行全过程的作业，从而克服自然条件的制约，是能够综合运用现代高科技、新设备和管理方法而发展起来的一种全面机械化、自动化、技术高度密集型的生产。

工厂化生产是推进装配式建筑的主要环节。建筑行业传统的现场作业施工方式中，受施工条件和环境的影响，机械化程度低，普遍采用的是过度依赖一线工人手工作业的人海战术，效益低下，误差控制往往只能达到厘米级，且人工成本高。采用工厂化生产，可以采用机械化手段，运用先进的管理方法，从而提高工程效益，降低成本，并提高工程施工精度。此外，将大量作业内容转移到工厂里，不仅改善了建筑工人的劳动条件，对于实现节能、节地、节水、节材、环境保护的"四节一环保"目标，也具有非常重要的促进作用。

（3）装配化施工

装配化施工是通过一定的施工方法及工艺，将预先制作好的部品部件可靠地连接成所需要的建筑结构形式的施工方式。装配式施工可以加快施工进度，提供劳动生产率，减少施工现场作业人员，同时降低模板工程量，减少施工现场的污染排放。装配式施工是绿色施工的重要抓手，也是对可持续发展理念的重要实践和运用，对促进建筑业的转型升级具有非常积极的作用。

（4）信息化管理

信息化管理是以信息化带动工业化，实现行业管理现代化的过程。它是指将现代信息技术与先进的管理理念相融合，转变行业的生产方式、经营方式、业务流程、传统管理方式和组织方式，重新整合内外部资源，提高效率和效益。

对于装配式建筑而言，引入信息技术可以集成各种优势，实现标准化和集约化发展。同时信息的开放性和共享性，有利于调动人们的积极性并促使工程建设项目各阶段、各利益相关方之间信息、资源共享，有效地避免各行业、各专业之间沟通交流不足和不协调问题，加快工期进程，从而有效解决设计与工期、构件生产与制造技术脱节的中间环节的问题，以提高建设效率。

（5）一体化装修

一体化装修是指将装修工作与预制构件的设计、生产、制作、装配施工一体化施工，即实现装饰装修与主体结构的一体化。一体化装修将装修功能条件前置，管线安装、墙面装饰、部品安装一次完成到位，避免重复浪费。在构件生产过程中统一预留或预埋建筑构件上的孔洞和装修面层固定件，避免装修施工时对已有建筑构件打凿和穿孔，保证了结构安全性的同时减少了工地噪声和建筑垃圾。

（6）智能化应用

装配式建筑智能化应用，是指以建筑为平台，兼备建筑设备、办公自动化及通信网络系统，集结构、系统、服务、管理及它们之间的最优化组合，向人们提供一个安全、高效、舒适、便利的建筑环境。建筑的智能化应用目前尚处于初级起步阶段，主要是应用于安全防护系统和通信及控制系统，不过随着科学技术的进步和人们对其功能要求的提高，建筑的智能化应用一定会迎来进一步的发展。

基于装配式建筑的上述特点以及之前所论述的目前装配式建筑的局限性，装配式建筑未来的发展趋势有以下几个方面：

（1）基于建筑信息模型（BIM）的一体化项目实施研究

IPD（Integrated Project Deliver）由加州委员会和美国建筑师学会在2007年所提出，并将其定义：通过协作平台，整合体系、人力、实践和企业结构，充分利用各利益相关方的见解和才能，在设计、建造以及运营各阶段共同努力，使建设项目效益最大化，尽量减少不必要的浪费。IPD模式贯穿项目建设全生命周期的各个阶段，包括规划设计阶段和施工建造阶段，施工单位、业主单位、设计单位等各方高度协同合作，保证项目目标的顺利实现。IPD模式适用于大规模项目，有利于减少项目总成本，因此IPD已在行业内得到大力推广。现阶段国外IPD与BIM相结合的协同管理项目越来越多，利用BIM软件建立的建筑模型可视性强，交互性高，数字化程度高，同时具备开放的数据标准，有利于信息和数据共享。在IPD项目中，BIM主要应用于设计协同、可视化、工程估价、施工重难点模拟、碰撞检测、设备管理、场地分析等方面。目前由于受国内建筑发展模式的制约，建筑业缺乏完善的IPD模式相关法律体系及合同范本，应用环境也还处于初期阶段，BIM技术全面推广还有待政府和企业的努力。

（2）预制构件的模数化及标准化研究

模数化及标准化研究包含两个方向：①整合全产业链资源，全产业内推行模数协调；②实现统一价值导向，建立技术标准。住宅模数协调准则是建设方、施工方、设计方在装配式建筑建设中共同遵循的统一准则，也是建筑标准化的依据，因此要大力推行住宅模数协调准则研究，要加强构配件尺寸与建筑的配合、协调、定位。目前我国虽然已制定《建筑模数协调标准》GB/T 50002—2013，但是仍然要继续加强部品模数与建筑协调体系的完善，开展构件通用性及接口技术研究。目前，装配式建筑标准化研究已有了重要进展，中国第一个"装配式建筑标准化部件库"已由上海城建集团初步完成建设。第一批标准化预制构件数据库共有90余个，目前已应用于万科、保利等项目。为实现全面覆盖市场现有房屋类型的目标，未来仍需加强标准化部件多样化研究。

（3）结合信息化技术进行管理

随着科技经济的不断发展，信息技术与建筑业也不断结合，装配式建筑未来的发展与BIM（Building Information Modeling）技术推广必定会发生火花，图1-19为BIM模型。BIM不

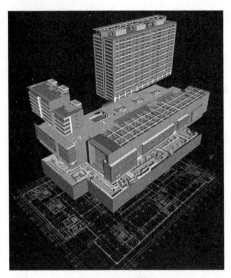

图1-19　BIM模型

仅仅将数字信息进行集成，更是一种数字信息应用，可用于建筑设计、建造、管理的数字化工具。装配式建筑设计的特征包括标准化、模块化、重复性等，在设计过程中会产生大量重复性数据和烦琐操作，极易出现"错、漏、碰、缺"问题，而BIM软件由于其可视化和信息化能有效解决这些问题，并且能对装配式建筑的全生命周期进行管理，提高工程效率和质量。不仅如此，其他信息技术，例如射频识别技术（RFID）、人工智能技术、北斗云定位技术、大数据等信息技术也可以在未来与BIM技术进行融合，以实现装配式建筑项目管理的数字化和智能化。

2 装配式建筑供应链管理概论

2.1 供应链管理

2.1.1 供应链概念

供应链的概念起源于价值链，于20世纪80年代后期产生。当下比较普遍的观点认为供应链是指围绕核心企业，通过对信息流、物流、资金流的控制，从采购原材料开始，然后制成中间产品以及最终产品，最后通过销售网络把产品送至终端消费者，其中所涉及的供应商、制造商、分销商、零售商和最终用户连成一个整体的功能网链结构和模式。一个产业往往包含很多企业，企业之间互相联系，一个企业的产品会被另一个企业作为原料加以利用，这种相互联系的企业共同构成一个完整的价值链，其实就是供应链。

供应链的概念由扩大生产概念发展而来，它将企业的生产活动前伸和后延。譬如，日本丰田公司的精益协作方式中就将供应商的活动视为生产活动的有机组成部分而加以控制和协调，这就是向前延伸。后延则是指将生产活动延伸至产品的销售和售后服务阶段。因此，供应链就是通过计划、采购、存储、分销、服务等一系列活动而在顾客和供应商之间形成的一种连接，从而使企业能满足内外部顾客的需求。以下是一些学者对供应链的界定。

美国史迪文斯（Stevens）："通过增值过程和分销渠道控制从供应商的供应商，到用户的物料流就是供应链，它开始于供应的源点，结束于消费的终点。"

哈里森（Harrison）："供应链是一种功能网链，以执行原材料采购、产品或中间品的生产加工，并将成品销售至顾客手中。"

密歇根大学强调供应链是一个过程，同时认为，供应链是一个对多公司"关系管理的集成供应链，它包含从原材料的采购到产品和服务交付给最终消费者的全过程"。

《物流术语》GB/T 18354—2006中指出：供应链是生产及流通过程中涉及将产品或服务提供给最终用户活动的上下游企业而形成的网链结构。

马世华和林勇则将供应链定义为由核心企业为中心，通过对物流、资金流、信息流的控制，链接供应商、制造商、分销商、零售商和最终消费者所形成的整体功能网络结构模式。

综上所述，供应链包括满足顾客需求所直接或间接涉及的所有环节，是由物料获取、物料加工，并将成品送到用户手中这一过程所涉及的企业和企业部门组成的一个网络，是一个动态的系统。

2.1.2 供应链的特征

供应链包含不同成员，但其中会存在一个核心企业（例如产品生产制造业或大型零售企业），在信息流的驱动下，供应链通过各成员之间的功能分工与合作，以资金流、物流、服务流为载体提高整个供应链的价值。因此，供应链具有以下特征：

（1）复杂性：由于供应链中的节点企业组成跨度或层次不同，供应链常常由多个、多类型甚至多国企业所组成，所以供应链结构模式比一般单个企业的结构模式更为复杂。

（2）交叉性：节点企业可以是某个供应链中的成员，同时又可以是另一个供应链中的成员，不同供应链之间相互交叉，协调管理难度较大。

（3）动态性：企业战略和市场需求是不断变化的，因此供应链中的节点企业需要动态地更新，使得供应链具有明显的动态性。

（4）面向用户需求：供应链的形成、发展和重构，都是基于外部市场需求而发生。供应链的运作过程中，用户的需求拉动是供应链中信息流、产品/服务流、资金流运作的驱动源。

2.1.3 供应链的类型

供应链应该同时具有敏捷力（Agility）、适应力（Adaptability）和协同力（Alignment），为具备上述条件，企业必须预先准备以保持整个供应链网络及时应对外部环境变化，而不是一味追求企业生产效率的心态，必须关注供应链中所有的合作伙伴而不仅仅是自身的利益。

按照产品的生命周期、需求是否稳定以及是否可以预测等因素通常把产品分为两种：功能型产品和创新型产品。从需求的角度出发，功能型产品的需求趋向稳定。而创新型产品生命周期较为短暂，需求波动较大，难以预测，例如时装、电脑游戏、高端电脑等。从供应的角度出发，也有两种类型：一种是稳定的；另一种是变化的。稳定的供应需要成熟的制造工艺技术和完备的供应链支持。而变化的供应一般为制造流程和技术都处于早期开发阶段，变化迅速，供应商可能在数量和应对需求变化上的经验有限。

1. 以供应流程和产品类型对供应链分类

（1）高效型供应链，主要针对稳定供应流程的功能型产品。丰田汽车就是其典型代表，特性是遵循精益原则。精益原则能够使企业获得制造及供应的高效性，消除不能够增加价值的行为。追求规模经济是高效型供应链的另一个重要特征，采用最合适的技术，将产能和分销能力都最大化。企业还必须重视与供应链中的成员保持有效、准确的信息沟通。

（2）风险规避型供应链，主要针对供应流程不断变化的功能型产品。能力共享是应对供应不稳定风险的有效方式。例如与其他公司共用缓冲库存，设立多家供应商，或者利用分销商的库存来减少供应风险等。

（3）响应型供应链，主要针对具备稳定性供应流程的创新型产品。例如智能手机公司的供应链，需要快速和灵活地满足多样和多变的消费者需求。

（4）敏捷型供应链，主要针对供应流程变化不定的创新型产品。敏捷型供应链结合了上述第二和第三种供应链的优势，即对顾客的需求反应迅速而且灵活，同时也通过共享库存或者其他资源规避风险。

2. 以实施侧重点对供应链分类

（1）以客户要求为核心的供应链。按照客户所提出的要求标准，以客户满意为目标来设计和组合供应链。例如，为汽车制造厂设计汽车零配件的采购与供应系统。首先要对该汽车制造厂每年、每月、每天的汽车零配件的使用量、厂区内汽车零配件的存放容量、生产线上汽车零配件的使用数量、使用率等情况做充分的调研；其次，需要考虑外购零配件的供应企业和零配件生产企业的供货率、信誉度以及零配件运输能力、交通运输路线等情况；最后，还需要考虑如果采取零件存供货方式，相关的条件能否配套和协调运转，是否符合该汽车制造厂的现有条件，配套能力是否能达到预定目标等。

（2）以销售为核心的供应链。在市场饱和的买方市场的条件下，以销售为核心建设的供应链往往是多个生产企业的客观需求，其重点在于销售数量、时间、成本和服务水平。

（3）以产品为核心的供应链。其重点是各供应链企业的产品质量保证和各供应链企业的服务水平。建立这种类型的供应链往往要涵盖原材料、采购、加工、制造、包装、运输、批发、零售的全过程。

3. 以服务对象物流特性对供应链分类

（1）高效率供应链。其在满足产品或服务供给要求的同时，成本能达到最低的供应链，它在设计时以如何降低成本为主题，应用的对象大都为产品差异性小、竞争激烈、利润率不高的企业，连锁超市是典型之一，它的目标是准确及时将货物送至每个门店，并争取使成本最低。这要求供应链中包括搜寻产品、采购、运输、货物接收、库存、销售、退货等环节，都要在不影响销售额的情况下低成本运作。

（2）快速反应供应链，是以如何快速地响应客户需求为宗旨的供应链。其应用对象包括设备维修、电信维修所需要的紧急零部件供应等，目标是要在短时间内满足客户提出的要求，它与客户的联系比较紧密，需要具备额外的生产能力和运输能力，以满足应急要求。除了维修外，还有医疗紧急救助所需产品和器材等，也需要应用快速反应的供应链。

（3）创新供应链，着重于满足客户不断变化的需求，它与客户的关系更加紧密，强调灵活性。它主要应用在市场产品变化较快的行业，如时装、手机、智能产品等，其目标是最大限度地满足客户变化的需求，对供应链建设的考虑倾向于如何针对多变的市场需求及时灵敏的反应。

2.1.4 供应链管理的概念

供应链管理定义和名称有许多，例如：有效用户反应（Efficient Consumer Response，ECR）、快速反应（Quick Response，QR）、虚拟物流（Virtual Logistics，VL）等，这些名称虽然有所不同，但其共同之处在于都通过规划和控制实现企业内外部之间的合作，一定程度上涉及供应链和增值链两个方面的内容。以下列出了一些学者对供应链管理的定义：

伊文斯认为：供应链管理是通过前馈的信息流和反馈的物料流及信息流，将供应商、制造商、分销商、零售商和最终用户连成一个整体的管理模式。

菲利浦则认为：供应链管理是一种新型管理模式，而不是供应商管理的别称，注重企业之间的合作，集成不同企业以增加整个供应链的效率。

大卫·辛奇认为：供应链管理是用于有效集成供应商、制作商、仓库和商店的方法，通过这些方法，使生产的产品能以恰当的数量，在恰当的时间，送往恰当的地点，从而实现在满足服务水平要求的同时，使得系统成本最小化。

最开始，供应链管理的重点在于管理库存，它通过各种协调手段，寻找把产品迅速、可靠地送到用户手中所需要的费用与生产、库存管理费用之间的平衡点，从而确定最佳的库存投资额，供应链管理的主要工作任务是管理库存和运输管理。现阶段的供应链管理把供应链上的各个企业视为不可分割的整体，而把它们分担的采购、生产、分销和销售职能作为一个协调发展的系统。供应链管理是一种集成的管理思想和方法，以执行供应链中从供应商到最终用户的物流的计划和控制等职能。

供应链管理主要涉及供应、生产计划、物流和需求四个主要领域，它以同步化、集成化生产计划为指导，以各种技术为支持，特别是以 Internet/Intranet 为基础，针对供应、生产作业、物流和满足需求来实施，包括有计划、合作以及控制从供应商到用户的物料和信息，以提高用户服务水平和降低总的交易成本为目标，并且寻求两个目标之间的平衡。除了上述四个领域之外，可以将供应链管理细分为职能领域和辅助领域。职能领域主要包括产品工程、产品技术保证、采购、生产控制、库存控制、仓储管理、分销管理；辅助领域则主要包括客户服务、制造、设计工程、会计核算、人力资源、市场营销。

供应链管理不仅仅关心物料实体在供应中的流动，如企业之间运输问题和实物分销，还关心以下主要内容：①战略性供应商和用户合作伙伴关系的管理；②预测和计划供应链产品需求；③供应链的设计（全球节点企业、资源、设备等的评价、选择等）；④企业内部与外部之间的物料供应与需求管理；⑤基于供应链管理的产品设计与制造、生产集成化计划、跟踪和控制；⑥基于供应链的用户服务和物流管理；⑦企业间资金流管理；⑧基于 Internet/Intranet 的供应链交互信息管理等。

供应链管理关注总的物流成本（从原材料到最终产成品的费用）与用户服务水平之间的关系，为此要把供应链各个职能部门有机地结合在一起，从而实现供应链整体的力量最大化，达到供应链企业群体获益的目的。因此与传统的物料管理和控制有显著区别：

（1）供应链管理把供应链中的所有节点企业视为整体，覆盖从供应商到最终用户的采购、制造、分销、零售等整个物流的职能领域过程。

（2）供应链管理强调和依赖战略管理。"供应"是整个供应链中节点企业之间事实上共享的一个概念（任意两节点之间都是供应与需求关系），同时它又是一个有重要战略意义的概念，因为它影响甚至决定了整个供应链的成本和市场份额。

（3）供应链管理采用集成化的思想和方法，而不是将节点企业、技术方法等资源视为简单的连接。

（4）供应链管理比传统物料管理和控制有更高的目标，即通过管理库存和合作关系达到更高水平的服务，而不仅仅是完成既定的市场目标。

2.2　装配式建筑供应链管理

2.2.1　装配式建筑供应链协同

装配式建筑供应链是从业主有效需求出发，以承包商为核心，企业通过对信息流、物流和资金流的控制，将项目相关参与方连成一个整体的建设网络。这个网络包含了5个阶段内容：决策，设计，生产加工，施工装配，销售；3个维度链：以项目多阶段与工程进度为基础的任务链，以工程参建主体之间的合作博弈利益协调关系为基础的关系链，以物资、信息、资金、设备、技术等资源为基础的资源链。各链条主体间协同共进和互动交织，不仅体现了权、责、利的合理配置，还关系到资源配置效率和工程绩效的多重目标。在装配式建筑供应链动态演化过程中，供应链的主体地位与工作任务随着所处阶段不同而发生变化，组织成员间的关系也在不断调整。装配式建筑供应链兼有建筑业和制造业的双重属性，不仅具有一般房地产项目供应链的复杂性和不确定性，还有模块化、并行交叉性、服务供应商与材料设备供应商并重、核心企业呈现团队性等典型特征。

装配式供应链的协同是装配式建筑供应链效率提升、优期优质的保障。供应链协同是供应链节点企业在一致的目标激励下，有效管理资源、提升运作效率的过程。供应链的协同可以分为企业间的协同和企业内部的协同，企业间的协同又分为供应链横向协同和纵向协同两种情况。装配式供应链的上下游可能同属于一家集团企业，但由于空间的分离和职能的分工，仍可视为企业间协同的情况。因此，对于装配式供应链协同的研究，可以分别关注供应链企业相互之间的纵向协同和横向协同。

1. 纵向协同

纵向协同指分处供应链不同阶段的上下游企业间的协同，具体到装配式供应链里是配件或构件厂商和装配厂商间的协同。早在1987年，有研究针对两供应商－单制造商的装配系统，提出随机提前期下确定最优订货时间的模型，该模型解决了最基础的装配式供应链纵向协同问题。同时随着发展，在两级装配供应体系中，提出在随机提前期下如何平衡库存成本和缺货成本，并给出最优安全提前期。随着切入供应链协调与合作研究，供应链协同引入有效库存水平的概念，通过模型研究探讨两阶供应链的库存协调。学界在装配式供应链纵向协同方面的研究多数从实际情况出发，在外部因素扰动下实现供应链的协同与优化，模型的应用范围和成熟程度也在发展中日益完善。

2. 横向协同

横向协作是指在装配式建筑供应链同一层次上的不同企业间进行协作，如多家一级供应商企业之间的协作。装配式建筑项目的上游通常有多个供应商，缺乏任何一种部件均可能导致装配环节无法按时实施，从而大幅影响整个供应链的效率，因此单纯的纵向协同无法充分满足装配式供应链效率提升的需求，必须引入横向协同机制以实现二维协同。横向协同的概念在 2001 年由欧盟提出，近十年以来成为物流与供应链研究的热点。供应链的横向协同可以显著降低库存水平、提高效率。而在装配式建筑供应链横向协同中，应用新兴技术手段建立横向协同机制是十分重要的步骤，此外信息共享、信息透明、信息安全在横向协同中也是十分重要。

2.2.2　装配式建筑供应链管理

典型的装配式建筑工程供应链可以按照物料的流向分为上游（原材料供应商 / 模具厂商，预制构件厂商），中游（施工方）和下游（业主方，终端用户），其中包含供应链的多个角色均由同一家企业的不同分支承担的情况。装配式建筑工程的供应链运作流程可以细化拆解为七个主要的环节：

环节一：原材料供应商和模具厂商向预制构件厂供货的过程；

环节二：预制构件厂生产预制构件并备货的过程；

环节三：预制构件运输至施工现场并卸车的过程；

环节四：预制构件现场堆放的过程；

环节五：施工方进行埋件、斜撑等施工准备工作；

环节六：施工方进行 PC 吊装、校正测量、钢筋绑扎、模板施工、混凝土浇筑、拆模、高强灌浆等施工环节；

环节七：反复执行以上步骤直至施工完毕，并交付业主验收。

装配式建筑供应链管理的研究可以通过供应链的协调弱化"供应商不确定性"对装配式各环节产生的影响，供应商的不确定性主要产生于预制构件厂生产安排、备货进度、PC 运输过程等环节，通过契约设计可激发预制构件厂的内在动力，通过契约执行、优先供货、加强管理等方式减小以上不确定因素的发生概率，进而促进供应链各方效益的提升，实现供应链的协调。

装配式建筑工程供应链同时还具有建筑工程的特点：第一，在工程初期就制定明确的建造计划，并在开工前选定供货的构件厂商，将工程用料计划发送构件厂商。装配式建筑工程的任何一个工序都按照时间表进行，预制构件厂商实际上是按照物料清单供货。施工方在特定部分施工前一段时间再次通知预制构件厂备货、供货。第二，建筑工程通常"逐层施工"，即施工工序的完成时间将直接决定后面工序的实施。第三，预制构件体积较大，运输成本较高，且运输和仓储过程中容易破损，供应链的不确定性进一步提高。第四，工程的工期将极大影响工程总成本，中小型建筑企业和房地产开发企业的融资年利率通常高达 12%~18%，因此，对于施工方而言，工期延后将造成资金成本明显上升。一般而言，越早完工、越早交付，资金就越早回拢，项目总成本也可以得到有效控制。第五，预制构件供应并非长期连续供货模型，而是项目制、阶段性的离散供货模型，因此对于整个工程供应链的管理可以简化为单次供货任务的管理。

在建筑工程供应链管理中，总承包商最关心的问题是通过建筑供应链管理提高生产和采购环节的计划性，而实现该目标的障碍是：缺少高级管理队伍、不当的支持结构和供应链管理理念的缺失。事实上，建筑供应链管理不利造成成本大幅上升，建筑工程采购支出中的27%是物流成本，而其中的60%是建筑现场的装卸、仓储、装配和损耗中产生的。建筑现场的库存管理是建筑工程供应链管理研究的热点，其中涉及物料采购、工期协调、配送决策等方面。供应链环节应关注装配式建筑的准时制供货，同时尽量避免预制构件厂商延误，增强施工方对构件的控制能力。装配式建筑工程目前存在如何减少现场库存、提升供应链效率的需求，结合云计算技术将很大程度上解决装配式建筑供应链合作的障碍，促进供应链的协同，提高装配式供应链运作效率。同时，在装配式建筑研究中积极应用各类硬件技术，提出各类先进信息技术的知识型装配式建筑供应链，为装配式建筑供应链管理提供了新的思路。

2.3 装配式建筑供应链信息化管理

2.3.1 供应链信息化管理定义

装配式建筑供应链信息化管理是指装配式建筑管理涉及的各方主体及各个阶段广泛应用信息技术、开发信息资源，以促进装配式建筑管理水平不断提高的过程。由于信息技术的渗透性强、发展快，以及装配式建筑自身的复杂性，装配式建筑信息化的内涵极为丰富，并处于不断的发展变化之中。装配式建筑信息化具有信息收集自动化、信息存储电子化、信息交换网络化、信息检索工具化及信息利用科学化等特征。

装配式建筑构件生产和信息化管理主要内容应包括信息化设计阶段、工业化生产阶段、智能化物流运输阶段、数字化装配施工阶段、后期运维阶段等。装配式建筑构件生产和施工信息化管理流程如图 2-1 所示。

1. 信息化设计阶段

信息化设计管理范围应涵盖整个构件深化设计阶段，其基本内容应包括 BIM 模型的建立、管理以及模型数据在工程项目全生命周期中的应用。企业应明确信息化设计管理的信息流程，装配建筑企业运用 BIM 的信息化管理流程如图 2-2 所示。

（1）深化设计阶段的 BIM 模型应满足工程项目全生命周期各阶段的应用。

（2）BIM 模型进行数据交付时，数据提供方和接受方均应对互用数据进行审核、确认。

（3）BIM 模型数据应用于构件生产和施工信息化管理时，互用数据格式应涵盖建筑行业所有标准，其格式转换宜采用成熟的转换方式和转换工具。

（4）BIM 模型数据应进行编码与存储。

（5）企业可按照管理流程集中管理所有的图纸，并对图纸进行编码，同时应存图纸记录与变更信息。

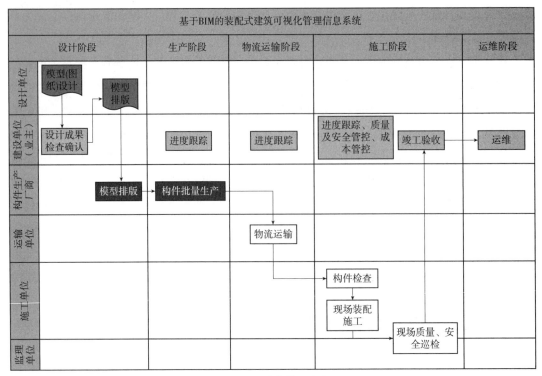

图2-1 信息化管理流程

（6）构件管理按照规定对构件进行编码，并建立构件设计信息与原材料信息、构件生产和施工实际进度信息、质量信息等之间的联系。

（7）BOM的管理主要包括BOM结构管理和配置管理，BOM清单应充分体现数据共享和信息集成。

（8）设计变更可按照图2-3的变更流程进行变更，变更后的图纸、BOM表需审核方可下发，并及时保存变更信息。

2. 工业化生产阶段

（1）材料管理

材料信息化管理范围应涵盖材料需求、采购、入库、质检、领用、配送各环节，其基本内容应包括套料管理、采购管理、材料质量管理、库存管理。

企业应明确材料管理中的信息流程，装配式建筑企业材料信息化管理流程如图2-4所示。

1）套料管理应依据BIM提供的BOM表进行材料的预套料，并建立与库存信息的联系，依据平衡库存的结果编制采购计划。

2）采购管理应包括采购计划管理、采购过程的管理和供应商管理，并应满足下列要求：

①采购计划管理应按照规定对采购计划进行编码，并建立采购计划与采购申请单、采购合同、原材料库存、进度信息等之间的联系。

②收集并录入原材料到货、出库、进场和耗用信息，并与计划进行对比分析，依据进度管理信息及时调整采购量。

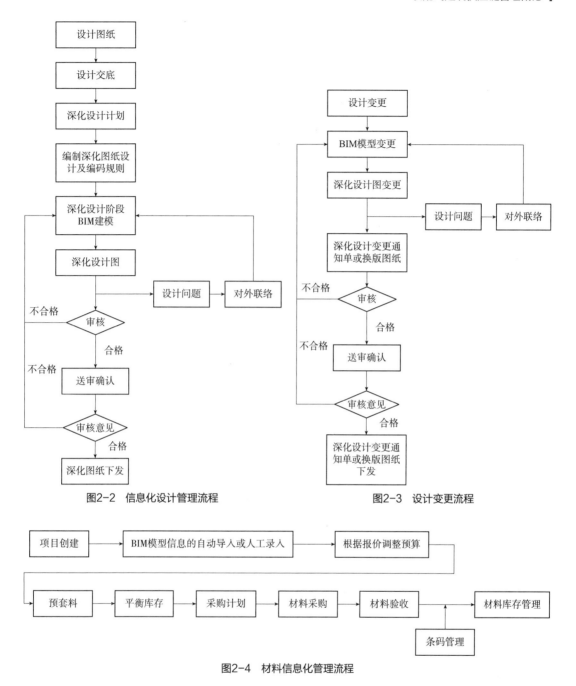

图2-2 信息化设计管理流程

图2-3 设计变更流程

图2-4 材料信息化管理流程

③供应商管理应对供应商资质进行审查，对于合格供应商，应收集和录入其相关信息并编码管理，依据供应商信息定期分析评价供应商服务质量情况。

3）材料的质量管理应对采购的材料进行验收，验收时应收集材料相关审查资料、核对材料信息、检查材料的外观、标识及尺寸，并将所搜集的信息与验收记录及时录入信息系统中。

4）材料的库存管理应包括材料入库、出库、盘点、余料等仓储管理全过程的管理，并应满足下列基本要求：

①按照规定对原材料和库存区域进行编码，并建立原材料信息库存区域信息、供应商信息之间的联系。

②结合 RFID 或条码技术，收集和录入原材料信息，并依据原材料库存信息统计分析目的用料情况、库存情况、成本情况以及编制各类报表。

（2）生产管理

生产信息化管理范围应涵盖构件整个生产过程的管理和质量控制，其基本内容应包括生产计划的管理，工艺的管理、生产进度管理、生产质量管理。

企业应明确生产管理中的信息流程，装配式建筑企业生产信息化管理流程如图 2-5 所示。

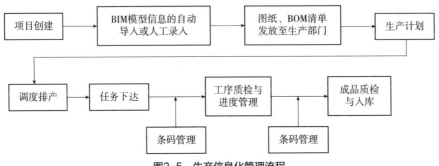

图2-5　生产信息化管理流程

1）生产计划的管理应根据 BIM 模型提供的信息编制生产计划，按照规定对生计划进行编码，并建立生产计划与构件生产进度信息、构件工序质检信息、生产现场监控息、原材料信息、构件加工信息等之间的联系。

2）工艺的管理应根据 BIM 模型提供的信息编制工艺及相关文件，并按照工艺及相关文件进行编码。

3）生产进度的管理与质量管理应结合条码技术，收集和录入各关键工序进度信息与质量信息，其管理流程如图 2-6 所示。

4）企业应对收集的生产信息进行统计分析，并将结果作为绩效考核和生产能力评价的依据。

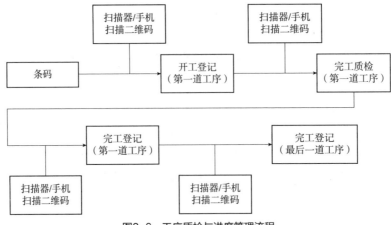

图2-6　工序质检与进度管理流程

5）收集的生产进度信息应及时反馈给 BIM 模型，逐步完善 BIM 模型。

3. 智能化物流运输阶段

成品与发运管理范围应涵盖成品的入库、出库、质检、发运各环节，其基本内容应包括构件管理、构件质量管理和构件运输收发管理。

（1）核对构件信息、检查构件的外观、标识及尺寸，并将所搜集的信息与验收记录及时录入信息系统中。

（2）成品库存管理应包括构件入库、出库、盘点等仓储管理全过程的管理，并应满足下列基本要求：

1）按照规定对库存区域进行编码，并建立库存区域信息与构件信息之间的联系。

2）结合 RFID 或条码技术，收集和录入构件信息，并依据构件库存信息统计分析项目构件的使用情况、库存情况、成本情况以及编制各类报表。

（3）成品发运管理应按项目计划的要求和施工单位确定的现场安装顺序编制发运计划，按照相关规定对发运计划进行编码，并建立发运计划与构件信息、构件发运状态、发货清单等之间的联系。

（4）构件发运过程中应结合 RFID 和条码技术，实时跟踪构件发运状态，避免漏发、错发。

4. 数字化装配施工阶段

施工信息化管理的范围应涵盖施工准备、物资进场、现场安装、竣工交付与维护等各环节，其基本内容应包括技术准备、施工计划管理、现场物资管理、施工进度管理、施工质量管理、职业健康安全管理、竣工交付与维护管理。

施工装配环节，相关人员应明确施工管理中的信息流程，装配式建筑企业施工信息化管理流程如图 2-7 所示。

（1）施工计划管理应依据项目计划的总要求编制施工计划，按照相关的规定对施工计划进行编码，并建立施工计划与施工进度信息、质量信息、安全信息等之间的联系。

（2）在现场施工之前，应收集和整理技术资料，做好技术准备工作。

（3）现场物资管理应结合 RFID 或条码技术，收集并录入物资进出场和耗用信息，并与原计划进行对比分析，依据进度管理信息及时调整进退场时间及采购量。

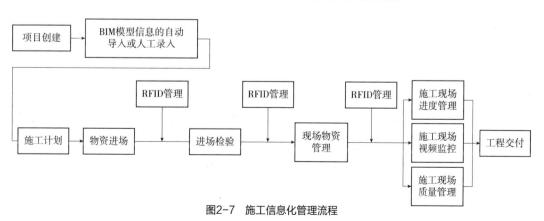

图2-7 施工信息化管理流程

（4）施工质量管理应包括构件的进场验收与施工过程中的质量控制，并应满足下列要求：

1）构件的进场验收应结合 RFID 或条码技术，收集构件检查资料、核对构件信息、检查构件的外观、标识及尺寸，并将所搜集的信息与验收记录及时录入信息系统中。

2）施工过程中的质量控制可结合 RFID 或条码技术或视频技术，收集并录入构件安装过程的质量信息，并利用这些信息进行分析处理，对可能产生的质量问题提供制定纠正、预防的信息。

（5）施工进度的管理应结合 RFID 或条码技术，实时收集和录入施工实际进度信息，并将进度信息及时反馈至 BIM 模型。

（6）职业健康安全管理应及时收集并录入职业健康、安全、环境活动的策划、培训、教育检查、整改、纠正、预防等相关信息，并与管控目标进行对比分析，对可能产生的隐患进行预防。

（7）项目竣工时，应对收集的信息进行整理和分析，并将完工信息反馈至 BIM 模型，最终形成可交付的完整的 BIM 模型。

5. 后期运维阶段

（1）在装配式建筑构件生产和施工信息化管理过程中，可保证录入系统的数据真实、有效和完整，并应及时备份和维护数据。

（2）从硬件、软件、权限等方面对录入的数据进行安全保护，并应对信息系统运行的情况进行检查和评估。

2.3.2 供应链信息化管理意义

信息化是以现代通信、网络、数据库技术为基础，对所研究对象各要素汇总至数据库，供特定人群生活、工作、学习、辅助决策等和人类息息相关的各种行为相结合的一种技术。使用该技术后，可以极大地提高各种行为的效率，为推动人类社会进步提供极大的技术支持。装配式建筑信息化管理是以信息化带动工业化，实现建筑企业管理现代化的过程。它是将现代信息技术与先进的管理理念相融合，所以信息化管理主要是通过先进的信息化管理技术来实现在装配式建筑全生命周期中的应用。

装配式建筑供应链信息化管理指的是装配式建筑全生命周期过程中的项目管理信息资源的开发和利用以及信息技术在装配式建筑项目管理中的开发和应用。装配式建筑供应链信息化管理中的信息资源的开发和利用，可吸取类似项目的正反两方面的经验和教训，将包括有价值的组织信息、管理信息、经济信息、技术信息和法规信息进行整合，将有助于项目决策的多种可能方案进行比对选择，将有利于项目实施期的项目目标进行合理控制，以实现项目建成后的高效运行。因此，装配式建筑供应链信息化管理，可以有效地利用有限的资源，用尽可能少的费用、尽可能快的速度来保证优良的工程质量，获取项目最大的社会经济效益。

目前装配式建筑的推行不但能够有效地解决墙体裂缝、渗漏等质量问题，而且还能提高建筑物的整体性、安全性、防火性和耐久性；预制构件通过工厂化生产和现场装配式施工，有助于缩短工期和节约成本；大幅度减少建筑垃圾和污水的排放，减轻噪声污染并且减少有害气体及粉尘排放。既提高建筑物的质量，缩短工期，又节约能源，降低成本。但是装配式建筑全寿命周期管理也面临着困境。其一是现代建筑行业产业化建造过程涉及的预制构件种类繁多，项目参与方众多，信息分散在不同的参与方手中，在预制、运输、组装的过程中极易发生混淆导致返工。其二是在装配式建筑的施工过程中，各个构件的信息难以及时收集、存档，且不易查找，各参与方的信息难以共享及交流，导致对整个工程施工进度把握和管理的难度大大增加。其三是对于已经建好的装配式混凝土建筑，各个构件的信息也难以及时收集和处理，经常出现某一个构件的损坏或者不合格导致整个建筑受损的情况。而将信息化技术应用到装配式建筑供应链管理中将有助于这些问题的解决。

（1）利用信息网络作为项目信息交流的载体，从而使信息交流速度可以大大加快，减轻了项目参与人日常管理工作的负担，加快了装配式建筑项目管理系统中的信息反馈速度和系统的反应速度。

（2）利用公共的信息管理平台，方便了各参建方进行信息共享和协同工作，一方面有助于提高工作效率；另一方面可以提高管理水平。装配式建筑建设工程项目信息化使项目的透明度增加，并保证了信息的传递变得快捷、及时和通畅。

（3）适应了装配式建筑工程项目管理对信息量急剧增长的需要，允许将每天的各种项目管理活动信息数据进行实时采集，并对各管理环节进行及时便利的督促与检查，实行规范化管理，从而促进了各项目管理工作质量的提高。

（4）装配式建筑工程项目的全部信息以系统化、结构化的方式存储起来，甚至对已积累的既往项目信息高效地进行分析，便于施工后的分析和数据复用，从而可以为项目管理提供定量的分析数据，进而支持项目的科学决策。

（5）装配式建设工程项目信息化使项目风险管理的能力和水平大为提高。由于现代市场经济的特点，工程建设项目的风险越来越大。现代信息技术使人能够对风险进行有效、迅速的预测、分析、防范和控制。因为风险管理需要大量的信息，而且要迅速获得这些信息，需要十分复杂的信息处理过程。供应链环节所运用的各项现代信息技术给风险管理提供了很好的方法、手段和工具。

（6）装配式建筑供应链信息化管理是推进国民经济和社会信息化是国家发展战略的重要内容。装配式建筑工程项目信息化能够更科学、更方便地进行多种类型的项目管理。如：大型、特大型、特别复杂的项目及多项目的管理。建筑业信息化是国民经济信息化的基础之一，改造和提升建筑业技术手段和生产组织方式，提高建筑企业经营管理水平和核心竞争能力，提高建筑业主管部门的管理、决策和服务水平，是推进建筑业信息化的重要手段。

3 装配式建筑与新一代信息技术融合应用

3.1 5G 通信技术

3.1.1 5G 通信技术概述

5G 网络是第五代移动通信网络，它具有高速度、泛在网、低功耗、低时延、万物互联、重构安全等特点，其峰值理论传输速度可达每秒 10Gb，比 4G 网络的传输速度快数百倍，整部超高画质电影可在 1 秒之内下载完成。5G 时代将是一个完全连接的时代，4G 时代每平方公里的链接数量是 10 万个，而到了 5G 时代每平方公里的链接数量达到了 100 万个，这样就使万物互联成为可能，同时能够应对持续增长的移动流量的需要以及未来不断涌现的各类新的设备和应用场景（图 3-1）。

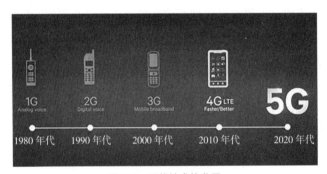

图3-1 通信技术的发展

5G 的发展满足人们在居住、工作、休闲、交通等各方面多元化的业务需求，同时 5G 还将渗透到各个行业领域，有效满足工业、医疗、交通等垂直行业的业务需求，实现真正的万物互联。

2017 年 6 月 6 日，工信部正式发布了对 5G 部署初始频率的规划：为适应和促进 IMT-2020 在我国的应用和发展，3300~3600MHz 和 4800~5000MHz 频段将作为 IMT-2020 工作频段。可以预见，移动通信将会是通信产业的主流通信方式；运营商角色将由服务提供者向中心主导者转变；通信产业将迎来爆发式增长；经预测 2025 年全球主要国家 5G 用户规模中国将排名第一，达到 5.45 亿人。

5G 带来的不只是数据传输速度的提升，更重要的是为人工智能、物联网等技术的发展提供了条件。未来，5G 与云计算、大数据、人工智能、虚拟增强现实等技术的深度融合，将连接人和万物，成为各行各业数字化转型的关键基础设施。一方面，5G 将为用户提供超高清视频、下一代社交网络等更加身临其境的业务体验，促进人类交互方式再次升级。另一方面，5G 将支持海量的机器通信，以智慧城市、智能家居等为代表的典型应用场景与移动通信深度融合，预期千亿量级的设备将接入 5G 网络。更重要的是，5G 还将以其超高可靠性、超低时延的卓越性能，引爆如车联网、工业互联网等垂直行业应用。

3.1.2　5G 通信技术与装配式建筑项目管理融合应用

经过多年研究，国内外学者在 5G 通信方面积累了丰富的经验与方法，并对基于 5G 通信的应用做了大量探索，为有效解决装配式建筑全生命周期的低效信息采集和传输问题提供了良好的参考。利用 5G 与各项先进技术融合，推动装配式建筑产业转型升级，集成人员、流程、数据、技术和业务系统，实现装配式建筑项目施工全过程的"零延时"监控与管理。通过数据治理实现数据间的协同应用，包括人人协同、人机协同、机械间协同、云边端协同等。

依托 5G 技术高传输速率、低延迟的特点，各项建设及智能制造行业和 5G 息息相关，对于装配式建筑业，同样可以预见其对 5G 技术具有极大的需求。在装配式建筑中，5G 通信技术可为各项先进信息技术提供可靠、稳定、快速的网络支持，主要包括：

1. 5G 通信技术在装配式建筑设计阶段的应用

传统的装配式建筑设计通常是设计院按照项目需求进行设计，后交由装配式构件生产厂及施工单位进行生产施工。其按顺序作业的工程方法，装配式建筑的设计、工艺、检验、制造都是相互独立的活动，组织和管理也是如此。设计人员往往无法考虑制造工艺方面的问题，导致设计与工艺制造环节的脱节，同时产品质量也无法保证。

5G 通信系统凭借大带宽、低时延、大连接的网络，不仅能实现多路的高清视频回传以及实时的数据分析反馈，同时 5G 的安全性与稳定性也在原有 4G 网络基础上有了进一步的优化，可以满足大部分对装配式建筑构件工厂信息安全有较高要求的客户。VR 技术将辅助装配式建筑设计，使远程的工作人员进入同一个虚拟场景中协同设计产品。基于 5G 的装配式建筑协同设计以数字化设计制造为基础,构建设计、工艺和制造相互协同的生产模式。利用 AR、VR 技术，可以将所有流程 AR、VR 化，最终组合起来形成整个设备的总控。由计算机提供强大的建模和仿真环境，使装配式建筑的构件从设计到工艺到生产及装配过程各环节的内容都在计算机上仿真实现，进行优化或系统设计，使产品研发的信息贯穿至各环节充分共享。复杂设备或者高端设备制造，需要许多供应商的参与，再最后整合。使用的材料及材质的强度，都可以通过虚拟样机进行认证或者模拟仿真，对研发效率的提高和研发成本的节约有极大帮助。协同设计将改变传统的设计研发模式，以数字样机为核心，实现单一数据源的协同设计并行工作模式，保证设计和制造流程中数据的唯一性。

2. 5G 通信技术在装配式建筑生产阶段的应用

在规模生产的装配式建筑预制构件工厂中，大量生产环节都用到自动控制过程，所以将有高密度、海量的控制器、传感器、执行器需要通过无线网络进行连接。闭环控制系统不同应用中传感器数量、控制周期的时延要求、带宽要求都有差异。5G 切片网络可提供极低时延、高可靠性和海量连接的网络，使得闭环控制应用通过无线网络连接成为可能。其中，5G 下行峰值速率 20Gbps，它的速率达千兆级 4G 网络的 20 倍。5G 网络时延低至 1ms，对比 4G 网络，端到端延时缩短 5 倍，强大的网络能力能够极大满足云化机器人对时延和可靠性的挑战，实现高精度时间同步。基于 5G 的移动边缘计算（MEC）技术，将工厂化服务器尽量下沉，部署在无线网络的边缘。这样终端与服务器交互时只需极短时间，从而能大幅压缩端到端的时延。远程实时控制为了达到预期效果，受控者需要在远程感知的基础之上，通过 5G 通信网络向控制者发送状态信息。控制者根据收到的状态信息进行分析判断，并做出决策，通过 5G 通信网络向受控者发送相应的动作指令。受控者根据收到的动作指令执行相应的动作，完成远程控制的处理流程。

装配式建筑构件生产线若想实现智能化生产，需根据订单的变化灵活调整产品生产任务，是实现多样化、个性化、定制化生产的关键依托。在传统的网络架构下，生产线上各单元的模块化设计虽然相对完善，但是由于物理空间中的网络部署限制，制造企业在进行混线生产的过程中始终受到较大约束。而基于 5G 技术的 eLTE 相关技术抗干扰性更强，同时 5G 通信可联网设备数量增加 10~100 倍，覆盖面积更广泛（传输距离达 10km），能够更好地获得整体数据信息。同时，5G 网络支持 99.999% 的连接可靠性，5G 切片网络也能为智能化装配式建筑构件生产应用提供端到端定制化的网络支撑。5G 网络进入构件生产工厂，将使生产线上的设备摆脱线缆的束缚，通过与云端平台无线连接，进行功能的快速更新和拓展，并且自由移动和拆分组合，在短期内实现生产线的灵活改造。5G 网络中的 SDN（软件定义网络）、NFV（网络功能虚拟化）和网络切片功能，提供弹性化的网络部署方式能够支持装配式构件生产企业根据不同的业务场景灵活编排网络架构，按需打造专属的传输网络，还可以根据不同的传输需求对网络资源进行调配，通过带宽限制和优先级配置等方式，为不同的构件生产环节提供适合的网络控制功能和性能保证。

3. 5G 通信技术在装配式建筑运输阶段的应用

在物联网技术的应用下，智能物流供应的发展几乎解决了传统装配式建筑构件运输及堆积的种种难题。但现阶段 AGV 调度往往采用 Wifi 通信方式，存在着易干扰、切换和覆盖能力不足的问题。4G 网络已经难以支撑装配式构件智慧物流信息化建设，如何高效快速地利用数据协调装配式建筑供应链的各个环节，从而让整个物流供应链体系低成本且高效的运作是制造业面临的重点和难题。

5G 具有大宽带特点，有利于参数估计，可以为高精度测距提供支持，实现精准定位。5G 网络延时低的特点，可以使得物流各个环境都能够更加快速、直观、准确地获取相关的数据，构件运输等数据能更为迅捷地达到用户端、管理端以及作业端。5G 高并发特性还可以在同一工段同一时间点由更多的 AGV 协同作业。基于 5G 的构件数字化运输着重体现设备自决策、自管理及路径自规划，实现智能分配资源。通过 5G 低延时的网络传输技术建立设备到设备（D2D）的实时通信，并利用 5G 中的网络切片技术完善高时效及低能耗的资源分配，最终实现构件工厂中 AGV 运输车的智能调度和多机协同，让生产过程中与构件流转相关的信息更迅捷地触达设备端、生产端、管理端，让端到端无缝连接。

4.5G 通信技术在装配式建筑装配阶段的应用

施工现场以往的装配过程是需要人工操作调整位置才能够装配成功。现场装配工艺传达不到位，复杂工艺施工难度高，且施工过程及结果没有很好的核对手段，装配顺序、工艺参数等查阅不便。智能辅助装配对传输延时有很高的要求，在 4G 网络下，由于带宽和传输速度的限制，视频等信息的传输有时会卡顿。采用 5G 网络后，为快速满足新任务和生产活动的需求，AR、VR 将发挥很关键作用。

利用 5G 网络的低时延、高带宽和高可靠性，能够实现多个智能装配台之间的协同工作。基于 5G、AI、AR 等技术的高度融合，可以形成一套成熟的智能装配方案，防止人为失误和无关人员操作，全过程作业指导，提高装配的品质。通过模拟装配过程，可以辅助确定相关的工艺信息。在装配操作过程各环节，为工人提供详细的装配过程注意事项与操作细节指导；采用基于 AR 的协同装配方法，不仅可以传递 3D 模型和难以用具象内容表示的交互信息，还可以传递实景交互内容，随着对方的 3D 场景信息而变化的动作，让施工人员通过语音、标记等交互手段对工人进行直观地指导。

5.5G 通信技术在装配式建筑运维阶段的应用

传统的装配式建筑运行维护消耗企业大量的人力物力。传感器连续监测数据上传，日常制造数据庞大，大数据需作为设计必要考虑的问题。大连接、低时延的 5G 网络可以将海量的建筑监测设备及关键部件进行互联，提升生产数据采集的时效性与 AI 感知能力，为生产流程优化、能耗管理提供网络支撑（图 3-2）。

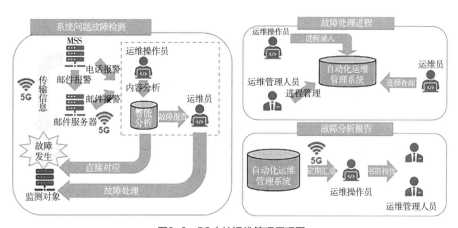

图3-2 5G支持运维管理原理图

5G 具有百万级别的可连接物联网终端数量，在机械设备、工具、仪器、安全设备上加装压力、转速等传感器，通过加装 5G 物联网通信模块，将采集到的建筑数据发送到云端，替代现有状态感知的有线传输方式，满足端到端的数据传递。5G 传感器信号的无线传输，具有低延时，无相互干扰，可靠性高，传感器布局覆盖面更广的优势特性。通过设备上传感器安装的广覆盖，直接将采集数据传递到云端，进行大数据分析等应用。基于边缘计算、云端计算、数据分析，结合设备异常模型对产品运行趋势分析后，提出预测性维护与维修建议。将设备状态分析等应用部署在云端，同时可将建筑实时数据输入到设备供应的远端云，启动预防性维护，实时进行专业的设备运维。三维模型的实时渲染需要极大的带宽支持，基于 5G 的 VR 技术运用于建筑运维的故障检测中，可提升检测的安全性。借助 5G 的高速运算能力，可以有效识别异常数据，将数据与专家系统中的故障特征对比，形成基于 5G 的故障诊断系统。

3.2 BIM 技术

3.2.1 BIM 技术概述

1975 年，"BIM 之父"——乔治亚理工大学的 Chunk Eastman 教授创建了 BIM 理念至今，BIM 技术的研究经历了三大阶段：萌芽阶段、产生阶段和发展阶段。BIM 理念的启蒙，受到了 1973 年全球石油危机的影响，美国全行业需要考虑提高行业效益的问题，1975 年 "BIM 之父" Eastman 教授在其研究的课题 "Building Description System" 中提出 "a computer-based description of a building"，以便于实现建筑工程的可视化和量化分析，提高工程建设效率。

建筑信息模型（BIM）技术就是把建设工程项目的各相关信息数据作为模型的基础，建立建筑模型，然后运用数字信息仿真模拟建筑物所包含的确凿信息。在不同角色眼中的 BIM 有着不同的解读。从政府的角度看：BIM 是信息技术与建造行业深度融合的契机和抓手，推动工程建设从粗放式管理向精细化管理转变，实现 "建筑节能"、技术创新和城市可持续发展的重要方面；专家学者认为：BIM 是工程项目的数字化和信息化表达，为实现工程建造的工业化、建筑全生命周期管理和工程项目的信息共享与协同管理提供技术支撑；设计院认为：BIM 是工具，提升设计效率、与业主的可视化沟通效率，以及为拓展、延伸业务和转型发展提供机遇；施工企业认为：BIM 是项目的成本控制、进度控制、质量控制、安全管理等实现方法，有助于项目的精细化管理，达到 "降低成本、提高效益" 的目标；IT 工程师认为：BIM 是关于建筑物的数据库（数字建筑），GIS 与 BIM 结合实现城市彻底的数字化，为智慧城市奠定坚实的基础。

BIM 技术不是简单地将数字信息进行集成，而是一种数字信息的应用，并可以用于设计、建造、管理的数字化方法。这种方法支持建筑工程的集成管理环境，可以使建筑工程在其整个进程中显著提高效率、大量减少风险。BIM 技术是一种应用于工程设计建造管理的数据化工具，通过参数模型整合各种项目的相关信息，在项目策划、运行和维护的全生命周期过程中进行共享和传递，使工程技术人员对各种建筑信息作出正确理解和高效应对，为设计团队以及包括建筑运营单位在内的各方建设主体提供协同工作的基础，在提高生产效率、节约成本和缩短工期方面发挥重要作用（图 3-3）。

BIM 具有可视化、协调性、模拟性、优化性、可出图性、一体化性、参数化性以及信息完备性 8 大特点。

1. 可视化

可视化即 "所见所得" 的形式，对于建筑行业来说，可视化真正运用在建筑业的作用是

图3-3 BIM全生命周期管理

巨大的。BIM 提供可视化的思路，让人们将以往的线条式的构件形成一种三维的立体实物图形展示在人们的面前，BIM 提到的可视化是一种能够同构件之间形成互动性和反馈性的可视，在 BIM 建筑信息模型中，由于整个过程都是可视化的，所以可视化的结果不仅可以用来进行效果图的展示及报表的生成。更重要的是，项目设计、建造、运营过程中的沟通、讨论、决策都在可视化的状态下进行。

2. 协调性

在建设项目设计时，往往由于各专业设计师之间的沟通不到位，而出现各专业之间的碰撞问题。例如，暖通等专业中的管道在进行布置时，由于施工图纸是各自绘制在各自的施工图纸上的，实际施工过程中，可能在布置管线时正好在此处有结构设计的梁等构件妨碍管线的布置。BIM 的协调性服务可以帮助在建筑物建造前期对各专业的碰撞问题进行协调，生成协调数据，提供协调方案。同时 BIM 还可解决例如电梯井布置与其他设计布置及净空要求之协调、防火分区与其他设计布置之协调、地下排水布置与其他设计布置之协调等。

3. 模拟性

模拟性并不是只能模拟设计出的建筑物模型，还可以模拟不能够在真实世界中进行操作的事物。在设计阶段，BIM 可以对设计上需要进行模拟的一些东西进行模拟实验，例如：节能模拟、紧急疏散模拟、日照模拟、热能传导模拟等；在招标投标和施工阶段可以进行 4D 模拟（三维模型加项目的发展时间），根据施工的组织设计模拟实际施工，从而确定合理的施工方案来指导施工。同时还可以进行 5D 模拟（基于 3D 模型的造价控制），从而来实现成本控制；后期运营阶段可以模拟日常紧急情况的处理方式，例如地震人员逃生模拟及消防人员疏散模拟等。

4. 优化性

整个建筑设计、施工、运营的过程就是一个不断优化的过程，在 BIM 的基础上可以更好地做优化。优化受三个因素的制约：信息、复杂程度和时间。没有准确的信息做不出合理的优化结果，BIM 模型提供了建筑物的实际存在的信息，包括几何信息、物理信息、规则信息，还提供了建筑物变化以后的信息。现代建筑物的复杂程度大多超过参与人员本身的能力极限，

BIM 及与其配套的各种优化工具提供了对复杂项目进行优化的可能。基于 BIM 的优化可以做下面的工作:

(1)项目方案优化:把项目设计和投资回报分析结合起来,设计变化对投资回报的影响可以实时计算出来;这样业主对设计方案的选择就不会只停留在对形状的评价上,可以更多地了解哪种项目设计方案更有利于自身的需求。

(2)特殊项目的设计优化:例如裙楼、幕墙、屋顶、大空间到处可以看到异型设计,这些内容看起来占整个建筑的比例不大,但是占投资和工作量的比例和前者相比却往往要大得多,而且通常也是施工难度比较大和施工问题比较多的地方,对这些内容的设计施工方案进行优化,可以带来显著的工期和造价改进。

5. 可出图性

BIM 并不是为了出大家常见的建筑设计院所出的建筑设计图纸,及一些构件加工的图纸。而是通过对建筑物进行可视化展示、协调、模拟、优化以后,帮助业主出如下图纸:

(1)综合管线图(经过碰撞检查和设计修改,消除了相应错误以后);

(2)综合结构留洞图(预埋套管图);

(3)碰撞检查侦错报告和建议改进方案。

6. 一体化性

基于 BIM 技术可进行工程项目全生命周期的一体化管理。BIM 技术的核心是一个由计算机三维模型所形成的数据库,它不仅包含了建筑的设计信息,而且还可以容纳从设计到建成使用,直至最终拆除的全过程信息。

7. 参数化性

参数化建模指的是通过参数而非数字的形式建立和分析模型,简单地改变模型中的参数值就能建立和分析新的模型。BIM 中的图元是以构件的形式出现,而不同构件之间则是通过调整参数进行区分,参数保存了图元作为数字化建筑构件的所有信息。

8. 信息完备性

信息完备性体现在 BIM 技术可对工程对象进行 3D 几何信息、拓扑关系以及完整工程信息的描述。

3.2.2 BIM 技术与装配式建筑项目管理融合应用

BIM 在预制装配式建筑的设计、深化设计、构件生产、物流运输、现场施工、运维等阶段均能应用(图 3-4)。

1. BIM 在装配式建筑设计阶段应用

(1)构建 BIM 预制构件库

装配式建筑的典型特征是标准化的预制构件或部品在工厂生产,然后运输到施工现场装配、组装成整体。在装配式建筑 BIM 应用中,模拟工厂加工的方式,以预制构件模型的方式来进行系统集成和表达,这就需要建立装配式建筑的 BIM 构件库。通过装配式建筑 BIM 构件

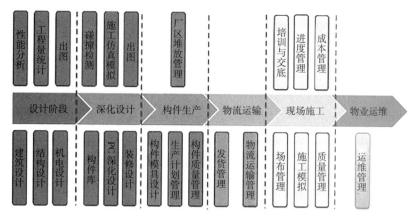

图3-4 预制装配式建筑中BIM的应用点

预制外墙板　　预制内墙板　　预制阳台墙　　PCF 板　　预制楼梯

预制阳台　　预制空调板　　预制叠合板　　预制叠合梁　　装配式构件预拼装模型

图3-5 预制构件BIM模型

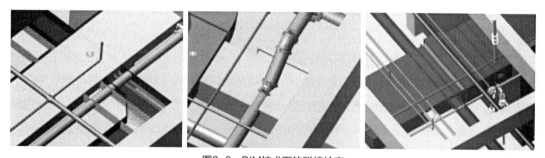

图3-6 BIM技术下的碰撞检查

库的建立，可以不断增加 BIM 虚拟构件的数量、种类和规格，逐步构建标准化预制构件库。

（2）BIM 建模与设计

基于 BIM 的建模与设计包括建模、模型整合、碰撞检查、构件拆分与优化、模型出图（图 3-5、图 3-6）。

1）建模：利用软件的建模功能，建立项目 BIM 模型，构件、现浇模型细化到钢筋等深度，机电模型细化到插座等末端深度。

2）模型整合：在各 BIM 子模型基础上，整合建筑和机电模型形成单层的整合模型及整栋楼的模型。

3）碰撞检查：在 BIM 整合模型的基础上，进行预制构件内部、预制构件与机电、预制构件之间的碰撞检查，在设计阶段解决碰撞问题。

4）BIM 构件拆分及优化设计：传统方式下大多是在施工图完成以后，再由构件厂进行构件拆分。实际上，正确的做法是在前期策划阶段就专业介入，确定好装配式建筑的技术路线和产业化目标，在方案设计阶段根据既定目标依据构件拆分原则进行方案创作。

5）构件出图：在碰撞检查完成后，对构件模型进行调整，创建视图、材料明细表，最终生成构件深化设计图纸。

2. BIM 在装配式建筑深化设计阶段应用

在确定了各专业的设计意图并明确了整体设计原则之后，深化设计人员就可利用 BIM 软件，如 Revit 等，建立详尽的预制构件 BIM 模型，模型包含钢筋、线盒、管线、孔洞和各种预埋件。建立模型的过程中不仅要尊重最初方案和二维施工图的设计意图，符合各专业技术规范的要求，还要随时注意各专业、施工单位、构件厂间协同和沟通，考虑到实际安装和施工的需要。如线盒、管线、孔洞的位置，钢筋的碰撞，施工的先后次序，施工时人员和工具的操作空间等。建成后的预制构件 BIM 模型可以在协同设计平台上拼装成整体结构模型（图 3-7）。

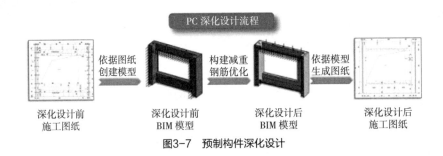

图3-7　预制构件深化设计

3. BIM 在装配式建筑构件生产阶段应用

通过 BIM 模型对建筑构件的信息化表达，构件加工图在 BIM 模型上直接完成和生产，不仅能清楚表达传统图纸的二维关系，而且对于复杂空间剖面关系也可以清楚表达，同时还能将离散的二维图纸信息集中到一个模型当中，这样的模型能够紧密的实现与预制工厂的协同和对接。在生产加工过程中，BIM 信息化技术可以直观地表达构件空间关系和各项参数，能自动生成构件下料单、派工单、模具规格参数等，并且通过可视化的直观表达帮助工人更好地理解设计意图，可以形成 BIM 生产模拟动画、流程图、说明图等辅助材料，有助于提高工人生产的准确性和质量效率。

4. BIM 在装配式建筑构件运输阶段应用

可采用物联网技术对构件的出厂、运输、进场和安装进行追踪监控，并以无线网络即时传递信息，信息以设置好的方式在云平台上的 BIM 模型中进行响应，以此对构件施工实施质量、进度追踪管理。互联网与 BIM 相结合的优点在于信息准确丰富，传递速度快，减少人工录入信息可能造成的错误。基于互联网的预制装配式建筑施工管理平台通过 RFID 技术、GIS 技术实现预制构件出厂、运输、进场和安装的信息采集和跟踪，并通过互联网与云平台上的 BIM 模型进行实时信息传递，项目参与各方可以通过基于互联网的施工管理平台直观地掌握预制构件的物流和安装进度信息（图 3-8）。

图3-8 预制构件运输模拟

5. BIM 在装配式建筑施工阶段应用

如果采用二维图纸交底，工人难以理解时会造成构件连接错误或效率低下，在 BIM 模型的基础上关联进度计划形成 4D 施工模拟动画，通过模拟真实施工进度及状况预演施工场景，形象直观地表达每个构件的施工工艺流程，并在 BIM 模型的基础上对复杂节点进行可视化交底，工人能清楚地理解构件的拼装顺序，以及构件钢筋与现浇部分钢筋穿筋节点的位置关系，从而能更好地指导构件现场拼装施工，提高构件安装质量且优化吊装进度计划。将施工进度计划与 BIM 信息模型相关构件进行关联，将空间信息与时间信息整合在一个可视的 4D 模型中，就可以直观、准确地反映整个建筑的施工过程。同时通过施工模拟对复杂部位和关键施工节点进行提前预演，增加工人对施工环境和施工措施的熟悉度，提高施工效率（图 3-9）。

图3-9 预制构件吊装施工模拟

6. BIM 在装配式建筑运维管理阶段应用

BIM 模型以三维信息模型作为集成平台，在技术层面上适合各专业的协同工作，各专业可以基于同一模型进行工作。BIM 模型还包含了建筑的材料信息、工艺设备信息、成本信息等，这些信息可以用来进行数据分析，从而使各专业的协同达到更高层次。基于 BIM 的 3D 信息模型一旦出现设计方案与工厂制造、现场施工冲突建筑、结构、设备碰撞冲突，即可在同一参数化信息模型上进行优化设计，参数化协同设计可做到一处参数修改，处处模型同步更新。如此便将构件在工厂制造现场安装前出现的所有问题都在电脑里进行修改，达到构件设计、工厂生产制造和现场安装的高效协调，保障项目按计划的工期、造价、质量顺利完成（图 3-10）。

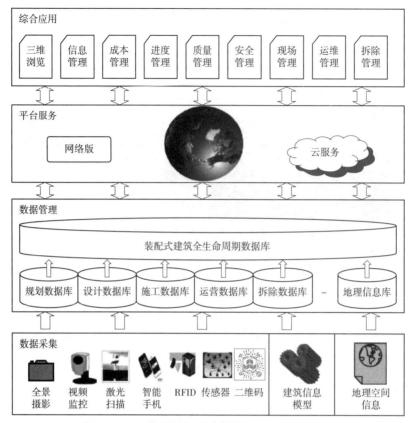

图3-10 BIM技术在装配式建筑管理应用阶段平台框架

BIM 在装配式建筑工程项目的运维运营阶段起到了非常重要的作用。建设项目中所有系统的信息对于业主实时掌握建筑物的使用情况，及时有效地对建筑物进行维修、管理起着至关重要的作用。同时，BIM 技术的参数模型能够将项目中所有系统信息提供给业主，项目施工阶段的修改将全部更新形成最终的 BIM 竣工模型，该竣工模型将成为系统维护的依据，整个过程涵盖了楼宇自动化系统、物业管理系统、财务系统、资源管理系统、ERP 系统等，而这一切都是建立在 BIM 的基础上，将原有的离散信息进行集中控制。

3.2.3 BIM 技术应用实例

广东某建设项目，总建筑面积约为 14.7 万 m^2，包括 3 层地下室、3 层商业裙楼（高度 24.150m）、29 层塔楼（高度 148.65m），总建筑高度 149.500m，建筑工程等级为特级，地下室采用钢筋混凝土结构，地上塔楼为钢管混凝土框架 – 钢筋混凝土核心筒，地上裙房为钢结构。项目功能为大型商务办公建筑，兼有少量商业及展览功能。在项目规划阶段，设计师应用 BIM 的思路为各项应用基于同模型不断深化，实现从设计模型、施工模型、运营模型的有序无缝链接，保持本项目 BIM 数据的完整性和可持续性。BIM 技术的应用，使设计师不再只进行二维图纸的表达，使复杂的建筑结构以三维形态的方式出现在各参建方的面前，使业主尽早知道自己投资项目的成果。此外，通过建立 BIM 模型，对装配式建筑项目进行能源分析，进而实现节能、建设环境友好型建筑的设计目标。对于分工明确的国外事务所来说，通过参数信息化模型可以更好地促进跨公司间的合作，这也是 BIM 技术加快设计、协调合作的一个原因。在整个模型的设计过程中，建筑师起到统领整个设计过程的作用。建成的建筑信息模型除了具备整个建筑的全部信息，在施工阶段有关建筑立面板材加工和定位都可以在此信息模型中进行修改，大大节约了现场加工的人力与物力成本（图 3-11）。

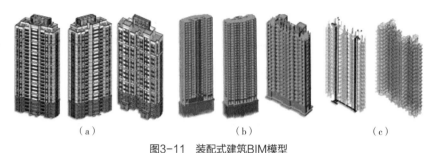

（a） （b） （c）

图3-11 装配式建筑BIM模型
（a）主楼建筑模型；（b）主楼结构模型；（c）主楼机电安装模型

因 BIM 模型可以完整反映装配式建筑项目实际情况，所以 BIM 模型中的构件模型可以与施工现场中的真实构件对应起来。施工人员可以应用 BIM 模型发现项目在施工过程中出现的错、漏、碰、缺的设计失误，从而提高设计质量，减少现场变更，最终实现缩短工期、降低成本的目的。BIM 技术可以做到在施工前改正设计错误与漏洞，具备 4D 施工模拟、优化施工方案等优势。施工单位通过对 BIM 建模与进度计划的数据集成，实现 BIM 在时间维度基础上的 4D 应用。因 BIM 技术 4D 应用的实施，使施工单位能按天、周、月看到项目的施工进度，便于根据现场实时情况进行调整，在对不同的施工方案进行优劣对比分析后得到最优的施工方案，并且也可以对项目的重难点部分按时、分，甚至精确到秒进行可行性模拟。

3.3 P-BIM 技术

3.3.1 P-BIM 技术概述

P-BIM（Practice-based Building Information Modeling）是基于工程实践的建筑信息模型应用方式，由中国 BIM 发展联盟和中国 BIM 标准委员会提出，它是结合中国目前的发展现状、充分发挥各参与方积极性、利用现有专业软件、在相关标准的指导下对现有专业软件按照 BIM 理念进行改造，在我国分步实现 BIM 的目标。它以"聚合信息，为我所用"为核心，指导项目 BIM 实施，从业务需求出发对项目工程进行分析，确定 BIM 应用范围，编制信息交互专用标准，在数据交互标准的约束下，实现全员参与的公众型 BIM 应用。项目参与人员能从 P-BIM 信息管理系统中，获取完整工作的信息。工作完成后，将产生的其他参与方需求的信息上传至 P-BIM 信息管理系统中，以帮助其他参与方完成工作。通过此系统将项目各参与方串联起来，形成一个多方信息共享、数据互通的信息网络，加强协作，有效利用 BIM 数据，避免重复工作，提高工作效率（图 3-12）。

图3-12 P-BIM构成结构图

1. 项目分析（Project）

住房和城乡建设部关于印发《建筑业企业资质标准》的通知（建市〔2014〕159号）中规定，施工总承包序列设有12个类别，分别是：建筑工程施工总承包、公路工程施工总承包、铁路工程施工总承包、港口与航道工程施工总承包、水利水电工程施工总承包、电力工程施工总承包、矿山工程施工总承包、冶金工程施工总承包、石油化工工程施工总承包、市政公用工程施工总承包、通信工程施工总承包和机电工程施工总承包。这些不同领域（序列）的工程建设项目具有不同的BIM实施方式。因此，对于建设行业的各个领域，应根据此领域的材料、设计、施工、后期运维保修等特点，采用不同的方法来实施应用BIM，以促进BIM技术更快速、高质量落地并为该领域的发展带来更多价值。

2. 专业分析（Professional）

为便于数据的存储和调用，依据专业、工序、工作面分析，项目可以分解为子项目，如地基工程、结构工程、机电工程、室内工程、外装工程以及室外工程六个子项目。每个子项目工作由多项任务组成，子项目间为弱相关，子项目任务间为强相关，各项目之间进行独立专业分析又互相进行专业协同。

3. 产品数据管理（PDM）

PDM的中文名称为产品数据管理（Product Data Management），建筑信息模型的理论基础主要源于制造行业CAD、CAM于一体的计算机基础制造系统CIMS（Computer Integrated Manufacturing System）理念和基于产品数据管理PDM与SETP标准的产品信息模型。基于建设工程是由多产品组合系统的概念，如建筑工程由地基、结构、水、暖、电、装修等产品组合而成，每个产品有其独立的设计、施工、管理及维护方式。因此，建设工程的每个产品（分BIM）的全生命期过程可以借鉴较为成熟的PDM（产品设计管理）方法。P-BIM将建筑物视为多产品的组合，因此可以套用PDM的成功经验；可以理解为产品全生命周期数据和过程进行有效管理的方法和技术，其目标是利用一个集成的信息系统来产生为进行产品开发设计和制造所需的完整技术资料。

4. 用好模型（Play-well）

按照PDM的产品设计、工艺设计、生产制造、服务维护四个阶段数据管理，建筑工程产品也可相应分为四个模型，即设计（交底）模型、合约（深化设计）模型、竣工（实施）模型。建立规划、设计、合约、竣工及运维过程的实用模型，利用模型完成工程建设及全过程管理，进行所见与实建对比分析，从这四个模型中提取的数据将服务于业主、设计、施工、监理、政府等项目参与各方的管理决策。

5. 大众通用（Public）

开发项目全生命期全部参与者，包括现场工人在内的适用软件与信息交换技术，充分利用互联网平台，使 BIM 为大众服务。开发项目全生命周期各参与者的适用软件与信息交换技术。施工现场人员在施工之前通过 BIM 云技术可以掌握班组当日应完成的全部指定任务信息，同时班组人员可以把现场的实际完成情况反馈至 BIM 模型。

6. 专门信息标准（Proprietary）

BIM 技术难点在于实现软件数据互用，只有实现建设工程各领域中的建模及应用软件数据互用才能实现"社会性 BIM"，实现住房和城乡建设部所提出的 BIM 发展目标，没有专门信息交换实施标准就无法实现信息共享，为 P-BIM 系列软件制定专门标准是实施 P-BIM 的重要部分。P-BIM 使"BIM 技术"成为项目参与各方提高效率和质量的附加工具，现在 BIM 技术在工程应用的做法是在项目前期要投入大量成本，并且不确定投入的成本何时才能取得效益，P-BIM 的做法则是前期仅需少量投入，短时间内就可获得大量收益，同时效率不会经历下降过程，而是初期慢慢平稳上升的一个状态。由此，使用 BIM 推动建筑信息化才可能真正实现其效率性。

3.3.2　P-BIM 技术与装配式建筑项目管理融合应用

P-BIM 技术在装配式建筑的全生命周期均可应用，解决目前 BIM 技术的"不兼容"等信息互通难、信息孤岛化等问题。以装配式建筑的设计阶段为例，设计阶段建筑、结构、给水排水、暖通空调、电气、智能化和燃气等专业软件之间的设计信息形成完整的共享机制。通过选取新的 BIM 指导思想——P-BIM 理论，以"聚合信息，为我所用"为核心指导项目 BIM 实施，从业务需求出发对项目工程进行分析，确定 BIM 应用范围，编制信息交互专用标准。在数据交互标准的约束下，实现全员参与的公众型 BIM 应用，项目参与人员能从 P-BIM 信息管理系统中，获取完成工作的信息。工作完成后，将产生的有用信息上传至 P-BIM 信息管理系统中，以帮助他人完成工作。通过此系统将项目各参与方串联起来，形成一个多方信息共享、数据互通的信息网络，加强协作，有效利用 BIM 数据，避免重复工作，提高工作效率（图 3-13）。

现阶段不同的 BIM 应用软件之间由于数据库、功能以及操作方式等不同，导致软件生成的数据信息不能相互识别，缺乏互操作性，不同设计单位拥有不同的 BIM 软件，各软件之间信息不能共享。例如，建筑软件产生的设计变更信息如何及时有效的传递给结构软件。因此，需要通过一个特定的平台将各软件数据进行整合。在装配式建筑实施过程中，项目各相关方已经意识到设计阶段信息互操作的重要性，应加强设计阶段数据共享平台的建设，注重建筑、

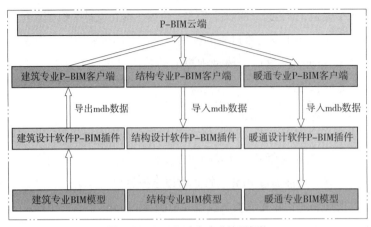

图3-13　P-BIM中各专业协同架构

结构、给水排水、暖通空调、电气、智能化和燃气等专业软件间的配合，持续优化装配式建筑的信息共享。

在P-BIM中，建筑P-BIM软件与结构P-BIM软件均能通过P-BIM数据插件读取标准格式的数据文件，还能与BIM协同设计平台进行无缝对接，实现设计信息的上传与下载。同时，在不同设计软件之间，可以实现子设计模型数据的提取，多专业设计模型的集成、展示以及BIM信息的查询等功能。在装配式建筑设计阶段，P-BIM平台能够满足基于BIM数据的多专业协同设计工作，解决设计信息孤岛的问题。为不同的软件供应商制定统一的P-BIM标准，依据这些数据标准，所有类似功能的软件和硬件都可以直接读入和输出数据，最终实现电子数据信息交互、管理和访问。

3.4　物联网技术

3.4.1　物联网技术概述

物联网概念最早出现于比尔·盖茨1995年《未来之路》一书。2005年11月17日，在突尼斯举行的信息社会世界峰会（WSIS）上，国际电信联盟（ITU）发布了《ITU互联网报告2005：物联网》，正式提出了"物联网"的概念。报告指出，无所不在的"物联网"通信时代即将来临，世界上所有的物体从轮胎到牙刷、从房屋到纸巾都可以通过因特网主动进行交换。射频识别技术（RFID）、传感器技术、纳米技术、智能嵌入技术将到更加广泛的应用。根据ITU的描述，在物联网时代，通过在各种各样的日常用品上嵌入一种短距离的移动收发器，人类在信息与通信世界里将获得一个新的沟通维度，从任何时间任何地点的人与人之间的沟通连接扩展到人与物和物与物之间的沟通连接（图3-14）。

物联网架构可分为三层：感知层、网络层和应用层。感知层由各种传感器构成，包括温湿度传感器、二维码标签、RFID标签和读写器、摄像头、红外线、GPS等感知终端。感知层是物联网识别物体、采集信息的来源。网络层由各种网络，包括互联网、广电网、网络管理系统和云计算平台等组成，是整个物联网的中枢，负责传递和处理感知层获取的信息。应用层是物联网和用户的接口，它与行业需求结合，实现物联网的智能应用。

一般来讲，物联网的开展步骤主要如下：①对物体属性进行标识，属性包括静态和动态的属性，静态属性可以直接存储在标签中，动态属性需要先由传感器实时探测；②需要识别设备完成对物体属性的读取，并将信息转换为适合网络传输的数据格式；③将物体的信息通过网络传输到信息处理中心，由处理中心完成物体通信的相关计算。

图3-14　物联网互联"万物"

3.4.2　物联网技术与装配式建筑项目管理融合应用

物联网技术在装配式建筑的应用流程为：由感知层的各类传感器实时采集各个环节下装配式构件的数据，经由网络层借助相应的网络协议上传到信息管理云平台统一管理，为建筑物联网的数据共享提供平台支持，最后应用层的终端设备可以查看相关构件的详细信息，依据构件库模型按照构件类型、楼层、轴线位置、安装顺序、施工进度计划进行分类，并指导构件的安装（图3-15）。

在装配式建筑与物联网技术融合的过程中，需要依靠一定的媒介技术以实现串联与应用，主要包括无线射频识别（RFID）技术、条形码（Barcode）技术、二维码（QR code）技术。

（1）无线射频识别（RFID）技术

无线射频识别（RFID）技术，是一种与生活息息相关的无线电波通信技术，不需要识别系统与特定目标之间建立光学或者机械接触就能够通过无线电波识别特定目标并显示其所包

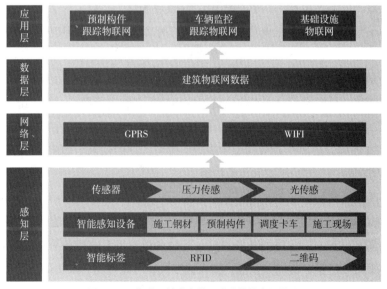

图3-15　物联网技术在装配式建筑的应用流程

含的相关信息：其组成部分有应答器、阅读器、中间件、软件系统。RFID技术主要有三个特点：①非接触式的信息读取，不受覆盖物遮挡的干扰，可远距离通信，穿透性极强；②多个电子标签所包含的信息能够同时被接收，信息的读取具有便捷性；③污染能力和耐久性好，可以重复使用。它一般由电子标签、阅读器、中间件、软件系统四部分组成，它的基本特点是电子标签与阅读器不需要直接接触，通过空间磁场或电磁场耦合来进行信息交换。RFID的优点是非接触式的信息读取，不受覆盖遮挡的影响（但金属材质会产生一定的影响），穿透性好，阅读器可以同时接收多个电子标签的信息，抗污染能力和耐久性好，可重复使用。目前，RFID在装配式建筑行业主要用于物流和仓储管理，以及运营维护阶段的设备安防监控、门禁一卡通系统等，近年来，由于其信息读取的便捷性，有研究使用RFID对钢结构施工进度监控的可行性和方法进行了探讨和研究（图3-16）。

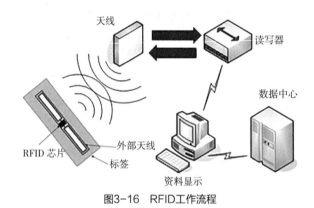

图3-16　RFID工作流程

RFID技术在装配式建筑信息管理系统中主要应用于与BIM技术相结合。影响建设项目按时、按价、按质完成的因素基本上分为两大类：①由于设计规划过程没有考虑到施工现场问题（如管线碰撞、可施工性差、工序冲突等），导致现场窝工、怠工；②施工现场的实际进度和计划进度不一致，而传统手工填写报告的方式，管理人员无法得到现场的实时信息，信息的准确度也无法验证，问题的发现、解决不及时，进而影响整体效率。使用BIM与RFID的配合可以很好地解决这些问题，对第一类问题，在设计阶段，BIM模型可以很好地对各专业工程师的设计方案进行协调，对方案的可施工性和施工进度进行模拟，解决施工碰撞等问题。对第二类问题，将BIM和RFID配合应用，使用RFID进行施工进度的信息采集工作，即时将信息传递给BIM模型，进而在BIM模型中表现实际与计划的偏差。如此，可以很好地解决施工管理中的核心问题——实时跟踪和风险控制。

（2）条形码技术

条形码（Barcode）是将宽度不等的多个黑条和空白，按照一定的编码规则排列，用以表达一组信息的图形标识符。常见的条形码是由反射率相差很大的黑条（简称条）和白条（简称空）排成的平行线图案。其优点包括：输入速度快、可靠性高、采集信息量大、灵活实用、成本低、便于管理。

条码虽然在现在应用很广泛，而且也大大提高了物流的效率。但是条码仍有很多缺点：条码只能识别一类产品，而无法识别单品；条码是可视传播技术。即，扫描仪必须"看见"条码才能读取它，这表明人们通常必须将条码对准扫描仪才有效；如果印有条码的横条被撕裂、污损或脱落，就无法进行扫描；传统一维条码是索引代码，必须实时和数据库联系，从数据库中寻找完整的描述数据。条形码主要在装配式建筑物料管理中应用，主要包括如钢筋、水泥、砂石料的信息存储与采集等。

（3）二维码技术

二维码又称二维条码，常见的二维码为 QR Code，QR 全称 Quick Response，是一个近年来移动设备上超流行的一种编码方式，它比传统的 Bar Code 条形码能存更多的信息，也能表示更多的数据类型。二维条码是在一维条码的基础上扩展出另一维具有可读性的条码，使用黑白矩形图案表示二进制数据，被设备扫描后可获取其中所包含的信息。一维条码的宽度记载着数据，而其长度没有记载数据。二维条码的长度、宽度均记载着数据。二维条码有一维条码没有的"定位点"和"容错机制"。容错机制在即使没有辨识到全部的条码或条码有污损时，也可以正确地还原条码上的信息。二维条码的种类很多，不同的机构开发出的二维条码具有不同的结构以及编写、读取方法。

二维码技术应用在装配式建筑建设项目时，主要包括以下方面：

1）人员管理

为了加强对装配式建筑项目现场劳务人员的管理，使管理更加方便更加移动化，可以给现场每个劳务人员定制属于自己的二维码信息。该二维码信息包括姓名、年龄、照片、工种、健康情况、技术能力级别等。该二维码可以安置在工人安全帽上，当工人进场的时候通过二维码扫描仪（类似车站安全扫描机）的时候，扫描仪会自动识别工人信息，同时统计工人数量，来确保现场劳务人员充足，不影响现场工期。另外在现场施工过程中，管理人员也可以通过工人安全帽上的二维码更好地进行人员管理，例如特殊工种人员扫码上岗等（图 3-17）。

2）技术管理

二维码在技术管理方面上的应用多在技术交底和样板展示层面。可根据自身的施工经验和工法工艺积累，对工程中常用常见的工艺做法利用 BIM 技术做成可视化展示。例如对于剪力墙钢筋绑扎，可以对其每一步的工艺流程、绑扎工艺、验收要求等进行详细的可视化展示。随后可将其做成文档，生成二维码张贴在质量技术样板展示区，供现场人员进行信息获取。同时项目部也可将含有丰富图片的技术方案生成二维码供现场管理人员和劳务班组查阅，并在扫描页面上增加人员签到和意见反馈专栏，让技术方案交底更落到实处。

3）预制构件管理

二维码技术在装配式建筑预制构件的质量管理上

图3-17 二维码应用

图3-18 二维码在物料中的应用

应用较广泛。如在现场扫描构件的二维码，可以快速得知原材料产品信息、材料进场信息、材料取样送检信息、材料验收信息、材料取样送检信息、材料加工信息、材料实用信息、施工过程质量检查信息、工程质量验收信息等。应用应做到"一物一码"，当对二维码进行查询，就能了解整个生产过程的质量安全信息。另外二维码技术还多用在现场的物料追踪系统和实测实量上（图3-18）。

3.5 GIS 技术

3.5.1 GIS 技术概述

地理信息系统（GIS）是以地理空间数据库为基础，在计算机软、硬件环境的支持下，对空间相关数据进行采集、存储、管理、操作、分析、模拟和显示，并采用地理模型分析方法，适时提供多种空间和动态的地理信息，为地理研究、综合评价、科学管理、定量分析和决策服务而建立的一类计算机应用系统。简言之，GIS 是以计算机为工具，具有地理图形和空间定位功能的空间型数据管理系统，它是一种特殊而又十分重要的信息系统。

GIS 的功能主要有：空间可视化、空间导向、空间思维。

1. 空间可视化

（1）空间地物轮廓特征的可视化

地理信息系统强调对现实世界空间关系的模拟，使我们对于在空间中各事物的状态有一个非常直观的感受。无论是在屏幕上展示一幅可以无级缩放和信息查询的地图，还是展现一幅三维的地形模型，都使我们对现实世界空间关系的认识更为直观、具体。

（2）空间地物专题属性信息的可视化

地理信息系统的空间可视化功能还包括对空间分布的地物的属性信息的图形可视化，这一点是由地理信息系统的一个重要特征来保证的，即 GIS 实现了空间信息和属性信息的集成管理，并能够完善地建立二者之间的联系。

2. 空间导向

一个完善的地理信息系统提供了空间数据库功能，可以以小比例尺查看全局，以中比例尺查看局部，以大比例尺查看细部。在比例尺不断增大的同时，展现给用户的空间信息内容会不断更新。地理信息系统的空间导向功能还可以从空间查询功能中得到体现。

3. 空间思维

地理信息系统的空间数据库在存贮各地物的空间描述信息的同时，还存贮了地物之间的空间关系，这一特点为进行空间分析提供了基础。地理信息系统的空间思维，就是要利用 GIS 数据库中已经存贮的信息，通过 GIS 的工具（例如缓冲区分析、叠置分析），生成 GIS 空间数据库中并没有存贮的信息。地理信息系统的空间思维功能能够揭示空间关系、空间分布模式和空间发展趋势等其他类型信息。城市与区域规划是地理信息系统技术体现空间思维特征的最典型的应用领域。

GIS 的应用有：数据的采集、管理、处理、分析和输出。地理信息系统依托这些基本功能，通过空间分析技术、模型分析技术、网络技术、数据库和数据集成技术、二次开发技术等，演绎出丰富多彩的系统应用功能，满足社会的广泛需求。地理信息系统的应用功能则包含了资源管理、区域规划、国土监测、辅助决策等，其中主要应用点包括如下几点：

1. 资源调查与管理

GIS 可以提供反映区域状况各种空间信息的功能。对资源进行调查及管理，相当于建立档案。GIS 软件将各种来源的数据和信息有机地汇集在一起，通过 GIS 软件生成一个连续无缝的、功能强大的大型地理数据库，该数据环境允许集成各种应用，如通过系统的统计、叠置分析等功能，按照多种边界和属性条件，提供区域多种条件组合形式的资源统计和资源状况分析，最终用户可通过 GIS 的客户端软件直接对数据库进行查询、显示、统计、制图及提供区域多种组合条件的资源分析，为资源的合理开发利用和规划决策提供依据。

2. 监测功能

GIS 对环境和自然灾害进行动态监测及评估预测的功能。借助遥感监测数据和 GIS 技术可有效地进行森林火灾的预测预报、洪水灾情监测和洪水淹没损失的估算及抗震救灾等工作，为救灾抢险和决策提供及时准确的信息。当然，不止局限于灾害监测，随着 GIS 技术的发展，在此基础上也逐渐开发出更多有用的项目，将 GIS 与毫不相关的行业关联在一起。例如，平时生活中会遇到的"交通实况"也是属于利用 GIS 监测的范畴。另外，也可以做相应的评估、分析、预测、模型等一系列延伸项目，应用到各行各业中。GIS 具有叠置分析、包含分析、距离分析、缓冲区分析、三维分析等功能，均可以用于水环境评价和规划。GIS 用于显示环境质量和污染状况较形象、直观；水质评价与 GIS、遥感等信息技术相结合，可实现数据的动态变化；把某地的环境质量与地理位置紧密结合，利用地理位置是联结所有属性的公共坐标的功能，在查询和分析时，使质量状况与地理位置融为一体；在研究非点源时，GIS 的优点更加突出，GIS 软件所提供的图层间的叠置和物体周围缓冲区的生成，使 GIS 在非点源评价上与传统方法相比更胜一筹。

3. 规划功能

在已有的 GIS 构建的信息库的基础上，分析现有数据，综合各项因素，进行决策。例如商业选址、景观规划、公共设施配置，目前在城市规划方面的应用较为广泛。针对规划方案，进行土地价格分布、土石方填挖平衡、房屋拆迁量计算等经济分析，结合专业模型进行城市外围用地建设适宜性评价、内部用地功能更新时序分析、发展方向与用地布局优化研究，可以预测和评价规划方案的社会效益和经济合理性。利用 GIS 技术实施城市规划监测工作的基本思路是以城市规划为监测对象，基于 RS 技术、GIS 技术、GPS 技术和网络技术等高新技术，快速获取与处理城市现状空间信息，采取 RS、地形、总规、分规数据比对和专家判读的方法实现大范围、可视化、短周期的动态监测效果，为政府宏观决策和依法行政提供科学依据。

3.5.2 GIS 技术与装配式建筑项目管理融合应用

在装配式建筑建设项目中 GIS 技术主要有两方面应用：

1. 与 BIM 技术融合

在装配式建筑物的规划设计时间，BIM 和 GIS 的整合通常被用来做建筑物的选址、能源设计、交通规划、结构设计、室内声学设计、气候条件评估、建筑物设计审查和性能评估。在项目前期，运用 BIM 技术与地理信息系统（GIS）有机结合，利用手机搜索场地信息总数据，并运用 GIS 技术进行分析，再利用 BIM 技术进行建模处理，从而做到帮助决策者做出合理的规划。在装配式建筑设计过程中，将设计好的 BIM 建筑模型导入 GIS 中进行建筑物的建筑密度与容积率计算、通视分析、日照分析以及建筑规划方案对比分析等方面。在基于 BIM 与 GIS 集成系统中，通过三维测量模块可以快速进行建筑物的建筑容积率与建筑密度计算等，日照分析模块能够形象地显示建筑物受日照的情况，通视分析模块能够快速、准确地进行建筑物的可视性分析，建筑设计方案对比分析模块使建设方能直观地选择最优方案。

在装配式建筑供应链中，BIM 和 GIS 的整合应用通常用来协助供应链管理和时程管理。通过 BIM 和 GIS 融合可以有效地进行装配式建筑楼内和地下管线的三维建模，并可以模拟冬季供暖时热能传导路线，以检测热能对其附近管线的影响。或是当管线出现破裂时使用疏通引导方案可避免人员伤亡及能源浪费。同时，BIM 连接了装配式建筑生命期不同阶段的数据、过程和资源，从设计、施工到运维都是围绕 BIM 的单体精细化模型来进行的，注重于微观领域中建筑内部的设计与实现；而 GIS 则一直致力于宏观地理环境的研究，同时具备处理和分析宏观地理环境中地理数据的能力。对于 BIM 来说，三维 GIS 可基于周边宏观的地理信息，提供各种空间查询及空间分析等三维 GIS 功能，为 BIM 提供决策支持；而对于三维 GIS 来说，BIM 模型则是一个重要的数据来源，能够让 GIS 从宏观走向微观，实现对建筑构件的精细化管理；也使得 GIS 成功从室外走向室内，实现室内外一体化的管理（图 3-19）。

结合 BIM 模型特点，GIS 为 BIM 数据提供了多种实用的 GIS 查询与分析功能，同时发挥 GIS 的位置服务和空间分析特长，提供了 BIM 专用的动态模拟功能，这为装配式建筑数字化发展提供了技术支持。

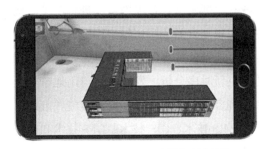

图3-19　BIM+GIS+AR应用于建筑项目

2. 应用于装配式构件运输场景

GIS 的网络分析功能可以实现物流配送中心选址，可将现实中的地理网络实体，抽象化为网络图论理论中的网络图，并通过图中的网络分析来实现地理网络的最优化问题。利用 GIS 可以快速、准确的确定物流配送中心的选址，使其从配送地点到施工场地的距离最短。

在运输过程中可以利用 GIS 来规划运输线路，使显示器能够在电子地图上显示设计线路，并同时显示汽车运行路径和运行方法。同时，系统可以通过 GPS、GIS 确定运输车辆的位置信息等。利用 GPS 和 GIS 技术可以实时显示出运输车辆的实际位置，并任意放大、缩小、还原；GPS 和 GIS 技术可以随着目标移动，使目标始终保持在屏幕上，利用该功能可对重要车辆和货物进行跟踪运输。对车辆进行实时定位、跟踪、报警、通信等的技术，能够满足掌握车辆基本信息、对车辆进行远程管理的需要，同时管理者也能通过互联网技术，了解自己货物在运输过程中的细节情况。通过对运输设备的导航跟踪，提高车辆运作效率，降低物流费用，抵抗风险。GIS、GPS 和无线通信的结合，使得流动在不同地方的运输设备变得透明而且可以控制，因而有利于提高运输工具的效率。

3.6　MES 技术

3.6.1　MES 技术概述

MES（Manufacturing Execution System）为工厂加工执行系统，于 20 世纪 90 年代初提出，旨在加强 MRP 计划的执行功能，把 MRP 计划同车间作业现场控制，通过执行系统联系起来（图 3-20）。装配式建筑生产基地在进行构件生产时，可以通过 BIM 模型信息建立构件的生产信息，在工程总承包管理目标要求下，工厂 MES 系统结合 BIM 信息，生成构件排产计划。MES 制造执行系统是工厂车间执行层的生产管理技术与实时信息系统，其主要功能包括以下几点：

（1）资源分配及状态管理。该功能管理机床、工具、人员物料、其他设备以及其他生产实体，满足生产计划的要求对其所作的预定和调度，用以保证生产的正常进行；提供资源使用情况的历史记录和实时状态信息，确保设备能够正确安装和运转。

（2）工序详细调度。该功能提供与指定生产单元相关的优先级、属性、特征以及处方等，

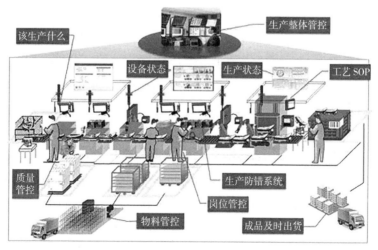

图3-20　MES技术示例图

通过基于有限能力的调度，通过考虑生产中的交错、重叠和并行操作来准确计算出设备上下料和调整时间，实现良好的作业顺序，最大限度减少生产过程中的准备时间。

（3）生产单元分配该功能以作业、订单、批量、成批和工作单等形式管理生产单元间的工作流。通过调整车间已制订的生产进度，对返修品和废品进行处理，用缓冲管理的方法控制任意位置的在制品数量。当车间有事件发生时，要提供一定顺序的调度信息并按此进行相关的实时操作。

（4）过程管理。该功能监控生产过程、自动纠正生产中的错误并向用户提供决策支持以提高生产效率。通过连续跟踪生产操作流程，在被监视和被控制的机器上实现一些比较底层的操作；通过报警功能，使车间人员能够及时察觉到出现了超出允许误差的加工过程；通过数据采集接口，实现智能设备与制造执行系统之间的数据交换。

（5）人力资源管理。该功能以分为单位评价每个人的状态。通过时间对比、出勤报告、行为跟踪及行为（包含资财及工具准备作业）为基础的费用为基准，实现对人力资源的间接行为的跟踪能力。

（6）维修管理。该功能包含提高生产和日程管理能力的设备和工具的维修行为的指示及跟踪，实现设备和工具的最佳利用效率。

（7）计划管理。该功能是监测生产活动并为进行中的作业提供决策支持，或根据工程实际进度进行相应计划调整。这样的行为是把焦点放在从内部起作用或从一个作业到下一个作业计划跟踪、监视、控制和内部作用的机械及装备；从外部包含了让作业者和每个人知道允许的误差范围的计划变更的警报管理。

（8）生产的跟踪及历史。该功能可以看出作业的位置和在什么地方完成作业，通过状态信息了解谁在作业，供应商的资质、关联序号、现在的生产条件、警报状态及再作业后跟生产联系的其他事项。

（9）执行分析。该功能通过过往记录和预想结果的比较提供实际的作业运行结果（以分以单位）。执行分析结果包含资源活用、资源可用性、生产单元的周期、日程遵守及标准遵守的测试值。具体化测试作业因数的许多异样的功能收集的信息，这样的结果应该以报告的形式准备或可以在线提供对执行的实时评价。

（10）数据采集。该功能通过数据采集接口来获取并更新与生产管理功能相关的各种数据和参数，包括产品跟踪、维护产品历史记录以及其他参数。这些现场数据，可以从车间手工方式录入或由各种自动方式获取。

3.6.2 MES智能工厂技术与装配式建筑项目管理融合应用

MES智能工厂技术与装配式建筑工厂的智能融合，为装配式预制构件工厂提供基于云端、数据驱动、灵活可配置的多平台实时协同系统，通过一物一码、生产溯源、移动协同、堆场管控、自动报表，用轻量高效的方式帮助工厂提高生产效率、降低制造成本、打通信息孤岛，实现工厂无纸化、信息化管理（图3-21）。

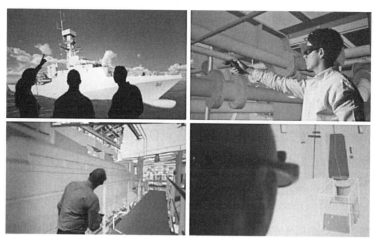

图3-21 智能工厂的模拟运维

同时，在装配式建筑建设项目中，MES可以提供包括计划排产管理、生产过程工序与进度控制、生产数据采集集成分析与管理、模具工具工装管理、设备运维管理、物料管理、采购管理、质量管理、成本管理、成品库存管理、物流管理、条形码管理，人力资源管理（管理人员、产业工人、专业分包）等模块，是一个精细化、实时、可靠、全面、可行的装配式信息管理平台。MES应用在装配式建筑构件工厂智能化生产中，体现在以下方面：

（1）生产计划排产管理：由计划设计信息导入中央控制室，通过明确构件信息表（项目信息、构件型号、数量等），项目现场吊装计划（吊装时间、吊装顺序）、产量排产负荷，进一步确定不同构件的模具套数（梁柱宽度/高度/长度、主筋出筋形式、预留筋出筋形式；墙板宽度/高度/厚度、边模上下及左右形式、开窗/开口形式、模具固定方式），物料进场排产（①混凝土：水泥、砂、石、外加剂、水；②棒材钢筋、盘圆钢筋，预埋套筒；③用于吊装吊钩及临时支撑所需的套管预埋件；④预埋管线；⑤保温板；⑥拉结件；⑦门、窗及其配件），人力及产业工人配置，生产日期等信息。

（2）生产调度管理：依据ALLPLAN提供的模型数据信息及排产计划，细化每天所需不同构件生产量，混凝土浇筑量，钢筋加工量，物料供应量，工人班组，同一模台不同构件的优化布置，依据构件吊装顺序排布构件生产计划，任一时期不同构件产量均需大于现场装配量。

（3）构件堆场管理：通过构件编码信息，关联不同类型构件的产能及现场需求，自动化排布构件产品存储计划，三维可视化界面展示堆场空间、产品类型及数量，通过构件编码及扫描快速确定所需构件的具体位置。

（4）物流运输管理：信息关联现场构件装配计划及需求，排布详细运输计划（具体卡车、运输产品及数量、运输时间、运输人、到达时间等信息）。信息化关联构件装配顺序，确定构件装车次序，整体配送。

（5）材料库存及采购管理：实时记录构件生产过程中物料消耗，关联构件排产信息，库存量数据化实时显示，通过分析物料所需量，对比物料库存及需求量，确定采购量，自动化生成采购报表，适时提醒；依据供应商数据库，确定优质供应商。

（6）供应商/分包的集成化管理：供应商/分包商（委托加工方、物料方、配套机具工装供应方等）依据深化设计模型的技术性协同，物料工具的集成化配套供应；依据构件三维深化设计模型，建立与构件编号相对应的物料及清单（匹配相应供应商/分包商）、物料配套集成供应时间（依据生产工艺工序，配套物料工种及数量）。

（7）设备运维管理：工艺设备运行的负荷效能状况（满荷/正常/低荷），设备耗能实时监控，设备运行状态的自动排查，维修信息记录，设备运行三维可视化、远程监控。

（8）产品质量管理：原材料性能参数信息实时录入，信息关联构件，加工的工序质量信息实时采集录入（尺寸精度、预埋件位置等），构件成品质检信息存储，实现产品质量信息可追溯管理。

（9）财务管理：动态成本管理、管理人员成本及产业工人成本、相关材料费用成本、模具成本、加工器具成本、构件运输成本、设备运维包括耗电、耗能等成本、税金等其他费用与构件生产信息实时关联。

（10）人力资源管理：人事管理、考勤管理、薪酬管理、绩效管理、培训认证及晋级管理；依据排产计划和构件生产标准功率，自动化预估人力配置资源信息（班组种类、工种及工人数量、工人技能状况、工时）。

（11）生产全过程信息实时采集：实时监控生产过程，并采集各个生产工序加工信息（工序时间、作业顺序、过程质量等）、构件库存信息、运输信息。信息汇总分析以供再优化及管理决策。

（12）生产报告：各个阶段产能评价、不同项目的构件，构件在设计、深化设计、具备生产条件、在生产、已生产库存、已运输、运输至现场、已吊装等不同的状态不同颜色显示。

3.7 大数据技术

3.7.1 大数据技术概述

大数据是一种规模大到在获取、存储、管理、分析方面远远超出传统数据库软件工具能力范围的数据集合，具有海量的数据规模、快速的数据流转、多样的数据类型和价值密度低四大特征。同时，大数据是一个体量特别大，数据类别特别大的数据集，并且这样的数据集无法用传统数据库工具对其内容进行抓取、管理和处理。大数据技术的战略意义不在于掌握庞大的数据信息，而在于对这些有意义的数据进行专业化处理。

大数据需要新处理模式才能具有更强的决策力、洞察发现力和流程优化能力，是具有海量、高增长率和多样化特点的信息资产。通俗来讲，大数据就是任何超过一台计算机处理能力的庞大数据量。与传统的数据库相比，大数据的崛起，体现了非结构化的数据服务价值。使用大数据技术支持的系统往往具有以下特征：

（1）可视化分析

大数据分析的使用者有大数据分析专家，同时还有普通用户，但是他们二者对于大数据分析最基本的要求就是可视化分析，因为可视化分析能够直观地呈现大数据特点，同时非常容易被读者所接受，如同看图说话一样简单明了。

（2）数据挖掘算法

大数据分析的理论核心就是数据挖掘算法，各种数据挖掘的算法基于不同的数据类型和格式才能更加科学地呈现出数据本身具备的特点，也正是因为这些被全世界统计学家所公认的各种统计方法（可以称之为真理）才能深入数据内部，挖掘出公认的价值。另外一个方面也是因为有这些数据挖掘的算法才能更快速地处理大数据，如果一个算法要花上好几年才能得出结论，那大数据的价值也就无从说起了。

（3）预测性分析能力

大数据分析最重要的应用领域之一就是预测性分析，从大数据中挖掘出特点，通过科学的模型建立，之后便可以通过模型带入新的数据，从而预测未来的数据。

（4）数据质量和数据管理

大数据分析离不开数据质量和数据管理，高质量的数据和有效的数据管理，无论是在学术研究还是在商业应用领域，都能够保证分析结果的真实和有价值。深入大数据分析，能了解到更多有特点的、更加深入的、更加专业的大数据分析方法（图3-22）。

图3-22　大数据的海量存储

3.7.2　大数据技术与装配式建筑项目管理融合应用

在装配式建筑建设过程中，装配式建筑和涉及的利益相关者数量繁多。同时，伴随着装配式建筑全生命周期的展开，设计、生产、运输以及装配全过程中会产生大量的文档、图片、图纸、合同等数据信息，并且这些数据信息在不断地更新，数据呈现出体量巨大、格式繁多、关联复杂、变动频繁、互操作性弱等特点。由于数据信息之间缺乏互操作性和时效性，导致这些海量的数据信息并没有被充分利用，通常被储存在各个数据服务器中，无法对所有装配式建筑进行纵向及横向的对比分析，无法通过这些已有的、零散的数据得出经验性数据，也无法同时对多个装配式建筑群更好地进行项目管理。因此，利用大数据技术可以对装配式建筑供应链各环节进行海量信息存储与分析，同时及时地进行更新升级，利用大数据技术可以对业主、施工方、客户方进行相关的分析，以便能够及时地对装配式建筑的设计、生产、运输、施工等进行更好的分析和完善。另外，利用大数据可以对装配式建筑建设项目进行需求分析、生产流程优化、供应链与物流管理、能源管理等。

在数据处理的过程中，通过统一的大数据处理机制，在城市大规模装配式建筑群之间以及装配式建筑各阶段、各参与方之间架起信息孤岛的桥梁，使数据同质化，满足装配式建筑不同层级之间的数据需求以及提高大数据的管理水平。在数据的储存过程中，将经同质化处理后的数据以文件的形式储存在云平台，便于项目相关方实时了解、跟踪装配式建筑，从而及时反馈和决策。在数据分析的过程中，由于云平台集成了装配式建筑所有有关数据，各项目参与方可以利用数据分析技术从海量数据中获取自身需要的数据信息，常用的数据分析技术有统计分析、数据挖掘、机器学习等。在数据交互的过程中，项目各参与方通过云平台可以实时进行数据共享与交互，实现各参与方之间有效的协同工作，以便更好地进行决策，减少成本，缩短工期。运用云技术对城市大规模装配式建筑群的大数据进行管理，有助于提高各相关方之间的协同工作，推动装配式建筑的快速发展。

3.8 云技术

3.8.1 云技术概述

2011年，美国国家标准和技术研究院提出了云计算的概念，认为云计算是一种资源管理模式，能以广泛、便利、按需的方式通过网络访问实现基础资源（如网络、服务器、存储器、应用和服务）的快速、高效、自动化配置与管理。"云"是网络、互联网的一种比喻性说法。"狭义云计算"指信息技术基础设施的交付和使用模式，指通过网络以按需、易扩展的方式获得所需资源。"广义云计算"指服务的交付和使用模式，指通过网络以按需、易扩展的方式获得所需服务。云技术通过互联网提供动态的、可扩展的和时常虚拟化的资源来服务用户。用户无须具备支持他们云中技术架构的相关知识、专业技术或者控制力。

云计算是推动信息技术能力实现按需供给、促进信息技术和数据资源充分利用的全新业态。建筑业信息化基础设施相当薄弱，云计算的成熟为建筑业信息化带来了极好的机遇。随着云计算的深入运用，政府和建筑企业可以利用云计算改造现有系统，开展工程建设管理及设施运行监控等方面应用。云平台可以忽略硬件单点故障，提升应用系统的可用性，应对海量访问。同时，采用云平台可以降低用户推广应用过程安装部署工作的难度和工作量。

云技术与大数据的关系就像一枚硬币的正反面一样密不可分。云计算的服务商通过对软硬件资源的虚拟化，将基础资源变成了可以自由调度的"池子"，从而实现资源的按需配给，并做到向用户提供按使用付费的服务；用户可以根据业务的需要动态调整所需的资源，而云服务商也可以提高自己的资源使用效率，降低服务成本，通过多种不同类型的服务方式为用户提供计算、存储和数据业务的支持。云计算不仅是一种新的计算模型，还是一种新的共享基础架构的方式。在对资源的共享性上将会体现出非常大的优势。此外，云技术在应用过程中还体现出便捷性和安全性。在线的数据存储中心是云计算提供给用户的一个重要服务，用户可以将重要数据保存在远程的云端服务器，避免在本地机器上出现的由于磁盘损坏、病毒入侵造成的数据丢失。云技术服务提供商拥有专业的团队来帮助用户管理信息，同时通过使用严格的权限管理策略帮助用户与其制定安全的共享数据。

3.8.2 云技术与装配式建筑项目管理融合应用

1. BIM 技术与云技术融合

基于云的 BIM 应用发挥了云平台计算能力强大、信息共享方便和数据传输快捷等特点，使 BIM 技术在建设项目中的应用更加高效。首先，云 BIM 平台是一个数据共享和管理平台。其次，该平台是针对项目的 BIM 应用而搭建的，项目方可以将 BIM 应用所需要的图形工作站、高性能计算资源、高性能存储以及 BIM 软件部署在云端。BIM 模型应用和分析的结果数据将存储在云端，设计和模型维护本地端用户在个人电脑上主要工作是建模和修改模型，无需强大的图形处理功能，而非设计和模型维护本地端用户无需安装专业的 BIM 软件，只需要一台普通的终端电脑通过网络连接到云平台，就可以在云端进行 BIM 相关工作，充分发挥了 BIM 技术在数据集成和协同方面的优势，包括以下几点：

（1）节点和网络节点

资源动态流转，在云计算平台下可实现建筑施工的资源调度机制，资源可以流转到需要的地方。如在系统业务整体升高情况下，可以启动闲置资源，纳入系统中，提高整个云平台的承载能力。而在整个系统业务负载低的情况下，则可以将业务集中起来，而将其他闲置的资源转入节能模式，从而在提高部分资源利用率的情况下，达到其他资源绿色、低碳的应用效果。

（2）支持异构多业务体系

在云计算平台上，可以同时运行多个不同类型的业务。异构，不是已有的或事先定义好的，而应该是各环节可以自创建并定义的服务。这也是云计算与网格计算的一个重要差异。

（3）支持海量信息处理

云计算在底层，需要面对各类众多的基础软硬件资源；在上层，需要能够同时支持各类众多的异构的业务；而具体到某一业务，往往也需要面对大量的用户。由此，云计算必然需要面对海量信息交互，需要有高效、稳定的海量数据通信，或存储系统作支撑。通过云共享形成的实时更新速度并不仅仅只在施工现场发生作用，云计算也能够让成员之间达到更加高效的协同。将 BIM 模型存储在云端，当某一成员将模型进行修改时，云端的模型会自动更新，并重新发布、共享新模型。

（4）低运营成本

装配式建筑智慧系统对硬件设施有较高要求，利用云计算技术可以减少使用中的资源冗余。传统方式的 BIM 模型等装配式建筑的信息资料数据往往对施工企业的服务器造成大量的空间占有，从 IT 的视角上看，云存储势必会对企业服务器的运行流畅度起到正向的作用，利用云端存储大量的 BIM 模型，可以有效地节省本地空间，也节省了企业花在购买本地服务器空间的大量支出。借助于技术创新带来的计算能力提升及规模效应，部署在"云端"的系统可以保证在系统性能与成本间取得较好平衡。

（5）灵活响应

云计算可以最大限度地在装配式建筑信息化管理中利用优质网络资源，采用多线BGP（边界网关协议）实现快速访问。同时，BGP协议本身具有冗余备份、消除环路的特点，在一条线路出现故障时路由器会自动切换到其他线路，BGP协议还可使网络具有很强的扩展性，与其他运营商互联互通，轻松实现单IP多线路，提升装配式建筑智慧系统的易用性、实时性、高效性。

2. 大数据技术与云技术融合

（1）数据共享与文件实时批注和修改

大数据技术与云技术融合可以把装配式建筑构件、整体模型放在云端，使项目各协作方更方便地进行模型的查看、修改和实时批注。在基于云技术的装配式建筑工程项目管理中，各专业的设计模型可以很容易地通过云平台进行整合、碰撞检查和设计优化。项目各参与方可以对模型内的预制构件进行标记，文档和任务动态在云平台上即时更新，集成短信平台即时推送信息，使得各参与方对项目的进度、质量等信息可以实时把握。

（2）支持各终端和各参与方实时预览

云技术支持PC客户端以及手机、平板等移动终端对数据信息进行实时预览。可在云端存储和管理项目全生命期的BIM模型及相关大数据信息，随时随地访问工程文件。便捷地实现了项目各参与方在规划、设计、招标投标、施工和运维等各阶段的信息共享和协作。

（3）利用云端强大计算能力进行图形渲染、施工模拟等应用

装配式建筑的模型数据量很大，大多数企业本地服务器往往无法满足运算能力的要求，无法保证其应用的及时性和效率。利用云端强大的数据处理能力，可以实现大型装配式建筑项目模型的渲染和施工仿真等工作的快速完成，可以实现BIM模型数据修改的及时整合和显示，使得BIM-4D和BIM-5D真正能够应用到项目管理实际。

（4）保障数据安全性

大数据技术与云技术的融合相比于基于企业级及私有级的安全模式，基于云的数据存储模式显著提高了数据的安全性。私有级以及企业级在数据安全方面依赖常规的安全保护，而云技术由于项目的有关数据都保存在云端，并由云服务商采用更为专业的安全保护软硬件措施，对其数据安全提供了更大地保障。

3.9 人工智能（AI）技术

3.9.1 人工智能技术概述

1956年的Dartmouth学会上由McCarthy正式提出"人工智能"，从此，人工智能技术从未停歇。人工智能是计算机学科的一个分支，涉及许多其他领域，并相互紧密联系，不可分割，例如数学、哲学、心理学等。人工智能自提出以来，便开始随着计算机技术的发展而快速发展。而回顾这一跨越世纪的过程，可大致分为4个阶段：孕育期、形成期、成熟期（以知识为中心）、

综合集成期。人工智能经过了数十年的发展和互联网技术的推动，已经应用到生活的不同方面：专家系统、博弈、智能搜索、机器人学、指纹和人脸识别、遗传编程、人工神经网络等。这些新技术的安全应用必将给人类生活带来巨大的便捷和发展。

目前，人工智能最重要的发展是"识别"能力，"识别"是人类对现象或事物进行观察时，根据各自的特点来区分和分组，属于人类智能中的一项基本项。随着互联网技术发展，Google等公司对于人工智能模式上的探索日益增多，也出现可以使用的技术方案，模式识别并不仅限于生命体，而是人工智能对生物体对象的感知。AI 技术对于我国经济结构升级，以及传统实体行业摆脱当前一系列发展困境带来了全新的机遇。传统实体行业所关心的一系列核心问题，如增加收入、降低成本、提高效率和安全保障等，都将显著受益于 AI 技术。

人工智能具有复杂的算法和特性，可以让机器显示自己的理解和解决问题的能力，人工智能技术还具有数据收集和规划的应用程序，这可以帮助创建施工计划，也可以帮忙管理一个项目，并且能提供基于历史数据库的解决方案。因此，对于建筑行业来说，人工智能作为一种可靠的工具选择和一种管理支持，将会出现飞跃式的发展。

3.9.2 AI 技术与装配式建筑项目管理融合应用

（1）专家系统构建

在决策型智慧系统中使用专家系统利用计算机技术和人工智能技术。在装配式建筑建设项目中，根据系统内部已有的很多专业水平的知识和经验，进行思考和推断，模拟人类专家解决复杂问题的计算机程序系统。在某些时候，专家系统技术已达到甚至已经超过人类专家的判断，准确性更高。

（2）提升系统信息处理速度

利用人工神经网络（ANN），即神经网络技术，可以大大提高系统的信息处理速度。装配式建筑智能供应链管理中存在巨大的输入输出数据流，信息量大且缺乏完整性，导致问题的解决无迹可寻。神经网络技术中，大量神经元互相联接，形成一种运算模型，通过模拟大脑思维，可以自动诊断，实现问题求解，突破传统，解决问题。

（3）智能管控

在人工智能的众多技术中，生物特征识别、机器学习、自然语言处理、计算机视觉和知识图谱是现阶段人工智能的五大核心技术。其中，生物特征识别中包括的指纹识别、人脸识别、声纹识别、虹膜识别和自然语言处理中的语音识别、文字识别、语义识别技术等在日常生活的各个场景中也得到了广泛应用。通过配合大数据，物联网等技术，人工智能实体识别判断，提高智慧系统的自主性。

人工智能的方法和技术已经趋于成熟，特别是与大数据的结合，在多个领域（如生物医学和制造业）得到了海量的应用。但是在建筑业中，AI 和大数据的应用相对空白，仍然具有较大的发展空间。体现到装配式建筑数字化管理中，AI 技术可能的应用包括：

1）人脸识别、表情识别、行为识别。人工智能支持下的装配式建筑智慧工地系统通过在工地大门口安装网络摄像头，自动抓拍进出工地出入口的人脸，对于工地进出人员的身份进行有效识别，管控人员的进出；分析工地人员的进出情况，例如工地停留时间等要素；实现工地现场人员身份实名制，保证信息的唯一性、准确性，管控不良人员防止不安定因素发生；

2）车辆识别、护目镜识别、工服识别、安全帽识别、危险品识别。通过人工智能可实现进出车辆的牌照、车型等自动识别，管控车辆的进出；对车辆在工地的活动和轨迹进行监控和分析；同时分析工地车辆的进出情况以及通过摄像机采集图像，自动分析车门渣土车是否覆盖满足环保要求，并提出预警；

3）人员脱岗检测、人员徘徊检测、人员越界检测、人员倒地检测。人工智能实现对工地内部人员工作情况的智能化管理，通过视觉分析人员的关节部位及其相互关系，通过对摄像头的图像进行人员检测分析，发现人员在摄像头内的大概位置分析人员行为；实现工地物品管理，通过深度神经网络，自动检测设备，实现工地内部的物品、设备的监控和管理，分析出物品和设备的位置、轨迹等；实现工程进度的智能化监控，对重点地方自动三维建模，从而判断工程进度情况，提升工程项目的进度管理，有效降低人为因素的干扰；

4）通道异常检测、异常堆积检测、烟雾检测、构件瑕疵检测；

5）人流统计、车辆统计、构件统计；

6）决策支持、个性化生产和调度、仓储和物流网络及路径优化、多项目资源优化；

7）文档识别和分析、智能客服、知识图谱。AI方法和技术可以有效提高对装配式建筑项目各环节的智能化能力，降低人为因素导致的错误，通过与大数据的结合，还可以有效解决信息孤岛的问题，全面提高装配式建筑项目进度、成本、质量和安全。

3.10　3D 打印技术

3.10.1　3D 打印技术概述

3D 打印技术，学术上又称"添加制造"技术，也称为增材制造或增量制造。3D 打印技术是以计算机三维设计模型为蓝本，通过软件分层离散和数控成型系统，利用激光束、热熔喷嘴等方式将塑料、金属粉末、陶瓷粉末、细胞组织等特殊材料进行逐层堆积粘结，最终叠加成型，制造出实体产品的制造方法。这种数字化制造模式不需要复杂的工艺，不需要庞大的机床，也不需要众多的人力，直接由数字化文件生成任何形状的零件，使生产制造得以向更广的生产人群范围延伸（图 3-23）。

图3-23　3D打印的建筑模型

3D 打印的特点包括：

1）数字制造：借助 CAD 等软件将产品结构数字化，驱动机器设备加工制造成器件；数字化文件还可借助网络进行传递，实现异地分散化制造的生产模式。

2）降维制造：把三维结构的物体先分解成二维层状结构，

逐层累加形成三维物品。因此，原理上 3D 打印技术可以制造出任何复杂的结构，而且制造过程更柔性化。

3）堆积制造：采用分层制造的堆积方式对实现非匀致材料、功能梯度的器件更具优势。

4）直接制造：任何高性能难成型的部件均可通过打印方式一次性直接制造出来，不需要通过组装拼接等过程实现。

5）快速制造：3D 打印制造工艺流程短、全自动、可实现现场制造，因此，制造更快速、更高效。

6）绿色制造：3D 打印技术是增材制造技术，与传统减材制造相比具有较高的材料利用率，同时可以采用复杂的结构减少材料使用量，降低能源消耗，从而实现制造的绿色可持续发展。

3D 打印在建筑行业有巨大的发展潜力，主要包括：①传统房屋成品都是通过人工修砌、机械切割等方式制造而出，难免存在精度和美观度方面的偏差。而 3D 打印机由电脑操控，只要有数据支撑，便可将任何复杂的设计模型快速、精确地制造出来。②3D 打印可满足客户个性化、定制化的需求，同时大大降低制造门槛和时间周期。③3D 打印可极大节省人力成本及材料成本。由于摒弃钢结构，目前 3D 打印房屋主要材料来自混凝土、塑料等，部分材料甚至可用回收废料代替。此外，3D 打印建筑的高可行度，为科学家"建筑智能化"构想提供良好基础。④3D 打印可以缩短工期，3D 打印技术既不使用传统意义上的施工队，也不使用砖瓦等传统的建筑材料，大部分建筑构件可以在工厂进行打印建造，然后再进行现场的组装，使得建筑工程的生产周期大幅缩减，生产效率大大提高。

3.10.2 3D 技术与装配式建筑项目管理融合应用

3D 打印装配式建筑是通过 3D 打印机打印预制构件、现场拼接建造起来的建筑物。3D 打印机根据电脑设计的图纸和方案，将 3D 打印材料通过挤压头挤压，然后层层叠加"油墨"喷绘成相关的结构件；打印机的挤压头上安装有齿轮转动装置，为了使打印的建筑更加牢固，在墙和墙中间还可以使用钢筋水泥进行二次打印灌注，从而使结构连成一体，最终制造拼接成整个整体建筑物。通过 3D 打印建筑技术，已经能够实现一些简单的房屋和构件的打印，但是如果要运用到复杂的装配式建筑打印上，还需要进一步的创新发展，解决软件、硬件设备、材料、配筋、行业标准等诸多难题。通过 3D 打印技术生产出建筑部品及构件，特别是针对曲线异形等复杂建筑或构件，可以降低施工的难度与风险。

（1）设计、生产阶段

采用 3D 打印技术打印出各类预制构件，以实物展现构件的设计细节，提前发现设计缺陷，同时将所有构件拼成一个标准层整体，模拟装配式结构拼装全过程。BIM 模型中，每个图元都包含了构件的空间尺寸、材料属性等参数，而且所有的构件之间都是相互关联的。任何一个构件的参数信息发生变化，与之相关的所有构件都会发生相应的变化，由此产生的 3D 模型相对手工制作而言更为精准；而且所有的图元构成的 3D 图更直观，从可视化的角度可以及时发现设计存在的问题并完善设计方案。

（2）施工、装配阶段

当前建筑领域内用 3D 打印技术进行建筑建造的时候，既可以现场打印整栋建筑，也可以小批量生产模块构件用于组装。3D 打印技术可以实现预制装配式框架结构体系中复杂楼梯和阳台等的提前制作，也可以实现模块建筑体系内的独立单元的建造以及其内部的装修。3D 技术还可以实现角支撑模块、楼梯模块以及非承重模块的建造，并可以对这些模块进行混凝土的多次灌筑以及钢筋的使用，这种应用于空心混凝土结构制造的 3D 打印技术使得建筑结构既结实又美观，还能够增加住户空间的灵活。

3.11 区块链技术

3.11.1 区块链技术概述

区块链是一种按照时间顺序将数据区块以顺序相连的方式组合成的一种链式数据结构，并以密码学方式保证的不可篡改和不可伪造的分布式账本。通常来说，区块链技术是利用块链式数据结构来验证与存储数据、利用分布式节点共识算法来生成和更新数据、利用密码学的方式保证数据传输和访问的安全、利用由自动化脚本代码组成的智能合约来编程和操作数据的一种全新的分布式基础架构与计算方式（图3-24）。

一般说来，区块链系统由数据层、网络层、共识层、激励层、合约层和应用层组成。其中，数据层封装了底层数据区块以及相关的数据加密和时间戳等基础数据和基本算法；网络层则包括分布式组网机制、数据传播机制和数据验证机制等；共识层主要封装网络节点的各类共识算法；激励层将经济因素集成到区块链技术体系中来，主要包括经济激励的发行机制和分配机制等；合约层主要封装各类脚本、算法和智能合约，是区块链可编程特性的基础；应用层则封装了区块链的各种应用场景和案例。在区块链中，基于时间戳的链式区块结构、分布式节点的共识机制、基于共识算力的经济激励和灵活可编程的智能合约是区块链技术最具代

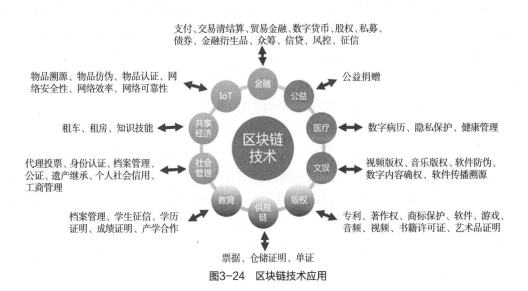

图3-24　区块链技术应用

表性的创新点。由于智能合约具有不可篡改和安全可靠的特性，智慧系统间的内外数据交换可使用智能合约进行，保证数据传递的安全性。

长期以来，装配式建筑行业由于参与人员多、涉及的原料采购复杂多样等，时常会引发产权不清晰的问题。区块链具有数据公开透明的特征，能够保证交易信息的不可篡改和真实性。通过区块链平台，企业与总包商之间、总包商与供应商之间、总包商与施工人员之间所有的合同、票证、银行流水信息等都将上传到区块链系统中，这有助于实现建筑装饰物资市场交易货权的清晰化、透明化，最大限度保障交易安全。

3.11.2 区块链技术与装配式建筑项目管理融合应用

（1）招标投标辅助验证

区块链技术的不可篡改性，可提高建筑行业从业人员的从业经历的透明度和可信赖度，从而辅助身份验证。如在大型工程项目招标时，按照现在的规定需要对项目负责人的执业资格、职称、以往同类规模和专业的项目经验等有较为严格细致的要求，在政府项目和依法必须招标的社会投资项目进行资格预审和评标时需要花费大量时间和精力进行真伪验证等。采用区块链技术后，·可以更好地反映和输出建筑行业从业人员的真实经验，从而有效降低交易成本。

（2）工程质量安全事故溯源调查

区块链技术可提供溯源性追索，在装配式建筑建设工程项目质量安全事故调查中，可以快速清晰地查证到究竟是哪一步未按照质量安全规范进行操作，应当由哪家参建单位哪位工程师负责，从而进一步保证建设工程项目的质量安全，有利于政府监管部门对市场参与者的实时监督和事后追责。

（3）工程项目高效化管理

BIM 协同建模与共享与 BIM 技术结合，项目参建各方都能方便地为 BIM 模型做出贡献。通过区块链技术有效记录项目管理过程，在业主和项目团队、承包方、设计方、监测、许可、投标、安装、授权和项目运营方之间执行智能合约，项目前期的立项审批记录、项目施工过程中的各种许可、项目竣工验收过程中的权益转移以及建筑使用中的物业管理等过程均可永久有效地记录并随时可查询。

（4）提高建材物流效率及储料记录

基于区块链技术的共识机制和分布式存储特点，解决建筑材料重量大、体积大、运输环节长、角色多、良莠不齐等问题，使建材从生产出厂、仓储运输、堆放、最终使用都有据可查。通过将建材所有参与者的数据连接并记录到区块链网络中，有效解决因各参与方的信任未知和物流信息离散而产生的纠纷，保证建材的安全性和可靠性，同时也可以提高运输车辆匹配效率，降低物流成本，对建筑固废垃圾的处理也能实现有效的监督。

（5）工程造价数据积累和传递

通过区块链技术的加密算法帮助工程造价数据的积累与分析，将单个工程项目的钢材、水泥、人工、机械等数据信息进行脱敏处理后，在保护项目业主隐私的情况下提供分布式造价数据存储方案，这种存储机制下的数据可以用来进行价值工程分析和改进，通过造价数据的流通和整合推动建筑工程成本的降低，也有助于建筑行业知识积累与传递。

（6）实现合约管理的智能化

通过区块链技术的智能合约，应用在装配式建筑工程项目合同管理中，一方面有助于减少建设单位和承包商之间的合同界面。在工程项目进行过程中，各参建单位之间的建筑材料和设备、设计图纸、施工标段等的移交和转移一直在进行中，随时可能发生变化；项目的建设单位、设计单位、施工单位、监理单位、专业咨询单位之间一直存在信息的双向流动，如各种签证、技术核定单、付款申请、会议纪要流转等，在以上实体或信息的计划移交与实际转移之间总是存在或长或短的时间差，难以做到完全按照项目进度计划执行。另一方面通过智能合约进行过程管理，可以使得所有资产的转移均通过合约方式加以确定，区块链中的各节点自动对智能合约的每一步进行监督，在后续交易出现问题时，如索赔申请或事故调查时，智能合约的追责条款自动生效，督促交易双方能按照约定履行合约内容。同时有助于加强施工合同履约跟踪，及时处理设计变更及索赔减少工期延期、投资超支及各方争议。

（7）提升工程保险

未来随着区块链技术的发展与广泛应用，将关于装配建筑工程项目的基本概况、施工日志、周边环境等信息记录在区块链中，使工程保险机构在受理客户投保时可以更加及时、准确地获得风险信息，准确判断工程事故的主要原因是自然灾害还是意外损失，是人为恶意还是原材料或工艺缺陷，从而降低核保成本、提升效率。

（8）实现施工环境保护监督

区块链技术的安全可信不可篡改和去中心化的特点，可应用在施工环境保护监督中。传统的工程施工中对节能、扬尘控制、污水控制、固废控制、能源控制有相应的规定和措施，但在实际操作中，由于施工期间环境保护行为主要由建设单位和施工单位实施，由政府主管部门监督和管理，最直接的利益相关者和受影响最大的周边居民和周边其他建筑主体缺少话语权和沟通渠道，时而造成群众不理解不信任甚至阻挠工程项目施工的现象。通过区块链技术的应用，未来工地的施工道路的清扫洒水、混凝土搅拌站的废水排放、机械作业时段噪声、废弃物堆放及运输等均有可信的记录查询。

4 装配式建筑项目数字化管理系统构建

4.1 指导思想及构建原则

4.1.1 构建装配式建筑项目数字化管理系统指导思想

构建装配式建筑项目数字化管理系统的前提是有明确的指导思想，这是此项系统建设的战略部署初衷以及健康长期有效发展的基本保证。与传统建筑项目相比，装配式建筑项目的建造是一种将建筑业全产业链整合，并环环相扣的链状生产过程，装配式建筑项目产业化、标准化的特点决定了其项目管理过程中信息收集与传递以及加工使用时数字化管理的重要性和必要性。因此，结合我国装配式建筑项目的特征和数字化管理的理念，建设装配式建筑项目数字化管理系统应遵循如下指导思想：牢固树立科学发展观，紧抓建筑房屋质量通病，推广绿色环保，走可持续发展道路；以"资源整合、高效安全、绿色智慧、实惠舒适"为建设理念和目标，以装配式建筑项目数字化信息管理为方向，在遵循设计、生产、运输、施工、安全等国家以及地方相关行业规范的基础上，采用数字化和信息化等技术，实现对装配式建筑项目建设全过程、全产业链、全方位、全利益相关者的信息收集、传递、处理、存储与应用，对装配式建筑项目的投资、进度、质量、安全、环境影响等方面的目标进行计划、检查、反馈再实施的循环控制，实现对装配式建筑项目建设过程中各类信息的有效收集、安全流通、综合分析、风险评估、预警预报、实时反馈和知识扩展，实现装配式建筑的全生命周期的建造进度、施工情况、管理效度的实时监控等。通过装配式建筑项目数字化管理系统的实施，保障装配式建筑项目建设的科学文明施工，推动装配式建筑项目的落地以及其管理水平的进一步发展，提高装配式建筑项目的信息化水平，增进装配式建筑项目各利益相关者有效的信息沟通和共享，增强彼此信任。另一方面，支持政府的有效管理，增加政府监管能力和方式，降低装配式建筑项目建设的增量成本，提高装配式建筑项目建设和管理的效率，从而促进装配式建筑项目更好、更快地持续发展。

4.1.2 装配式项目数字化管理系统建设原则

（1）先进性

在系统的总体设计上，借鉴国内外建筑业数字化管理系统的成功经验，同时注重考虑同类系统的建设教训和解决问题的方式。在技术上，必须采用成熟、具有国际先进水平，并符合国际发展趋势的产品设备、数据库技术和软件技术等。在建设装配式建筑项目数字化管理系统过程中充分依照国际上的规范标准，并借鉴国内外领先和应用成熟的主流网络和综合数字化系统的体系结构，以保证开发出来的装配式建筑数字化管理与服务系统有较长的生存周期和扩展能力。采用稳定性好的平台及开发工具，保证系统能稳定可靠地运行，并很好地适应未来的发展和变化。采用各种安全技术，如防火墙和防病毒软件、信息加密、分级用户权限设定、自动定期备份数据库和系统日志等措施，确保系统的安全性。保证先进性的同时，保证技术的稳定性、安全性。

（2）标准化

为使系统具有高灵活性以及便于将来的扩展，系统设备的设计、制造均须符合和遵循相应的国内外标准。系统的软件设计、信源编码、数据传输以及与其他系统的接口、数据链路控制规程均须符合和遵循相应的国内外标准。

（3）实用性

开发出的软件系统要操作方便简捷，界面清晰友好，最大限度地满足服务对象的需求。提供个性化界面设计，针对不同的用户提供不同界面，增加易用性。系统原则上只呈现与单个用户相关的数据，在工作流的驱动下进行工作。这对于普通用户来说易于认识和接受，同时便于学习操作，只需较少培训就能灵活地操作和使用本系统。

（4）高效性

从装配式建筑全生命周期的实际情况出发设计系统的构架和功能定位，紧密结合实际工作的需要，保证系统最大限度地满足用户的要求，同时采用统一风格的界面和操作方式，使系统易学易用，操作简单，保证各模块之间分配合理、运行高效。

（5）易维护性

系统采用 B/S 的模式设计，并采用通用、成熟的产品和技术，同时考虑尽量减少系统的维护工作和维护的难度。为了保证软件的易维护性，制定以下措施：

1）采用标准规范的软件开发模型，采用规范的设计方法，在设计中保证数据库结构合理，程序设计和模块的划分采用结构化设计，降低模块间的耦合度，保证程序易于维护和修改。

2）在程序编码阶段，将严格按照设计进行编码，同时做好软件的配置管理，对变更进行严格控制；在编码时严格按照程序编写规定进行编写，并做好注释和说明。

3）在使用过程中，制定详细的培训计划，对有关人员进行培训，提供软件常见问题以及解决方案，可以为维护人员提供帮助，安排技术人员提供长期服务。

（6）兼容性和可扩展性

在选择系统平台、数据库平台以及开发工具和所使用的技术过程中，要考虑所选择技术之间的配合合理性，保证能够更好地发挥各种技术特点，并保证各种技术之间不存在兼容和冲突问题。系统的开发设计要有前瞻性，要充分考虑系统的扩展性，便于今后深化服务功能、拓展服务范围时进一步升级改造。扩展性主要表现在系统功能的扩展和处理能力的增加上。系统结构要灵活，要具有较好的适应性，可方便地进行系统的配置，提供灵活的外部接口。

（7）经济性

满足系统整体性能的前提下，充分利用装配式建筑信息管理领域已有的设备、软件和数据资源与现有资源建立系统的接口，将数字化管理系统纳入整体框架中，提高装配式建筑项目数字化管理系统的价值。

4.2　系统建设管理目标

　　装配式建筑建设由于具有参与方众多、建设地点多样、建设周期较长、产业链幅度大、技术复杂且易受到各种不确定性因素影响等特点，在整个生命周期的建设过程中运用信息化、数字化技术显得尤为必要。装配式建筑项目数字化管理系统的核心体现在四个方面：最大限度地收集各方信息，利用信息资源；实现信息集成、信息协调、信息共享和信息安全；用数字化手段处理装配式建筑项目全过程实际问题；用信息化技术解决装配式建筑项目各节点的主要痛点。

4.2.1　装配式建筑项目数字化管理系统建设的总体目标

　　装配式建筑项目数字化管理的本质是指在装配式建筑项目管理的各个阶段，充分利用计算机技术、网络技术、数据库等科学方法和信息技术，对装配式建筑项目内的各种信息进行收集、存储、架构、处理、流通、分析并辅助决策，有效地提高项目管理水平、降低管理成本、提高各参与方的信息交流和共享，从而增进全过程协同管理效率，保证装配式项目按时按质、高效经济、绿色持续地进行，并起到推动装配式项目稳定发展的目的。

　　因此，装配式建筑项目数字化管理系统的目标是从项目的各个利益相关方的角度出发，满足项目的决策层、管理层、项目层不同的管理需要，以业主方、设计方、供应商、运输方、施工方、监理方等多方协同工作的需求为立足点，围绕项目的进度、成本、资源、质量、安全、组织等管理要素，充分利用计算机技术、网络技术、数据库等科学方法和信息技术，实现装配式建筑项目的可视化、网络化、协同化和集成化管理，解决设计－生产－装配脱节的问题，为项目各级管理者提供多角度、多维度、多样本的数据信息管理与决策支持，保证项目各级管理目标的顺利实现，增进不同管理者之间的信息沟通和共享，从而有效提高装配式建筑项目管理水平。

4.2.2　装配式建筑项目数字化管理系统建设的具体目标

　　装配式建筑项目数字化管理信息系统具体的建设目标是：

　　（1）构建装配式建筑项目全生命期管理流程优化平台。深入分析装配式建筑各实施阶段的管理目标和各参与方的业务需求，结合 BIM 和物联网技术进行项目管理流程的优化，达到全过程实时动态管控的目的。

　　（2）构建装配式建筑构件标准化设计的可视化平台。基于平台建立构件模型库，并根据所设置的排版规则进行构件的标准化自动设计，利用 BIM 模型轻量化技术在 WEB 端和 APP 端展示设计成果，生成构件清单表，从而提高设计－生产－装配的沟通交流保障。

　　（3）构建装配式建筑预制构件生产工业化的系统管理平台。根据平台标准化设计的成果，对构件的生产计划进行排期，并将生产进度进行可视化展示。利用二维码技术对构件生产进行跟踪管理，全面记录构件的生产信息和当前状态，从而提高装配式建筑项目资源的利用效率。

　　（4）构建预制构件运输方案的辅助决策和定位追踪系统平台。根据施工进度合理制定预制构件的运输计划，并将构件二维码与车辆进行绑定，基于车载北斗卫星定位系统对车辆进行实时定位和运输线路规划，从而实现物流运输状态全程跟踪。

（5）构建装配式建筑现场安装施工管理系统平台。通过扫描二维码获取构件安装信息，科学指导现场作业，并将安装进度实施同步至 BIM 模型进行可视化展示，自动校验安装工序的合理性，从而提高装配式建筑项目精准施工和安全管理的水平。

4.3 系统总体方案架构

系统总体包括项目管理数字化系统、模型管理数字化系统、生产管理数字化系统、运输管理数字化系统、装配管理数字化系统和专业知识库管理数字化系统。由于系统具有涉及专业多、用户层次多、数据信息多元化、专业性强等特点，因此系统总体方案架构的设计既要包含项目软硬件系统的建立，也要考虑如何使得项目实施能取得实效。系统总体体系结构包括技术支持平台、数据加工、系统业务等不同层次的支撑与应用，同时包括安全保障体系、业务规范体系、数据交换服务体系。

4.3.1 系统总体构成

（1）项目管理数字化系统

项目管理数字化系统是将系统管理的不同装配式建筑项目的基本信息进行管理和统计，实现对各项目的宏观掌控、信息采集、综合分析、管理和评估，并且对项目信息的变更进行实时的上传更新，在此基础上可查看不同项目的形象进度，资金使用情况，对各装配式建筑项目的开展进行比较分析，从而采取管理决策层的宏观调控措施。主要模块有：决策驾驶舱（各阶段构件分布情况统计、各阶段完成情况统计、各阶段计划执行情况统计、各阶段投资情况统计、数据穿透功能等）、项目信息管理（项目信息编辑、切换项目、新增项目、删除项目等）、项目形象进度（查看项目模型，包括装配模式和着色模式）。

（2）模型管理数字化系统

模型管理数字化系统将设计阶段的 BIM 模型轻量化后进行可视化展示，实现对模型的直观判断，以及检查预制构件的准确位置，掌握装配式建筑项目的模型特征，从而便于设计施工一体化和标准化管理。主要模块有：模型浏览、模型管理（模型上传及解析、模型删除）、构件列表（构件关联关系设置、一键生成二维码、一键打印二维码等）。

（3）生产管理数字化系统

生产管理数字化系统为生产部门提供解决方案，站在生产商的角度，分别对生产构件状态，生产进度情况，生产计划执行情况，生产投资情况等进行统计分析，并提供数据穿透功能。根据项目得到预制构件 BIM 模型及生产管理数字化管理系统，以便供应商安排生产，同时可以将生产数据输入信息管理云平台。主要模块有：统计分析（生产构件状态、生产进度情况、生产计划执行情况、生产投资情况四个维度）、生产计划（查看计划、设置排期、导出和导入排期）、生产管理、项目形象进度。

（4）运输管理数字化系统

运输管理数字化系统实时跟踪构件的位置信息，并且为运输车辆提供更精准合适的线路信息。站在运输企业的角度，对运输阶段构件的分布情况进行统计，并且根据系统得到预制构件生产数据，以及预制构件装配顺序和时间要求等信息，以便安排仓储、配送。主要模块有：统计分析、运输计划（查看计划、设置排期、导出和导入排期）、运输管理（运输构件状态、运输进度情况、运输计划执行情况、运输投资情况）、模拟运输、项目形象进度。

（5）装配管理数字化系统

装配数字化管理系统集合了安装企业对装配式建筑项目装配阶段的信息，对构件装配的计划、顺序、位置等要求数据进行统计分析、预警提示等。站在施工企业的角度，实时统计和更新使用计划以及现场的装配信息，以便快速记录、反馈、跟进施工现场实际情况。主要模块有：统计分析、安装计划（查看计划、设置排期、导出和导入排期）、安装管理（安装构件状态、安装进度情况、安装计划执行情况、安装投资情况）、项目形象进度。

（6）专业知识库管理数字化系统

专业知识库管理数字化系统收集国内外主要的装配式建筑规范和标准等文件以及项目管理涉及的材料等，为装配式建筑项目数字化管理系统不同的参与方提供可靠的理论支持，更好的实现信息共享，协同管理。主要模块有：新建文件夹、删除文件夹、上传文件、删除文件、查看下载文件夹。装配式建筑项目数字化管理系统的主界面如图4-1所示。

4.3.2 系统结构设计

装配式建筑项目管理系统采用三层次结构设计，分别是界面层（User Interface Layer）、业务逻辑层（Business Logic Layer）、数据访问层（Data Access Layer），如图4-2所示。

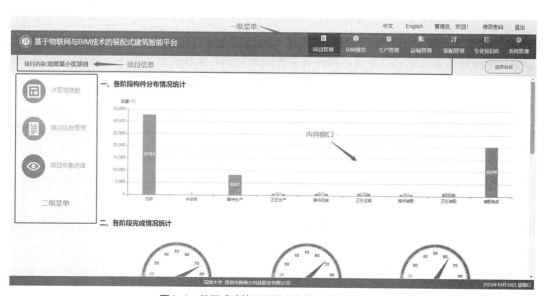

图4-1 装配式建筑项目数字化管理系统的主界面

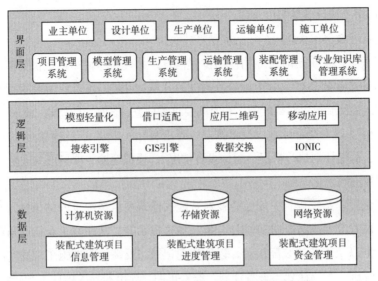

图4-2 装配式建筑项目数字化管理信息系统层次图

界面层（UIL）：主要是指与用户交互的界面。用于接收用户输入的数据和显示处理后用户需要的数据。定义涉及本管理系统使用的用户群体，根据不同的用户群体，系统能够为不同层级、不同身份的用户提供不同的访问界面以及分配相应的功能与数据权限。本系统涉及的用户群体包括业主单位（含政府）、设计单位、生产单位、运输单位及施工单位等。

业务逻辑层（BLL）：业务逻辑层是体现系统架构中核心价值的部分，是界面层和数据访问层之间的桥梁，实现业务逻辑。它的关注点主要集中在业务规则的制定、业务流程的实现等与业务需求有关的系统设计，与系统所应对的领域逻辑有关，包括了系统各功能模块、数据访问存储的数据接口、数据安全性检查机制、用户认证与权限控制、防止非法入侵与安全控制的安全检测系统等。

数据访问层（DAL）：主要是与数据库打交道，实现对数据的增、删、改、查。将存储在数据库中的数据提交给到业务层，同时将业务层处理的数据保存到数据库。数据访问层的操作都基于界面层，用户的需求反映给界面层，界面层反映给业务逻辑层，逻辑层反映给数据层，数据层进行数据的处理，操作后再逐一返回，直到将用户所需数据反馈给用户，从而实现对本管理系统所有信息与数据的集中、有序管理。包括基础文档数据、GIS二维与三维地理信息系统、监测数据以及管理过程产生的信息等。

4.3.3 系统安全设计

随着信息化的日益深刻，信息网络技术的应用日益普及，系统及网络安全已经成为影响信息化成败的重要问题。

系统的安全需求，主要包括数据安全需求（保密性、完整性、可用性）、网络安全需求（登录控制、会话控制）、应用安全需求（身份认证、访问控制）以保证系统的安全运行。

（1）数据安全

对于数据安全，采取以下措施：

1）利用程序对数据加密

本方法主要是数据在网上传输前，根据相关算法对需要保密的数据进行加密，加密后的数据在网上进行传输，客户端收到数据后，经判断，如果是加密过的数据，则根据相关算法进行解密。

2）数据安全保存

为了保障数据的安全性，所有的业务数据都进行多级存储，如业务系统、数据存储中心、灾备中心等。

为了防止意外事故或自然灾害，需要建立严密的备份措施，一旦遭受破坏，能尽快恢复系统以及数据，减小损失。数据备份从软件和硬件两方面考虑。备份是一种数据安全策略，在原始数据丢失或遭到破坏的情况下，利用备份数据把原始数据恢复出来，使系统能够正常工作。数据的备份有以下几种方式：

①网络数据备份：针对系统产生的数据库数据和重要目标文件进行更新监控，并将更新日志通过网络传送到备份系统，备份系统就根据日志情况对磁盘的数据进行备份，这种方式主要是针对网络上产生的数据，能对数据进行有效的备份和保存。

②远程镜像备份：远程镜像备份是容灾备份的核心技术方式，它可以通过高速的光纤带宽线路通道和磁盘控制技术将镜像磁盘延伸到远离生产机的地方，镜像数据信息和主磁盘数据能够完全地一致，能有效地保障数据备份的完整性，但是这种方式成本较高。

③数据库备份：针对主数据库建立的一个主数据拷贝，根据备份数据的大小进行备份。文件备份和数据库可以由磁盘上的众多文件构成，在数据信息很庞大的时候，可以使用文件备份对数据库信息进行备份，以备需要。

④磁带备份：主要是磁带周期性的从存储设备中复制指定的数据进行信息备份，包括远程的磁带库，光盘库备份等形式。

根据实际情况设计备份的循环周期和归档期限，以实现无人值守的自动化管理。服务器上储存着所有备份工作的详细记录，可以让系统管理员了解所有备份工作的规划、进行情况和运行体系，以便于在数据丢失的情况下可以迅速地对数据进行恢复。

3）数据恢复

通过数据库提供的管理功能，将备份数据库恢复。包括完全恢复和不完全恢复，前者是指将数据库恢复到数据丢失时，所有的数据库重做日志都将被使用，数据库崩溃时，已提交的所有事务都得到保留，未提交的所有事务都会被回滚，数据库变成一致状态，可以正常使用，以前的备份还可以在下一次灾难恢复中使用；后者是指将数据库恢复到过去的某一时间点，部分已提交的数据将丢失。

（2）网络安全

网络安全管理主要保证网络的保密性（防止静态信息被非授权访问和防止动态信息被截

取解密）、完整性（信息在存储或传输时不发生信息包的丢失、乱序等）、可靠性（信息的可信度，保证信息不被修改、破坏，发送人的身份证实等方面）、可用性（主机存放静态信息的可用性和可操作性）、实用性（信息加密钥不可丢失，丢失了密钥的信息就丢失了信息的实用性，成为垃圾）和占用性。

在一般装配式建筑数字化管理系统中，为满足网络安全的要求，采用如下措施：

1）服务器放置在安全的环境内，一般情况下只有系统管理员才能接触，房间加锁；

2）内外网物理隔离；

3）硬件加锁。应利用服务器硬件上的机器锁、硬盘锁等设施；

4）操作系统权限管理。如加入屏幕保护口令、启动口令等；

5）远程服务器访问控制。外界用户可以通过互联网访问服务器，设置必要的权限加以控制；

6）限制 Telnet、FTP、共享目录 NFS 等网络操作；

7）加密网络通信与使用 SSL，防止线路窃听；

8）建立双机热备份系统，保证系统出现故障时，不会造成系统死机，同时保证数据文件在磁盘中保存的安全；

9）建立完善的安全审计规范。安全审计是保证网络安全的必备功能。审计是记录用户使用系统进行所有操作的过程，是提高安全性的重要手段。安全审计不仅能够识别访问系统的对象，还能指出系统被用于做什么。另外，系统事件的记录能够更快速和清晰地识别问题，并且可作为后续可能要进行事故处理的重要依据，为网络犯罪行为及泄密行为提供取证基础。通过对安全事件的不断收集与积累并且加以学习分析，有针对性地选择其中的某些站点或用户进行跟踪，以便对可能产生的不安全行为提供有力的证据。

（3）应用安全

为了保证用户操作系统时的安全性，主要采取以下措施：

1）身份验证

只有在系统管理员处注册的用户才有权进入此系统。在外网的应用系统中，同样采用用户管理和用户权限设置方式，用户的身份验证采用用户账号和用户密钥认证管理。

2）二级密码

在核心业务部分，除了正常的身份验证之外，还需要验证二级密码，进一步提高系统的安全性。

3）权限控制

由系统管理员为每一个用户分配服务器访问权限、数据库访问权限、表单与视图访问权限、区段与字段访问权限、文档访问权限和应用系统操作权限，对装配式建筑全生命周期所涉及的业主方、设计方、生产方、运输方、安装方等分别给予不同的控制权限。系统控制用户只能在授权范围内进行操作，不能越权操作。

4）超时效验

为了防止用户进入系统后长时间离开系统而造成泄密，系统提供超时校验功能。当超过规定的时间后，用户需重新登录，才能操作此系统。

5）验证码

在系统关键业务部分，还需要通过验证码校验，防止非法用户暴力破解。

6）源代码安全

系统在编码实现过程中，使用先进的源代码安全测试工具确保代码安全可靠地运行。通过主要分析引擎：数据流、语义、结构、控制流、配置流等对应用软件的源代码进行静态的分析，分析的过程中与软件安全漏洞规则进行全面地匹配、查找，从而将源代码中存在的安全漏洞扫描出来，并整理为报告。通过对源代码进行测试扫描，发现存在的问题，进行整改，整改完成后重新测试，直到问题全部整改完毕。

4.3.4　系统开发技术

装配式建筑数字化管理系统采用多项先进计算机开发技术，来实现系统需要满足的安全、快速、便捷、存储等多方面的需求，从系统设计伊始为后续应用打好坚实的基础。

（1）采用JAVAEE开发和部署可移植、稳定可伸缩且安全的服务器端JAVA应用程序。JAVAEE是在JAVASE的基础上构建的，它提供Web服务、组件模型、管理和通信API，可以用来实现企业级的面向服务体系结构（SOA）和Web 2.0应用程序。

（2）采用Spring MVC模式来对系统进行Web开发。

（3）采用MyBatis技术，使用简单的XML或注解来配置和映射原生信息，将接口和JAVA的POJOs（Plain Old Java Objects，普通的JAVA对象）映射成数据库中的记录。

（4）按照"集中管理、分布应用"的设计思想，采用网络环境下运行的C/S模式、B/S模式，实现装配式建筑项目数字化管理系统。

（5）基于Bootstrap源码进行性能优化Web前端框架。

（6）系统在架构设计时将使用多层架构，以便分离开发人员的关注、无损替换、降低系统间的依赖、达到复用效果。

（7）使用AJAX技术，提高用户操作体验的同时，大幅度减少网络数据传输量，提高系统响应速度。

（8）系统采用Portal技术，实现统一门户，把现有的多个系统集成（数据集成和应用集成），引入单点登录，以实现基础数据和功能的统一。

（9）系统应用BIM技术在装配式建筑的构件设计、生产、运输、施工等环节。

（10）采用Web Service技术，让地理上分布在不同区域的计算机和设备一起工作，以便为用户提供各种各样的服务。

（11）采用基于XML技术的网络管理技术，采用XML语言对需交换的数据进行编码，为网络管理中复杂数据的传输提供了一个良好的机制。

（12）采用JSON技术，为数据交换语言，易于人阅读和编写，同时也易于机器解析和生成。

4.3.5 业务流程实现

（1）项目管理数字化系统

项目管理数字化系统是将系统管理的不同装配式建筑项目的基本信息进行管理和统计，实现对各项目的宏观掌控，信息采集、综合分析、管理和评估，并且对项目信息的变更进行实时的上传更新，在此基础上可查看不同项目的形象进度，资金使用情况，对各装配式建筑项目的开展进行比较分析，从而为决策层采取宏观调控措施提供支持。

包括的业务流程有：

1）各阶段构件分布情况统计：统计各项目预制构件的总数、安排和生产情况；

2）各阶段完成情况统计：统计各项目预制构件的生产完成率、运输完成率等；

3）各阶段计划执行情况统计：统计生产阶段计划执行情况、运输阶段计划执行情况、安装阶段计划执行情况；

4）各阶段投资情况统计：统计各阶段的投资金额以及占项目总投资的比例；

5）项目信息编辑：录入装配式建筑项目的基本信息，或者进行信息的更新删除等操作；

6）切换项目：对不同的项目切换，以便查看不同项目的执行情况，便于比较分析；

7）新增项目：新加入需要管理的装配式建筑项目的信息；

8）删除项目：对已完成或者解除合同的项目进行删除；

9）项目形象进度：查看项目的模型，分为装配模式和着色模式，其中着色模式为当前模式根据各个构件所处的状态进行着色所呈现的模型，装配模式为只显示已经装配完成的部分构件。

（2）模型管理数字化系统

模型管理数字化系统将设计阶段的 BIM 模型轻量化后进行可视化展示，实现对模型的直观判断，以及检查预制构件的准确位置，掌握装配式建筑项目的模型特征，从而便于设计施工一体化和标准化管理，包括的业务流程有：

1）模型浏览：浏览设计好并且经过 BIM 轻量化后的建筑模型，便于参与方直观参与项目的进度过程；

2）模型上传及解析：上传 ifc 和 sfc 格式的模型文件后，系统自行解析，统计模型构件等；

3）模型删除：删除不需要的模型，同时模型下面的构件也会同步删除；

4）构件关联关系设置：将某一构件与其上下左右相关的构件关联起来；

5）一键生成二维码：为每个构件生成独一无二的二维码，以便后续识别；

6）一键打印二维码：将生成的二维码进行预览打印。

（3）生产管理数字化系统

生产管理数字化系统为生产部门提供解决方案，站在生产商的角度，分别对生产的构件状态，生产进度情况，生产计划执行情况，生产投资情况等进行统计分析，并提供数据穿透功能。根据预制构件 BIM 模型及生产管理数字化管理系统，以便供应商安排生产，同时可以将生产数据输入信息管理云平台。主要模块有：统计分析（生产构件状态、生产进度情况、生产计划执行情况、生产投资情况四个维度）、生产计划（查看计划、设置排期、导出和导入排期）、生产管理、项目形象进度，包括的业务流程有：

1）统计分析：对装配式建筑项目生产阶段的构件分布情况、完成情况、计划执行情况、投资情况进行统计分析。

2）查看计划：查看已设置的生产计划，根据构件所处的阶段，可筛选出未排期、已排期和全部的内容，另外还可根据右上角的查询窗口按照构件名称进行精确查询。

3）设置排期：为构件的生产计划设置计划投资、计划开始时间和计划结束时间。

4）导出和导入排期：导出和导入排期可直接使用 Excel 文档快速进行。

5）生产管理：设置构件等待生产、正在生产、生产完成的状态。

6）项目形象进度：根据构件生产的 4 个状态（未安排、等待生产、正在生产、生产完成），对构件按照所处状态进行着色，查看项目某一时刻的形象进度（图4-3）。

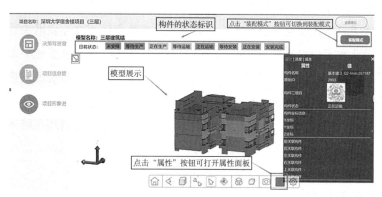

图4-3 项目形象进度着色状态

（4）运输管理数字化系统

运输管理数字化系统实时跟踪构件的位置信息，并且为运输车辆提供更精准合适的线路信息。站在运输企业的角度，对运输阶段构件的分布情况进行统计，并且根据项目得到预制构件生产数据，以及预制构件装配顺序和时间要求等信息，以便安排仓储、配送，其业务流程图如图 4-4 所示。

（5）装配数字化管理系统

装配数字化管理系统集合安装企业对装配式建筑项目装配阶段的信息，对构件装配的计划、顺序、位置等要求数据进行统计分析、预警提示等。站在施工企业的角度，使用计划以及现场的装配信息，以便快速记录、反馈、跟进施工现场实际情况，其业务流程图如图 4-5 所示。

（6）专业知识库管理数字化系统

专业知识库管理数字化系统收集国内外主要的装配式建筑规范和标准等文件以及项目管理涉及的材料等，为装配式建筑项目数字化管理系统不同的参与方提供可靠的理论支持，更好的实现信息共享，协同管理。主要流程的实现过程为：新建一类文件的文件夹，上传需要各方熟知或者对项目有用的文件，各方可在文件夹中选择文件下载浏览。

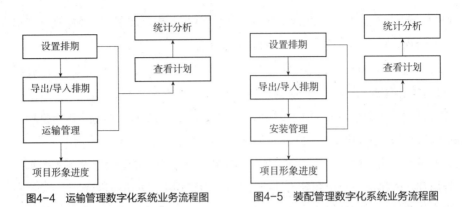

图4-4 运输管理数字化系统业务流程图   图4-5 装配管理数字化系统业务流程图

4.3.6 实施保障和手段

（1）提高各组织数字化管理能力

数字化管理能力是各参与方企业实施动态管理的重要保障。在互联网快速发展和信息时代的背景下，企业数字化管理能力的提高可以提升其竞争力。因此，企业必须加强和完善数字化管理平台的建设，建立一个规范化、系统化的信息平台，实现对装配式建筑项目各类信息的分析处理，实现对数据的数字化管理，从而健康高效地发展。同时，各企业在同一平台发挥自身技术优势，可提高系统的运行维护水平；深入分析数字化管理系统运行状况，可提高运行过程中的维护效果和质量。精细化管理各阶段的工作，明确目标，减少运行时间，控制运行成本，达到高效管理。

（2）建立管理规章制度

不断提高规章制度的系统化、科学化和规范化水平，以适应装配式建筑项目发展需要，建立数字化管理的相应规章制度，以便系统长期、稳定运行。

为规范前期设计工作，对设计过程中易错节点进行整理，建设包括设计人员行为、设计过程规范、设计过失应对方案等规章制度，降低从设计环节开始的人为失误，规范化设计流程，提供一个标准化的流程氛围。为规范安装建设工作，对施工过程进行全面梳理，网络中心通过建设行业规范、工作制度、行为规范、工作流程及应急处置预案等，降低突发事件造成的损失，形成安装建筑管理制度体系。为规范后期运维工作，根据需要逐步建设和完善运行维护制度，编制相关管理条例来规范装配式建筑项目运行维护工作，管理运行维护人员的日常行为，保证运行维护工作的标准化，实现运行维护工作流程化，规范各系统可能发生事件的应急处置措施。通过管理制度建设，规范装配式建筑项目全生命周期的管理行为，梳理实施流程，完善应急处理机制，实现管理工作的规范化、流程化和制度化。

（3）保障建设的技术手段

完善的管理制度需要技术手段来支撑，网络中心依托装配式建筑信息化项目，逐步完善装配式建筑项目信息系统运行保障技术手段。装配式建筑项目数字化管理系统融合多项技术手段保障其有效运行，包括有害信息发现和过滤手段，进行信息监控和检验；用户日志留存技术手段，建立多重备份制度，对重要资料进行自动备份；网络安全防护技术手段，内外网实行物理隔离，保障安全；后台管理技术手段，服务器平时处于锁定状态，并保管好登录密码，以防他人登录；系统监管技术手段，集监控和管理、自动化和应急处理、安全与风险检测和预警以及运行评估等于一体，提供全面的、细粒度的系统监管能力以及规范的运行维护服务管理能力。对数字化管理系统运行保障工作中涉及的各项监管和分析评估等工作提供可靠的技术保障，实现信息化管理的运行保障工作。

4.4 系统总体功能

装配式建筑项目数字化管理系统包括装配式建筑管理信息系统、装配式建筑项目可视化展示、数据交互三大功能，功能结构图如图4-6所示。

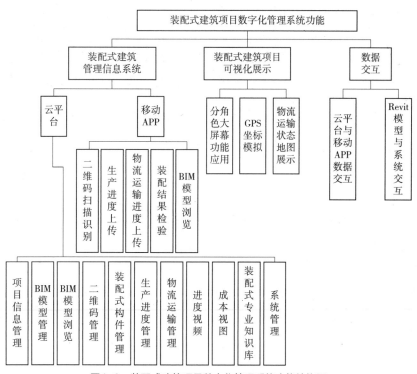

图4-6 装配式建筑项目数字化管理系统功能结构图

4.4.1 装配式建筑管理信息系统

（1）云平台端

1）项目信息管理

以项目为主线，实现项目基本信息、项目资料等数据的维护以及串联项目各阶段的信息，实现项目全过程信息管理，具体包括：

工程概况信息：用户通过此操作将实现工程概况信息的管理，包括：项目名称、项目类别、项目总概算、计划开工日期、计划竣工日期、主管单位、建设规模以及项目地点等的新增、修改及删除等功能。

项目组织架构:主要实现进行项目信息登记时,同步完成的项目组织架构信息的登记工作,满足项目参与各方对信息管理云平台使用的需要。

项目资料:主要实现项目资料按类别进行上传、下载及在线预览的功能,并能自动汇总到项目资料档案中进行查阅等功能。

2)BIM 模型管理

Revit 模型包括的数据量非常大,如果直接在系统中进行传输、处理,效率将非常差,对硬件设备及网络带宽要求也非常高。因此对模型通过有针对性的数据压缩及还原技术来进行轻量化处理。

3)BIM 模型浏览

通过浏览器,以网页的方式实现建筑模型按单体建筑、楼层、构件类型、构件多层次、多视角的浏览,并且可以查看单个构件的详细信息。

4)二维码管理

生产商生产完构件后,对每个构件进行二维码的生成,作为每个构件的唯一识别,每个二维码关联一个对应的构件,用于生产、仓储、质检、物流运输、手机 APP 等各业务功能模块,方便用户快速定位构件信息。

5)装配式构件管理

预制构件生产单位,可以登录数字化管理云平台,查看和下载预制构件清单、构件数字模型,生成、打印二维码并与构件进行关联。

6)生产进度管理

构件生产厂商,可以通过登录信息管理云平台直接输入预制构件生产开始时间,生产结束时间等信息,并确定好生产构件的顺序与时间衔接点。

7)进度视图

通过各个阶段的 BIM 模型直观掌握项目整体进度,通过统计分析,查询预制构件计划生产时间、实际生产时间、计划安装时间、实际安装时间以及构件所在状态。根据事先制定的项目计划,结合各构件实际的进度状态信息,以图形化的方式显示进度情况。

8)成本视图

结合 BIM 模型查看项目各阶段计划投资、实际投资,统计分析项目计划累计支付金额、实际累计支付金额,各阶段计划支付金额、实际支付金额。

9)装配式专业知识库管理

专业知识库提供对装配式建筑构件生产、安装的工艺工法、技术标准等相关资料的收集整理、维护以及检索功能,并能自行添加和删除目录,对文档进行下载和在线预览。

10)系统管理

通过人员信息、机构信息、流程设置、日志档案的管理,进行人、事、权的合理分配,可以根据企业的管理模式来进行设置,并且可以完成分支机构的管理;角色管理中可以根据不同的角色赋予不同的权限，方便了企业不同的管理模式。

（2）移动 APP 端

1）二维码扫描、识别

构件安装过程中，可通过 APP 扫描构件二维码，识别构件信息，以及定位构件在模型中的位置。

2）生产进度上传

构件运达施工现场，现场材料管理员启动预制构件入库二维码扫描功能，扫描构件二维码，完成预制构件入库操作，将入库信息推送到云平台，其他人员可以通过云平台、APP 查看预制构件的状态信息。

预制构件安装完成后，现场施工监理启动构件安装完成二维码扫描功能，扫描已安装构件二维码，或通过已安装构件选择录入操作，确定构件已安装完成，其他人员可以通过云平台、APP 查看工程实际完工形象进度。

3）物流运输进度上传

仓储、物流人员使用移动 APP，通过扫描构件二维码，将预制构件入库、出库、物流信息推送到云平台，其他人员可以通过 BS 云平台、APP 查看预制构件的状态信息。

4）装配结果检验

通过 APP 扫描二维码，显示构件装配结果。

5）BIM 模型浏览

实现建筑模型按单体建筑、楼层、构件类型、构件多层次、多视角的浏览，并且可查看构件详细信息。

4.4.2　装配式项目可视化展示

（1）分角色大屏幕功能应用

根据不同的角色的账号与密码登录系统，通过多个大屏幕模拟不同角色来进行相应的操作，根据每个角色在系统中的操作产生数据之后，按业务流程往下走，实现各方之间的数据、业务协同工作。角色共分为设计单位、建设单位、构件生产厂商、运输单位、施工单位，不同的角色登录系统后，进行相应的操作：

1）设计单位进行模型设计与模型排版；

2）建设单位（业主）进行模型审核、生产进度跟进、物流运输进度跟进、施工进度跟进、质量安全管控、成本管制、竣工验收以及运维；

3）构件生产厂商进行模型排版、构件生产；

4）运输单位负责构件运输；

5）施工单位负责构件检查与现场安装。

（2）GPS 坐标模拟

利用地图选择路径，会动态变化坐标点的数据，直接达到目的地。模拟整个物流运输状态实时信息。

（3）物流运输状态地图展示

系统通过 GPS 导航设备，结合地图来实现物流运输状态跟踪模拟功能。

4.4.3　装配式建筑项目数字化管理数据交互

（1）相关接口

1）云平台与 APP 端数据交换

装配式建筑项目数字化管理系统云平台与移动 APP 端的数据交互方式，采用 Web service 的方法进行调用与数据传递，传递过程中的数据，采用 DES 对称加密算法进行数据加密保护，以防数据直接被截取，具体交互的内容有：生产进度数据、物流运输数据、装配式检验结果数据。

2）Revit 模型与云平台移动 APP 数据转换

Revit 模型与云平台、移动 APP 数据传导通过特殊的格式转换，将模型进行轻量化之后，把数据传递到系统后台提供给用户在云平台或移动 APP 上展示，方便用户随时随地办公，各文件进入系统的格式为：*.IFC 文件（Revit 模型文件）、*.SFC 文件（模型轻量化文件）、*.SC 文件（模型浏览文件）。

（2）数据交互方案

数据共享和交换平台由数据服务接口、缓存中心、管理工具服务组成，数据服务接口作为核心组成部分，主要包含以下功能特性：

1）使用面向服务的体系结构 SOA 实现；

2）接口的调用和使用与操作系统和编程语言无关；

3）使用 XML（可扩展标识语言）作为标准通信语言，并支持 JSON 数据格式；

4）支持 Web 服务标准；

5）支持消息传递（同步、异步、点对点、发布—订阅）。

4.5　实现关键技术

在建筑物联网的基础下，从装配式建筑全生命周期的角度出发，利用数据服务接口进行数据交互，各阶段之间实现建筑构件的实时可追踪，最后在终端设备上实现 BIM 模型的轻量化展示，同时通过基于大数据驱动的智能决策技术对各阶段生产提供决策支持，解决装配式建筑设计、生产、运输和施工各环节中协调工作的关键问题，建立完整的基于物联网和 BIM 技术的装配式建筑项目数字化管理系统。

本系统整合应用多种技术，主要包括建筑物联网技术进行数据和信息的采集与传递、BIM 模型轻量化技术实现建筑模型的实时反馈与装配进度展示、基于北斗及 GPS 定位的实时可追踪和可视化技术实现预制构件的物流追踪、基于 P–BIM 建筑信息模型数据交换技术。

4.5.1 物联网

"物联网"被称为继计算机、互联网之后，世界信息产业的第三次浪潮。物联网一方面可以提高经济效益，节约成本；另一方面可以为全球经济的复苏提供技术动力。目前国内物联网总体还处于起步阶段，为推进物联网产业的发展，未来 5 年将集中资源攻关共性关键技术，探索行业应用模式，实现科技创新。物联网在实际应用中主要分为信息采集、传输、运营、整合四个板块。信息采集是通过传感设备获取信息，将不同种类的信息转变为网络信息。传输层主要是将网络信息传输到相对应的位置。运营层主要是为网络信息创建相对应的管理平台，有针对性地对不同的信息进行管理。整合层主要是根据整合的信息对物联网系统的各种问题进行解答。

结合物联网特点，在突破关键共性技术时，装配式建筑项目数字化管理系统使用物联网技术对预制构件的生产到装配进行各类信息的采集和流通。物联网技术与 BIM 结合，可有效对设计方案进行协调，对方案的实操性和施工进度进行模拟，解决施工碰撞等问题，并且结合应用对施工进度进行信息采集，及时将信息反馈给 BIM 模型，进而在 BIM 模型中找寻实际施工与计划的偏差，解决施工管理中的实时跟踪和风险控制等核心问题。

具体来说，装配式建筑项目数字化管理系统将 BIM 模型轻量化后，提取各个构件信息，然后在预制构件上装设二维码标签以及 GPS 定位装置，记录构件的基本信息以及出厂、运输、到场过程，使得预制构件的生产、物流过程更加清晰，追踪每个构件的全生命周期流程信息，同时也方便相应的人员进行管理。以物联网技术为核心技术之一，贯穿装配式建筑项目数字化管理的全寿命期，实现对预制构件的实时追踪管理，完成人员的对点落实责任安排，提升装配式建筑项目管理中信息的有效流通，提高对装配式建筑项目的数字化管理效率，促进装配式建筑项目的进一步落地与推广。

装配式建筑项目数字化管理系统主要采用二维码技术来实现构件的唯一标识以及信息的采集，系统可自动生成构件二维码，应用于生成、运输及安装过程中快速识别构件并管理其进度与成本信息。

二维码又称 QR Code，QR 全称为 Quick Response，是一个近几年来在移动设备上兴起的一种编码方式，它比以往的条形码能储存更多的信息，并能表示更多的数据类型。二维码是用某种特定的几何图形按一定规律在平面（二维方向上）分布的黑白相间的图形记录数据符号信息的；在代码编制上巧妙地利用构成计算机内部逻辑基础的"0""1"比特流的概念，使用若干个与二进制相对应的几何形体来表示文字数值信息；通过图像输入设备或光电扫描设备自动识读以实现信息自动处理。它具有条码技术的一些共性：每种码制有其特定的字符集；每个字符占有一定的宽度；具有一定的校验功能等，同时还具有对不同行的信息自动识别功能及处理图形旋转变化点。

（1）二维码的结构

1）版本信息：version1（21*21），version2，…，version40，一共 40 个版本。版本代表每

行有多少模块，每一个版本比前一个版本增加 4 个码元，计算公式为（$n-1$）×4+21，每个码元存储一个二进制 0 或者 1。1 代表黑色，0 表示白色。比如，version1 表示每一行有 21 个码元。

2）格式信息：存储容错级别 L（7%），M（15%），Q（25%），R（35%）。容错是指允许存储的二维码信息出现重复部分，级别越高，重复信息所占比例越高。其目的是即使二维码图标被遮住一部分，一样可以获取全部二维码内容。

3）码字：实际保存的二维码信息和纠错码字（用于修正二维码损坏带来的错误，即当码元被图片遮住，可以通过纠错码字来找回）。

4）位置探测图形、位置探测图形分隔符、定位图形，校正图形：用于对二维码的定位。位置探测图形用于标记矩形大小，三个图形确定一个矩形。定位符是因为二维码有 40 个版本尺寸，当尺寸过大后需要有根标准线，不然扫描的时候可能会扫歪，具体的二维码结构如图 4-7 所示。

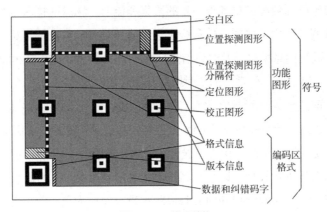

图4-7　二维码结构

（2）二维码生成过程

信息按照一定的编码规则后变成二进制，通过黑白色形成矩形。

1）数据分析：确定编码的字符类型，按相应的字符集转换成符号字符；选择纠错等级，在规格一定的条件下，纠错等级越高其真实数据的容量越小。

2）数据编码：将数据字符转换为位流，每 8 位一个码字，整体构成一个数据的码字序列。其实知道这个数据码字序列就知道了二维码的数据内容。

3）纠错编码：按需要将上面的码字序列分块，并根据纠错等级和分块的码字产生纠错码字，并把纠错码字加入到数据码字序列后面，成为一个新的序列。

4）构造最终数据信息：在规格确定的条件下，将上面产生的序列按次序放入分块中。按规定把数据分块，然后对每一块进行计算，得出相应的纠错码字区块，把纠错码字区块按顺序构成一个序列，添加到原先的数据码字序列后面。

5）构造矩阵：将探测图形、分隔符、定位图形、校正图形和码字模块放入矩阵中。

6）掩模：将掩模图形用于符号的编码区域，使得二维码图形中的深色和浅色（黑色和白色）区域能够比率最优地分布。

7）格式和版本信息：生成格式和版本信息放入相应区域内。

（3）二维码识别

1）定位图形：首先寻找探测图形，通过二维码上的定位图形和分隔符确定二维码信息的图像，定位图形确定二维码符号中模块的坐标，二维码中的模块都是固定的，包括校正图形、版本信息、数据和纠错码。

2）灰度化二维码信息像素：灰度化是指通过颜色的深浅来识别二维码，颜色深的按深灰处理，浅色的按浅灰处理，去掉其他颜色。

3）去二维码信息像素的噪点：噪点是指粗糙的像素。相机的传感器在把光线作为接收信号和输出过程产生的粗糙像素，这些粗糙的像素是照片中不应该出现的干扰因素。

4）二值化二维码信息像素：二值化是将图像上像素灰度值设置为 0 或者 255，也就是变成只有黑白两种颜色。第一步已经灰度化变成只有深灰和浅灰两种颜色，二值化是将深灰变成黑色，浅灰变成白色。

5）二维码译码和纠错：将得到的二进制信息进行译码和纠错。得到的二进制信息是版本格式信息、数据和纠错码经过一定的编码方式生成的，译码是对版本格式信息，数据和纠错码进行解码和对比，纠错是和译码同时进行的，将数据进行纠错。

4.5.2　BIM 模型轻量化技术

应用 BIM 模型及模型轻量化技术，实现项目信息的全面集成和模型在线浏览与形象进度展示。BIM 模型是一个集大数据的大平台模型，最终表现形式是多维度、多用途、多功能的可视化计算机图形模型。通常 BIM 模型最终是以多维度、多用途、多功能的模型计算机图形的形式显示在设备上，导致原始 BIM 模型占空间太大，对计算机的图形处理能力是个严峻的考验。

伴随着互联网的发展，越来越多的 BIM 技术使用者希望在 Web 端直接浏览三维模型。传统的 BIM 应用程序都基于桌面客户端，且需要较高的计算机配置，包括高频 CPU、大内存、独立显卡。在从桌面端走向 Web 端、移动端的过程中，由于受浏览器计算能力和内存限制等方面的影响，基于桌面的对模型的数据组织和消费方式必须做出相应调整，即需要更多地使用三维模型轻量化技术对模型进行深度处理。三维模型轻量化主要包括两个方面：模型轻量化显示和模型文件转换。

（1）模型轻量化显示

近几年，随着 WebGL 标准被广泛接受，涌现出许多基于 HTML5 的开源三维显示引擎，如 threejs、scenejs 等。尤其 threejs 使用非常广泛，一方面由于其使用门槛较低；另一方面是其支持若干种三维文件格式，如 3ds、obj、dae、fbx 等。对于中小规模的三维模型，使用 threejs 可以快速搭建一个基于 Web 的模型浏览应用。但对于模型构建比较多的应用场景，如 BIM 应用，直接使用 threejs 必然会遇到性能瓶颈。因此，必须针对 threejs 进行深度定制，甚至从零开始。

对 threejs 深入研究后，本系统在 threejs 的基础上进行扩展，主要从以下几个方面展开：

1）场景空间八叉树划分

空间八叉树是一种高效的三维空间数据组织方式，使用八叉树可以快速剔除不可见图元，减少进入渲染区域的绘制对象。这部分技术在桌面端的三维显示引擎已非常成熟。

2）增量绘制

绘制效率跟场景中绘制对象的数量紧密相关。对象越多，绘制效率越低。而绘制效率又会影响用户的交互体验。因此，在绘制图元达到一定数量的时候，需要使用增量绘制技术，减少等待时间，提高交互响应速度。

3）绘制对象内存池

浏览器分配给 Javascript 虚拟机的内存是有限的，当内存超出限制，整个页面就会崩溃。这是由于 Javascript 是一种运行时解释性语言，自身具有垃圾回收机制，当分配的 Javascript 对象过多，垃圾回收会占用大量时间，影响浏览器响应。使用对象池可以最大限度地减少对象分配，降低内存使用，从而减少垃圾回收产生的负担。

4）图元合并

图元个数越多，显示效率越低。这是由于每绘制一个图元就会进行一次 draw call。而在浏览器端的 draw call 比在桌面端 draw call 的调用代价更大，合并图元可以减少 draw call，从而提示显示效率。

（2）模型文件转换

基于桌面的三维模型大多数采用单文件或几个文件来存储模型信息，例如几何信息、材质信息、纹理贴图及属性。这样的组织方式便于桌面程序管理，也便于用户之间以文件的方式传输数据。但单个大文件却不利于网络端传输，尤其是从服务器端下载一个三维模型，使其在浏览器中显示。一方面，大的文件传输需要更多的等待时间；另一方面，用户需等待模型下载完成后才能解析显示。因此，需要定义适合网络传输的大模型组织方式，把原始的模型文件转换为适合网络传输和轻量化显示的文件格式，模型文件转换主要包含以下几个方面：

1）构建"模型流"

以模型流的方式，使用者可以实时看到已经下载的部分，对显示影响较大的部分先下载先显示，细节部分可以后显示。与在线视频播放类似，使用者不需要事先花费时间下载和缓存完整的视频才能观看，只要点击播放后边下载边缓存边播放。这一过程，使用者不需要等待，可以进行其他相关操作。

2）几何唯一性表达

在模型转换过程中，把具有相同形状的几何对象进行唯一性表达。大的模型一般会存在相同几何的多份拷贝，而实际上使用相似体的识别算法可以大大减少几何体的数量，减少模型的大小，也能减少显示时 GPU 的占用。

3）数据压缩

数据压缩可以大大减少网络传输时间，尤其对于 json 和几何数据，gz 算法可以达到几倍的压缩率。模型轻量化显示和模型文件转换是 BIM 模型轻量化的核心技术，具有一定的技术门槛。BIM 本着开放的精神,把核心技术提供给广大的 BIM 开发者,使得开发者即使没有掌握任何图形技术,也能轻松开发强大的 BIM 应用。

4.5.3 SOA 技术

面向服务的架构(SOA)是一个组件模型,它将应用程序的不同功能单元(服务)进行拆分,并通过这些服务之间定义好的接口和协议联系起来。它由建立在一个共同平台上的部件组成,每个部件的功能更细分化,并且相互之间具有较强的独立性,可以单独使用,通过统一的数据接口又可以实现相互间的无缝集成。

装配式建筑项目数字化管理系统采用基于 SOA 的平台化、组件化的架构设计思路。架构式平台化技术是近年来新兴起的一种软件设计模式,通常也被称作构件化或平台化,其特点是具备了一个共同的软件开发平台,所有的功能性构件,如财务软件、电子商务、管理软件等,都基于这样一个公共平台进行开发,通过各个部件的搭配和组合使用,使得企业的管理应用可以实现无缝化平滑连接。

与过去的模块化软件不同的是,架构式平台是由建立在一个共同平台上的功能更细分化的一个个部件组成,相互之间具有较强的独立性,可以独立使用,通过统一的数据接口又可以实现相互间的无缝集成。因此,架构式平台化具有比模块化软件更大程度的灵活性和扩展性,不仅可以根据客户当前的需求进行选择和搭配使用,而且具备了更好的二次开发接口。目前,架构式平台化技术逐步受到更多的国内外软件企业的重视,并投入精力和资金进行产品向架构式软件进行转型。

由于采用了统一的架构和数据接口,采用架构式平台的管理软件可以覆盖到各个应用,用户在统一的、开放的系统架构下面,就可以将所有的应用自由地组合、选取使用。

基于组件化架构的思路,需要解决的是淡化业务系统的概念,强化业务组件的概念。同时对业务系统内部已有的业务功能模块进行解耦,业务组件通过注册到 ESB 上的业务服务进行交付。而基于平台化的思路,则是原有业务系统构建过程中所有和业务无关的内容都进行平台化建设,所有平台化层面的内容都进行统一规划和建设,为所有的业务组件提供公共服务能力。原系统结构和基于组件化的架构分别如图 4-8、图 4-9 所示。

图4-8　原系统构建和结构

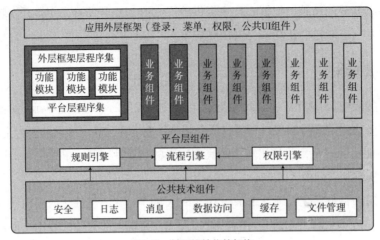

图4-9 基于组件化的架构

在基于组件化的架构模式下可以看到业务系统完全进行了拆解，真正一个业务系统的构成需要多个技术能力支撑单元和业务单元共同组装来完成。对于用户来讲可能看不到太大的变化，但是在内部实现细节上则进行了平台化和标准化。

系统不再是后续的交付单位，业务组件才是交付单位。业务组件建设完全只关注业务，不关注技术底层和各种平台层能力的实现。业务组件通过服务接口和各种底层支撑能力，外层挂接能力进行集成，并且业务组件高度自治，可以独立进行分析、设计、打包部署和运行。

公共技术组件和平台层组件完全独立部署和运行。其提供的能力一方面可以是以注册在ESB总线上的服务的方式，也可以是业务组件直接内嵌平台层组件提供的代理模块和轻量API接口。底层组件提供全局的数据建模和数据存储，这些数据跨所有的业务组件共享。

外层应用框架是一个完全可以运行起来的类似门户的框架，其自身已经包含了登录认证、权限、菜单管理等各种基础功能。外层应用框架实现各个业务组件的动态装载和使用，企业内应用构建完全实现 App Store 化。而对于 ESB 企业服务总线，则既实现业务组件和底层平台层的服务集成，也实现业务组件间的服务集成，其技术集成以消息和轻量的 rest 方式实现，而业务集成则以传统的 soap web service 方式实现。

装配式建筑项目数字化管理系统通过采用平台化的架构设计，利用现有成熟的组件，最大限度地提高软件质量、加快软件开发速度。

4.5.4 北斗卫星定位技术

系统通过 GPS 和北斗卫星导航设备，结合地图来实现物流运输状态跟踪、施工现场构件拼装指导及错误预警等功能。已建成的北斗一代卫星定位导航系统采用三球相交原理，如图 4-10 所示。

当用户需要进行定位服务时，提出申请服务项目并发射请求信号，经过两颗卫星转发至地面中心，地面中心接到此信号，解调出用户发送的信息，测量出用户至两颗卫星的距离，以两颗卫星的已知坐标为圆心，各以测定的卫星到用户终端的距离为半径，形成两个球面，用户接收机必然位于这两个球面交线的圆弧上。地面中心站配置电子高程地图，它可以提供以地心为球心，以球心至地球表面的高度为半径的非均匀球面，已知目标在赤道面的侧面，求解圆弧线与地球表面交点即可或得用户位置。用户位置信息经过两颗卫星中的一颗转发给用户，由地面中心站保存信息，这样调度指挥和相关单位可以或得用户的所在位置。

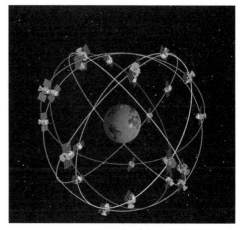

图4-10 北斗卫星定位技术示意图

装配式建筑项目数字化管理系统通过 GPS 和北斗卫星导航设备，结合地图（图 4-11）来实现物流运输状态跟踪、施工现场构件拼装指导及错误预警等功能。

4.5.5 移动端技术

装配式建筑项目数字化管理系统通过移动互联网技术实现装配式建筑预制构件全过程的动态实时管理。使用最新移动应用开发技术开发移动 APP，开发具有良好的跨 IOS 与 Android 平台应用，实现生产、运输、安装过程中所有进度实时的移动管理。

快速迭代，高效开发，低成本上线是每一个 APP 开发团队追求的目标。同时，随着 HTML 5

图4-11 物流运输实时定位地图

的不断升温和智能手机硬件性能的提高，Hybrid APP（混合模式移动应用）的概念应运而生。Hybrid APP 是指介于 Web APP、Native APP（本地化应用）这两者之间的 APP，兼具"Native APP 良好用户交互体验的优势"和"Web APP 跨平台开发和低成本的优势"。Hybrid APP 主要以 JS+Native 两者相互调用为主，从开发层面实现"一次开发，多处运行"的机制，成为真正适合跨平台的开发。目前已经有众多 Hybrid APP 成功开发应用，例如百度、网易、街旁等知名移动应用，都是采用 Hybrid APP 开发模式，Hybrid APP 开发模式主要的优点如下：

1）原生应用和 Web 应用的结合体，应用比例相对自由；

2）能节省跨平台的时间和成本，只需编写一次核心代码就可部署到多个平台；

3）可任意调整风格，DIV 版面布局；

4）兼容多平台；

5）顺利访问手机的多种功能；

6）APP Store 中可下载（Web 应用套用原生应用的外壳）；

7）可线下使用。

装配式建筑项目数字化管理系统应用移动端技术和互联网技术，通过将云平台存储数据库中的信息传输至移动终端，移动终端呈现基本数据。在装配式建筑预制构件全过程管理中，通过移动终端收集实时数据再反馈至云平台，云平台进行数字化管理并存储数据，可实现随时对预制构件进行溯源查询，提高管理效率、降低管理成本，增加协同效应，减少信息损失的目的。

4.6 管理组织体系

4.6.1 管理体系

传统的装配式建筑项目管理体系采用临时性的项目部来进行工程建设管理，造成装配式建筑项目建设管理易成孤岛，建设单位对工程的进度、质量、风险、资金等无法进行跟踪和控制，因此有必要结合装配式建筑项目的数字化来建立新的管理体系。

装配式建筑项目数字化管理体系是以计算机技术、通信信息技术等数字化技术为基础，根据装配式建筑项目建设的信息管理体系的构成要素的特点，采用系统管理的思想对其结构和层次进行组织改造的优化管理体系，可将其分为三个层次，如图4-12所示。

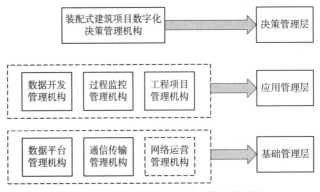

图4-12　装配式建筑项目数字化管理体系图

（1）基础管理层

主要实现对装配式建筑项目的信息网络与数据平台的管理，每一个系统都需要一个可靠的基础结构来管理，这是保障装配式建筑项目数字化核心基础设施正常运转的关键层，支撑着各种信息采集、传输和通信及网络的协调运转，维持各方关系，为协同作用提供可靠基础保障。

（2）应用管理层

决定技术投资所期望获得的价值，具体分为数据开发、过程监控和工程项目管理等服务，为系统的使用者提供便利的应用体验服务。

（3）决策管理层

该层是层次结构中的最高层，关键是充分发挥最高管理层的决策调控机制。实现信息资源的开发规划管理、信息管理体系中各个环节的协调和相关规范标准的制定等工作，是装配式建筑项目数字化管理的核心。

4.6.2 组织架构

装配式建筑项目建设的管理工作相对复杂，涉及的利益相关方众多，从不同层次的管理角度，对装配式建筑项目数字化管理系统提出了不同的要求。

（1）决策层：对政府要求实行的装配式建筑项目，业主单位需按照规章制度执行，而决策层即为政府单位以及其委托的建设单位为主，负责对装配式建筑项目数字化管理系统的建设过程和目标进行决策。

（2）管理层：各参与方成立装配式建筑项目数字化办公室负责对自身负责阶段的各类信息的收集和后续管理，同时为上层及时提供全面、多维的装配式建筑项目的信息，以便决策层决策。

（3）业务层：在装配式建筑的现场以及各个环节成立信息中心，由装配式建筑项目建设过程中的现场指挥人员负责，处理在项目管理日常操作层面上的业务，即从管理、控制的角度对项目安全、项目质量、项目进度等进行控制和对工程文档资料进行管理。

（4）实施层：该层主要负责及时、准确、全面地提供并上报工程进度、安全、质量等状况，及时接受上层的工程指令，且能够及时反馈实时信息，装配式建筑项目数字化管理的组织架构如图4-13所示。

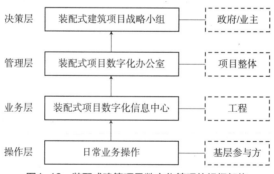

图4-13 装配式建筑项目数字化管理的组织架构

4.6.3 P-BIM 管理模式

传统的装配式建筑信息交互采用的是点对点的方式，这种方式效率低，并且在信息传递过程中容易信息失真或者产生错误。因此本系统采用 P-BIM 模式进行装配式建筑信息的协同管理，将装配式建筑项目的各参与方涉及的信息与轻量化后的 BIM 模型数据进行一对一的信息交互，实现 BIM 软件为项目参与方完成相关任务的目的，保证装配式建筑项目全过程信息传递的安全性、完整性、有效性。

装配式建筑项目数字化管理系统应用P-BIM技术进行装配式建筑项目管理的具体步骤如下：

1）确定 BIM 实施计划

根据 Project 项目分析，不同类型的工程项目有不同的 BIM 实施方式，因此，首先根据装配式建筑项目的类型来确定 BIM 实施方式。其次根据装配式建筑项目目标，分解项目任务，确定 BIM 的具体实施计划。装配式建筑工程项目全生命期任务的划分依据为工作分解结构，工作分解结构是以可以进行交付的项目结构为依据，对项目的基本要素进行分类，根据工作分解结构可将装配式建筑项目的全生命期任务分为构件生产与协调任务、规划设计任务、物流运输任务和安装施工任务，每个任务下有多个分任务，而每个分任务又包含了多个子任务。

2）确定专业 BIM 数据库

根据专业分析，对装配式建筑项目进行分割，可分为建筑、结构、设备、地基、室内和外装等几个项目的分 BIM 数据库，每个分 BIM 数据库中包含多个子 BIM 数据库，总 BIM 数据库和子 BIM 数据库在逻辑上关联，是一个统一的整体，但每个子 BIM 数据库又是一个相对独立的个体，可独立运作。

3）确定项目 BIM 阶段模型

将装配式建筑项目全生命期过程分为生产阶段模型、设计模型、施工过程模型以及运维模型。

①生产阶段模型。根据生产计划分为排期、等待生产、正在成产等不同的状态，对 BIM 模型进行实时的着色处理。

②设计模型。设计模型是设计阶段重要的产出成果，更是施工单位按图施工的技术依据，也是业主进行招标投标的重要文件，是建筑、结构、安装工程师信息共享、协同工作创建的设计阶段成果。装配式建筑项目数字化管理系统以轻量化的 BIM 设计模型为基础，实现整个生命周期的任务需求。

③施工过程模型。施工过程模型是指导现场施工、安装及竣工成果创建的综合模型，在装配式建筑项目实际实施过程中根据实际进度和构件安装效果实时反馈至施工过程模型中。施工过程模型是项目负责人组织项目现场所有管理人员在设计模型的基础上深化并实施而得，是项目设计、建造的全过程结果，对于竣工阶段及运维建模需求信息具有至关重要的意义。

4）项目管理

装配式建筑项目的各参与方可利用手机、电脑等电子产品登录移动 APP 客户端，获取所需要的信息，指导项目施工，同时各自单位将自身的数据信息及时上传到 P-BIM 数据库中，确保信息的及时性和有效性。

5）信息共享协同管理

为了实现在装配式建筑项目建设期间各参与方的信息能够安全可靠地进行传递，需要建立一系列的信息交换标准，将 BIM 的实际工作流程和所需要传递的信息进行明确定义，保证数据信息传递的有效性和完整性。

5 装配式建筑项目数字化管理系统功能

5.1 项目管理理念

5.1.1 装配式建筑项目管理的特点

装配式建筑中的大部分预制构件在预制工厂被集中统一生产，然后再运输到施工现场进行吊装和装配，相比传统的现浇施工技术而言，装配式建筑具有设计标准化、一体化、生产工厂化和施工装配化特征，这些特征使得装配式项目的管理具有以下特点：

（1）质量监管不易

预制构件的生产、运输、安装过程均会对构件的质量产生不同程度的影响，应进行全过程的质量追踪与管理。在构件的生产过程中，原材料会影响构件的物理性能，从而影响构件质量，应对原材料的使用进行质量管理，如：水泥、砂、石、钢筋、外加剂等；模具的使用也会影响构件尺寸的精度。在构件的堆放和运输过程中，预制工厂到施工现场的距离远，构件体积较大，尺寸不一，剧烈的碰撞会造成构件变形、断裂、表面损伤，影响构件的质量。在构件的安装过程中，吊装过程可能导致构件的碰撞，预制构件位置安装的精度也会影响项目的质量，预制构件之间的连接工艺也会对项目质量产生影响（图5-1）。

（2）进度控制难度大

与现浇施工技术相比，装配式建筑项目的施工过程包含：工厂生产混凝土预制构件，运输单位将构件从生产工厂运往施工现场，构件安装人员在施工现场组装预制构件。所涉及的相关单位、人员分处不同的地方，时间计划也缺乏更为细致的安排，这使得现有的进度管理技术并不能有效满足需求，进度控制更加困难，所指定的进度计划也难以有效执行，进度控制过程中存在一系列的不确定性因素将造成实际的进度出现偏差，加大项目进度管理的风险。

图5-1 非承重预制外墙构件的安装

如：在生产阶段，需要保证模具、钢筋、预埋件、混凝土等材料的足量和按时供应；在现场装配阶段，需要供应预制构件、施工材料，在施工过程中若出现所需资源的供应不及时或因为存储、运输过程中操作不当导致材料损坏，将会增加个别工序的等待时间，使得下一工序的开始时间延后。相比传统的施工技术，由于装配式建筑发展还不成熟，施工方案、构件生产计划、施工进度计划容易出现计划安排不合理，导致已制定的计划无法得到落实，从而加大装配式建筑项目进度控制难度。

（3）成本管理更为复杂

目前，在成本管理方面也越来越多地关注装配式建筑项目的全生命周期成本。即：在考虑资金时间价值的情况下，全生命周期内建筑产品所发生全部费用的折现值之和，涵盖了项目决策阶段的决策成本、设计阶段的设计成本、建造阶段的建造成本、运营阶段的运营成本、拆除报废阶段的拆除成本。

由于施工工艺的变化，装配式建筑的成本与传统现浇施工技术的成本构成也不一致，如在设计阶段，装配式建筑需要考虑预制构件的拆分设计费、模具设计费、详图设计费、装配施工设计费等；在建造阶段，装配式建筑还需要考虑预制构件的产品及运输费用、吊装及机械使用费等。相比传统的现浇技术，装配式建筑的增量成本很大程度上降低了参与各方的积极性。有学者选取了两幢在时间、空间和建筑特点，如:建筑层数、建筑面积、层高、结构和建筑设计等方面都十分相近的住宅楼进行了装配式建筑与现浇建筑成本对比分析，发现装配式混凝土建筑的建筑工程成本比传统建筑高 30.9%，相比传统现浇技术，装配式建筑每平方米造价高出 688.18 元左右。装配式建筑项目需要在设计、生产、物流、服务等各个环节实行精益管理，消除不增值作业，从而降低全生命周期成本，提高生产过程的效率。

（4）协同合作要求更高

相比传统的现浇施工工艺，装配式建筑项目实施过程中所涉及的参与方更多，除了业主、设计单位、施工单位、监理单位，还离不开生产企业和物流公司的协作。由于各领域专业性强、集成度高，不仅需要单位内部各工种之间的协同合作，同时装配式建筑项目的管理也离不开各参与主体间的协同工作。

单位内部之间的协同合作，如：预制构件的设计与传统的结构设计相比，需要综合多个专业，如水电工程、消防工程、室内装修设计等进行设计。各参与主体间也需要做到协同合作。如：预制部构件还需要结合生产模具、吊装工具和运输工具进行设计。部件拆分设计的合理性会影响工程进度和质量。如：梁和板拆分过多时，使现浇部件较多，造成工期延迟；梁和板的拆分过少时，会造成预制构件体积和质量较大，使运输和吊装的难度较大。在设计阶段，各参与方分别指派技术人员提前介入，与设计人员沟通协商，提前解决设计与后期生产、运输、装配过程中可能存在的冲突问题，从而能促使设计成果最大程度地满足后续各阶段的使用要求，降低因设计变更对后续生产带来的不良影响。

协同合作的方式和渠道也会影响效果的实现。例如：为方便后期的构件生产和装配，设计人员需要多角度且描述更为详细的视图，如剖面图需要展示构件内部钢筋布置、结构预留洞口、水电管槽、预埋设备等,这必然会产生大量的图纸,从而造成生产单位和施工单位读图困难,一旦图纸理解出现偏差,将会带来成本和进度的风险。

(5)动态信息管理

装配式建筑项目集物质流、资金流、工作流等各种信息流于一体,相比传统现浇技术,信息管理更为复杂。在装配式建筑项目建造过程中,信息需要分享、交流与整合。各参与主体不仅要将信息传递给其他主体,同时也需要从其他参与主体处获取信息。各利益相关者之间点对点、单流向的低效率信息传递方式已经不能满足装配式建筑项目管理的要求。因此,近年来,项目信息的传递与管理方式更加追求全方位、交互式和高效率。

5.1.2 装配式建筑项目管理的内容

装配式建筑项目管理主要包括以下九个方面的内容(图5-2):

(1)范围管理

范围管理的基本内容是定义和控制列入或未列入装配式建筑项目的事项,主要包括:①装配式建筑项目立项;②项目规划,将装配式建筑项目划分为几个较小的单元,更易于管理的部分,如 WBS:工作分解结构(Work Breakdown Structure)的使用;③装配式建筑项目界定:确定一个装配式建筑项目范围说明,作为以后装配式建筑项目决策的基础;④装配式建筑项目核实即项目范围的正式接纳;⑤装配式建筑项目变更控制,控制项目范围的变化。

(2)时间管理

时间管理指确保最终装配式建筑项目能够按时完成而进行的一系列管理过程,包括具体活动界定、活动排序、时间估算、进度安排及时间控制等各项工作。

时间管理主要分为三方面的内容,一是装配式建筑项目管理流程,即:分析工作实施顺序,工作工期和人材机等资源需求,编制装配式建筑项目进度计划;二是装配式建筑项目时间的估算,即:估计每一项工作所需要花费的时间;三是装配式建筑项目进度控制,即:装配式建筑项目达到可交付要求所必须进行的各项具体流程,控制装配式建筑项目进度计划的变化。

(3)成本管理

成本管理是对装配式建筑项目的资源进行控制与管理,控制项目的成本不超过批准的项目预算。它包括资源的配置、成本费用的估算及费用控制等工作。

装配式建筑项目资源规划即确定为完成装配式建筑项目所需资源的种类和数量,包括:

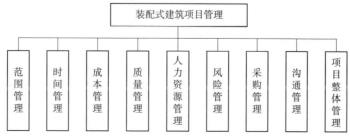

图5-2 装配式建筑项目管理的内容

人力、设备、材料等规划。装配式建筑项目成本预算，即对完成装配式建筑项目各个阶段所需要的资源费用的近似估算，并将费用估算与各单项工作相对应。装配式建筑项目成本控制即控制装配式建筑项目预算变更。

（4）质量管理

质量管理是指通过一系列管理确保装配式建筑项目目标达到所规定的质量要求。其中包括装配式建筑项目质量的规划、控制和保证等。装配式建筑项目质量规划，即明确装配式建筑项目的相关质量标准，并对如何达到标准做出规划。装配式建筑项目质量控制，即监控装配式建筑项目的执行结果，确定是否符合相关的质量标准。装配式建筑项目质量保证，即定期评价总体项目执行情况，提高装配式建筑项目相关人员完成质量标准的信心。

（5）人力资源管理

人力资源管理指通过采取一系列管理措施来保证装配式建筑项目关系到的人的能力和积极性都得到最有效地发挥和利用。主要包括：人员招聘、相关人员的装配式建筑项目管理培训、队伍建设与开发、组织协调、激励、监控、评价等一系列工作。

（6）风险管理

装配式建筑项目在实施过程中可能会遇到各种不确定的因素，通过采取一系列风险管理措施，包括风险识别、风险量化、制定应对措施和风险控制等。尽量扩大并加以利用风险有利的方面，最小化不利方面带来的损失。

装配式建筑项目风险管理包括：①装配式建筑项目风险识别：分析哪些风险因素可能对装配式建筑项目造成影响；②装配式建筑项目风险量化：通过对风险及风险的相互作用的分析评估评价风险发生的可能性和将引发结果；③装配式建筑项目风险应对，即：制定应对措施的措施步骤；④装配式建筑项目风险控制，即对装配式建筑项目实施过程中的风险进行对抗性的回应。

（7）采购管理

装配式建筑项目采购管理指通过一系列管理措施便于装配式建筑项目组织外部获取材料或服务，主要包括：明确物料采购时间和采购的种类和数量、产品需求、依据报价招标等方式选择潜在的卖方、管理与卖方的关系。

（8）沟通管理

装配式建筑项目沟通管理是确保项目的信息能够被项目各参与方及时准确地提取、收集、交互、存储及最终处置的过程，让参与装配式建筑项目的每一个体都懂得自身身份涉及的信息对整个项目的影响。

（9）项目整体管理

装配式建筑项目整体管理指为了正确协调装配式建筑项目各组织所有部门而进行的综合性过程，涉及在竞争目标和方案选择中做出平衡，以满足或超出装配式建筑项目利益相关者的需求和期望，其核心是在多个互相冲突的目标和方案之间做出权衡，来满足装配式建筑项目利益关系者的要求。

5.1.3 装配式建筑项目的管理模式

我国工程项目采取的管理模式有：设计－招标－建造模式（DBB模式）、设计－采购－施工总承包模式（EPC模式）、设计－施工总承包模式（DB模式）、建造－运营－移交模式（BOT模式）、建造－移交模式（BT模式）、建设－管理模式（CM模式）等。随着装配式建筑逐渐成为建筑业发展的主流，寻找与装配式建筑项目管理相适配的管理模式至关重要。目前，装配式项目的管理主要运用设计－采购－施工总承包模式（EPC模式）和传统的设计－招标－建造模式（DBB模式）。

（1）DBB模式

DBB模式为设计－招标－建造模式，强调项目按照先设计、后招标，再建造的顺序实施，前一阶段结束后，后一阶段才开始。首先业主通过招标的方式确定设计单位，设计单位初步设计和施工图设计结束后，业主根据施工图设计进行工程招标确定施工单位，施工单位根据施工合同确定施工范围、权利与义务，由双方共同承担风险，但业主作为主要风险承担方。施工过程中，业主可委托咨询单位对装配式建筑项目的成本、质量、进度进行管理。

这种传统模式应用较为广泛，发展更加成熟。这种模式下，业主处于中心位置，负责各参与单位的协调工作，信息流通不畅，决策有局部性。设计主导作用不强，容易出现设计变更，设计的可实施性差，责任不清，业主工作量大。

（2）EPC模式

结合国外装配式建筑的发展情况，不难发现EPC管理模式在装配式建筑项目中的应用更广，且发挥的效益更佳。EPC模式是工程（Engineering）、采购（Procurement）和施工（Construction）的缩写，为设计－采购－施工总承包模式，指由于业主的委托，总承包商全面负责和统筹装配式建筑工程项目设计阶段、采购阶段、施工装配阶段和运营阶段等全过程或若干阶段的项目实施工作（图5-3、图5-4）。

EPC模式下，有利于系统化、组织化地实现装配式建筑项目的精益集约化管理。由于总承包商全面负责装配式建筑项目的设计、采购、施工等工作，有利于发挥设计的主导作用，设计的可实施性高，加强设计、采购和施工的工作之间的交叉协调和信息交流，有助于缩短工期。总承包模式可将项目的设计、采购和施工信息列入一个统一的体系中进行管理，可以

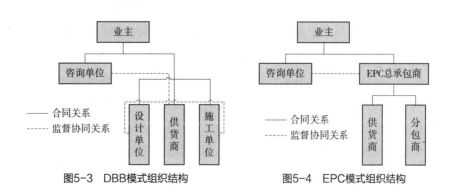

图5-3　DBB模式组织结构　　　　图5-4　EPC模式组织结构

优化配置供应链上的资源，使得装配式建筑项目管理具有整体性和系统性。这种模式下，业主只需要和总承包商签订合同，减少了与招标相关的成本投入，合同关系简单，责任、权利、义务明确，有效减少工程争议和纠纷。总承包商处于核心地位，并承担装配式建筑工程的最大风险。

目前，在装配式建筑项目管路中采用 EPC 管理模式得到了政策支持。国务院在 2016 年 9 月发布的《关于大力发展装配式建筑的指导意见》提到，装配式建筑原则上应采用工程总承包模式。此外，各省市出台的一系列发展装配式建筑的政策文件中也提到装配式建筑项目要优先考虑使用设计 – 采购 – 施工（EPC）总承包、设计 – 施工（DB）总承包等项目管理模式。

5.1.4 装配式建筑项目管理的风险分析

（1）装配式建筑项目设计方面风险

装配式建筑设计，会对后期构件的生产和装配造成直接影响，设计的好坏直接决定了装配式建筑项目的成本、进度和质量，如何设计预制部品部件，如何拆分部品部件都将直接影响施工难度和成本增加的程度。设计阶段，面临着管理风险、技术风险、经济风险和人员风险。管理上，当项目规模较大时，构件的种类、数量大，会造成管理困难；设计、生产和装配过程缺乏协同管理平台，各方之间沟通不足，如果部品部件设计拆分不合理，工厂将无法生产或生产难度加大，可供运输的交通工具缺乏，施工单位吊装难度加大；设计人员的培训体系不完善。技术上，国家关于装配式建筑的设计标准和规范还不完善；软件的适用性和互通性导致设计效率低下；设计精度低造成后期安装困难；建筑、结构、机电等各个专业之间难以做到协同设计，进而影响一体化设计；标准化与个性化的冲突，标准化意味着模板的重复使用次数多，但会造成装配式建筑项目缺乏个性化，个性化则意味着成本和技术难度的提升；构件拆分设计难度大，拆分后可能存在受力不稳定。同时，设计阶段也面临着经济上的风险，例如：设计费用增加、设计变更导致成本增加、人才培训费用的增加。在装配式建筑发展的制约因素中不难看出，设计人员的影响是最大的，如：缺乏专业的装配式建筑设计人才、设计人员缺乏装配式建筑相关的集成设计经验和对装配化建筑设计的认知不足。

（2）装配式建筑项目生产方面风险

工厂根据设计图纸和构件清单进行构件集中生产，所以构件生产企业受设计单位的影响很大。设计精度低容易造成构件质量不合格、特殊节点设计粗略会使构件生产不明确，影响构件生产进度；图纸变更频繁会加大构件生产管理难度；设计标准化程度低，构件生产成本投入加大。其次，预制构件也会面临着企业自身风险。例如：制造人员流动大，导致生产阶段相关信息丢失；材料设备供给不足，导致不能及时交付构件或供应不足；生产人员图纸设计的理解偏差将影响构件生产；生产人员的专业性也会影响构件的质量（构件截面尺寸突变的地方，需要提高混凝土的密实性）。预制构件需要大面积的存放场地，在构件堆放方面，构件种类繁多会造成堆放管理困难，存放时若发生倒塌会造成安全问题和构件损坏，需要专业的堆放管理和合理的堆放顺序。

（3）项目运输方面风险

与传统的现浇工艺的区别还在于装配式建筑需要考虑运输方面的风险。预制构件运输通常包括预制工厂与施工现场的场内运转和预制工厂到施工现场内的场外运输。一般情况下，预制工厂到施工现场有一定距离，需要进行交通工具和路线的选择。在这一阶段，装配式建筑项目的承包单位会面临着物流公司是否可靠的风险。例如：构件丢失问题、构件运输成本过高、构件在运输过程中发生损坏等。对于物流公司，会受到来自预制构件生产企业带来的一系列风险问题。例如：构件生产时质量不合格造成构件在运输过程中的损坏；也会受到来自设计单位的风险问题，如墙板平面尺寸过大，不方便运输等；同时，运输企业还会面临内部风险，如预制构件装车人员的专业程度引发运输过程的质量风险，采用的运输方案和相关措施并未充分考虑构件的受力特征，致使构件在运输过程中发生损坏；司机在运输过程中超速行驶或疲劳驾驶引发的安全问题。除此以外，路线的选择也会引发一系列风险，如某段道路交通拥堵、车辆限行、限高、限重或路面崎岖不平等，这不仅会增加运输时间，也会使构件在运输过程中磨损，影响构件质量，进而影响施工进度与成本（图5-5）。

图5-5 预制构件装车运输

（4）项目装配方面风险

装配阶段，预制的部品部件在施工现场装配而成，预制构件的相关问题也会在这一阶段得到实质性的集中体现。对于施工企业而言，会受到来自设计单位的影响，如设计单位构件设计错误导致构件现场无法装配；吊点设计不合理，导致现场吊装安全风险。会受到生产企业的影响，如生产单位质量保证体系不健全，出厂构件质量不合格；构件生产的尺寸误差，导致施工现场无法拼接；构件未按期交付足额足量生产造成窝工带来成本和进度损失。也会受到来自运输单位的风险，如构件在运输过程中的质量损坏或丢失；还会受到企业自身风险，如吊运构件时交叉作业的协同管理不到位；吊装作业未制定专项的施工方案；吊装人员无装配经验或操作不熟练带来的进度风险；由于构件相似性导致吊装错误；竖向构件就位后，临时固定杆件缺失或支撑不到位导致的安全事故。

5.1.5 装配式建筑项目数字化管理的作用和意义

（1）有助于装配式建筑项目的决策

装配式建筑数字化管理指的是装配式建筑项目管理信息资源的开发和利用以及信息技术在装配式建筑项目管理中的开发和应用。装配式建筑项目管理信息资源的开发和信息资源的充分利用，可吸取类似装配式建筑项目的正反两方面的经验和教训，有价值的组织信息、管理信息、经济信息、技术信息和法规信息将有助于装配式建筑项目决策期多种可能方案的选择，有利于装配式建筑项目实施期的项目目标控制，也有利于装配式建筑项目建成后的运行。

（2）有助于项目全生命周期管理

数字化管理可运用在装配式建筑全生命周期，从装配式建筑项目决策、实施、竣工验收到运营维护及拆除阶段，装配式建筑项目有关的信息和资料得到了数字化的集成。借助数字化管理，规避了因人员流动和失误而导致的信息丢失或遗漏，保证了信息的交互和共享。在装配式建筑项目全生命周期内，业主、设计方、生产企业、物流部门、施工单位等参与方可根据该系统获取相关资料和信息合理配置资源，减少争议，各自的利益需求都会得到最大程度的满足，能让装配式建筑项目的价值得到最大共享、成本最低和质量最优。

（3）有助于建筑信息的数字化集成

数字化管理有助于解决装配式建筑项目参与主体众多，信息交流不便的问题，有利于数字信息的集成和共享。通过集成装配式建筑项目资源配置、资金、进度和设计、生产、运输、安装阶段所产生的图片、文字或电子资料等信息，提高了装配式建筑项目数字化水平，实现装配式建筑项目集成化管理。用数据表示装配式建筑工程施工的相关内容，并实时收集、处理、传递和反馈装配式建筑项目全生命周期过程中产生的数据。在对施工过程中的各种因素进行数字化、信息化的基础上，整体性地解决装配式建筑项目管理中遇到的问题，然后通过数字化管理最大限度地利用信息资源。

将各个参与方的信息整合到一起，便于各个参与方在同一网络协作平台上进行协同合作，通过协作平台快速实时获取相关信息，随时随地进行装配式建筑项目相关问题的沟通，进行各种文件、资料传递，做到信息共享，实现装配式建筑项目参与主体间的协同工作，从而缩短了工期，保证装配式建筑项目进度，提高了工程质量，降低工程成本，实现全生命周期的管理。通过分析项目实施过程中产生的相关数据，通过高质高效的全过程管理，最终实现装配式建筑项目的预定目标。

（4）有助于装配式建筑项目目标的控制

借助 BIM 技术，实现设计模型的可视化，通过将不同专业的设计模型整合在一起，直观反映设计不合理的地方，同时也利于其他参与方利用该模型理解设计，从而减少设计变更或因不理解图纸导致的设计错误，借助 4D 甚至是 5D 模型，能有效地把控装配式建筑项目的进度和成本。由于数字化管理，为项目各参与主体之间的协同合作提供了平台，便于装配式建筑项目进度控制和全过程的质量追踪，使得成本管理更加精益化，规避风险或减少风险损失。因此，装配式建筑数字化管理可以充分高效利用资源，在工程质量达到预期目标时所需成本和时间最小化，获取装配式建筑项目最大的社会经济效益。

5.2 系统功能目标与技术路线

5.2.1 系统功能目标

优质的管理需要建立一套基于 BIM 的安全、可靠、技术先进、性能稳定、整体功能和扩展功能完备的智能化、信息化项目管理系统，通过信息管理云平台将多个部分融为一体，使之成为一个以项目为核心，包含预制构件数字模型输出、构件生产及安装、过程管理等多功能，具体实现以下目标：

（1）全过程

装配式建筑项目管理系统面向的不只是装配式建筑项目建设过程中的单个或几个阶段，而是涵盖工程项目从立项、设计、生产、装配、运输、安装等各个阶段。

（2）全方位

装配式建筑项目的开展需要众多利益相关者的参与，要实现项目管理的数字化，必须要求每个参与方管理的数字化。否则，整个产业链的管理链就不连贯，项目管理的数字化也就难以实现。

（3）智能化

利用先进的信息处理技术，最大限度地扩展人的智能，减轻决策者的压力，实现信息搜索与决策过程的智能化，从而提高决策质量。

（4）信息化

装配式建筑项目由于自身的特性，项目的参与方众多，涉及的信息繁多。因此，尽可能地收集基层数据信息，进行加工、处理、储存及应用，实现装配式建筑全过程的信息化管理，提高各方信息沟通的效率和隐私性。

（5）可视化

可视化一方面是指人机交互界面的友好与直观，即用户与平台的交互更为便捷；另一方面是装配式建筑项目建设的虚拟仿真。装配式建筑项目建设工程的可视化将 BIM 模型轻量化后，增加模型多维立体可视化的可操作性，不仅仅是传统的被动式或观众式的虚拟现实演示，更应该是多感应器交互或互动式的可视化。

（6）集成化

根据装配式建筑项目的生命周期各个阶段的各子功能系统，整合业务流程，提高应用系统业务流程的有效性和连贯性，构建一个企业与企业间协同管理项目的工作环境。

5.2.2 系统技术路线

（1）JAVA 平台

JAVAEE（Java Platform Enterprise Edition）是 SUN 公司推出的企业级应用程序版本，以前称为 J2EE。它能够帮助开发和部署可移植、健壮、可伸缩且安全的服务器端 JAVA 的应用程序。在 JAVASE 的基础上构建的 JAVAEE，能够提供 Web 服务、组件模型、管理和通信 API，便于实现企业级的面向服务体系结构（Service-Oriented Architecture，SOA）和 Web 2.0 应用程序。

本项目将采用 JAVA 平台开发技术。

（2）Spring MVC 模式

采用 Spring MVC 模式来对系统进行开发。MVC 是 WEB 项目开发的重点，通过控制器将视图、用户客户端与模块，业务分开，构成了 MVC。Spring MVC 是 Spring Framework 后续产品，已经被融合进 Spring Web Flow 里面。Spring 的框架为构建 Web 应用程序的全功能 MVC 模块奠定了基础。通过使用 Spring 可插入的 MVC 架构，便于 WEB 开发时，可以利用 Spring MVC 框架或集成其他 MVC 开发框架，如 Struts1，Struts2 等。

1）框架

在策略接口的帮助下，Spring 框架具有高度可配置性，而且包含了多种视图技术，例如 JavaServer Pages（JSP）技术、Velocity、Tiles、iText 和 POI。由于 Spring MVC 框架并不知道使用的视图，随意并不只是局限于 JSP 技术的使用。由于分离了控制器、模型对象、过滤器以及处理程序对象的角色，Spring 框架更容易进行定制。

2）优点

Spring MVC 模式是一个经典的 MVC 构架，是一个 servlet 系统，由于框架自带代码，便于他人理解。在深入应用下，URL 请求控制，减少了 Struts 的声明 URL，减少了烦琐的配置。

3）单元测试

Spring MVC Controller 层的单元测试准备工作如下：

①搭建测试 Web 环境；

②注入 Controller 类；

③编写测试数据；

④注入测试数据。

但只是少了一些而已，同样也会面临着配置文件的管理问题（图5-6）。

（3）MyBatis 技术

MyBatis 是一种持久层框架，它支持定制化 SQL、存储过程和高级映射。MyBatis 几乎避免了所有的 JDBC 代码和手动设置参数以及结果集的获取。简单的 XML 或注解便可以配置和映射原生信息，将接口和 Java 的 POJOs（Plain Old Java Objects，普通的 Java 对象）映射成数据库中的记录。

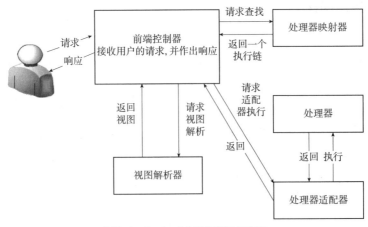

图5-6 Spring MVC框架运行流程

1）优点

①简单易操作：不依赖任何第三方，易于使用。通过文档和源代码便可以完全掌握它的设计思路和实现。

②灵活性：MyBatis 对应用程序或数据库的现有设计不会强加任何影响。将 SQL 写在 xml 里，便于统一管理和优化，通过 SQL 便可以在不使用数据访问框架的情况下基本实现所有功能。

③解除 SQL 与程序代码的耦合：借助 DAL 层将 SQL 和代码分离，即业务逻辑和数据访问逻辑分离，能够更清晰地展现系统的设计，易于进行单元测试和系统的维护。

2）总体流程

①加载配置并初始化。②接收调用请求。③处理操作请求。

MyBatis 的功能架构分为三层：

① API 接口层：开发人员通过 API 操纵数据库。一旦接口层接收到调用请求就会自动调用数据处理层进行具体的数据处理。

②数据处理层：根据调用的请求完成数据库操作，负责具体的 SQL 查找、SQL 解析、SQL 执行和执行结果映射处理等。

③基础支撑层：负责最基础的功能支撑，包括连接管理、事务管理、配置加载和缓存处理，将这些共用的东西抽取出来作为最基础的组件，为上层的数据处理层提供最基础的支撑。

（4）B/S 模式

B/S 模式是指在 TCP/IP 的支持下，以 HTTP 为传输协议，客户端通过 Browser 访问 Web 服务器以及与之相连的后台数据库的技术及体系结构。由浏览器、Web 服务器、应用服务器和数据库服务器组成。在客户端的浏览器通过 URL 访问 Web 服务器之后，Web 服务器请求数据库服务器，并将获得的结果以 HTML 形式返回客户端浏览器。

在这种结构下，用户工作界面是通过浏览器来实现，极少部分事务逻辑在前端（Browser）实现，但是主要事务逻辑在服务器端（Server）实现，形成三层结构。这样减轻了客户端电脑载荷和系统维护与升级的成本和工作量，降低了用户的总体成本（图 5-7）。

B/S 模式维护和升级方式简单。当前，软件系统的改进和升级越发频繁，B/S 架构的产品明显体现着更为方便的特性。B/S 架构的软件只需要管理服务器就行了，所有的客户端只是浏览器，根本不需要做任何的维护。无论用户的规模有多大，有多少分支机构都不会增加任何维护升级的工作量，所有的操作只需要针对服务器进行；如果是异地，只需要把服务器连接网络即可，实现远程维护、升级和共享。

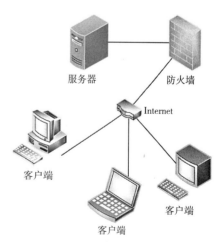

图5-7 B/S模式网络结构

（5）Bootstrap 技术

Bootstrap 是基于 HTML、CSS、JavaScript 的，它简洁灵活，使得 Web 开发更加快捷。是一个 CSS/HTML 框架。Bootstrap 提供了优雅的 HTML 和 CSS 规范，它即是由动态 CSS 语言 Less 写成。

Bootstrap 是基于 HTML5 和 CSS3 开发的，它在 jQuery 的基础上进行了更为个性化的完善，形成一套自己独有的网站风格，并兼容大部分 jQuery 插件。

Bootstrap 包含了十几个可重用的组件，用于创建图像、下拉菜单、导航、警告框、弹出框等。Bootstrap 中还包含了丰富的 Web 组件，根据这些组件，可以快速搭建一个功能完备的网站。

（6）基于面向对象的编程思想的架构设计

整个系统的研发过程将全面采用面向对象技术。面向对象技术是计算机软件的主流技术，随着 Internet 和计算机应用的不断发展，面向对象技术的研究和应用也不断向深度和广度方面扩展。在深度方面，分布对象技术、软件 Agent 技术、构件技术和模式与框架技术为技术发展带来了良好的发展机遇。在广度方面，面向对象技术与电子商务、面向对象与 XML 和面向对象与嵌入式系统等为我们发展新的应用提供了支撑。

面向对象开发方法的研究已日趋成熟，国际上已有不少面向对象产品出现。面向对象开发方法有 Coad 方法、Booch 方法和 OMT 方法等。面向对象主要包括面向对象的分析（OOA）、面向对象的设计（OOD）、面向对象的实现（OOP）。面向对象分析的目的是对客观世界的系统进行建模；面向对象设计是把分析阶段得到的需求转变成符合成本和质量要求的、抽象的系统实现方案的过程；应用系统的实现是在所有的类都被实现之后的事。

（7）多层架构

系统在架构设计将使用多层架构，分层架构可以分离开发人员的关注，某一层仅仅调用其相邻下一层所提供的服务，做到无损替换，避免牵一发而动全身；降低了系统间的依赖；复用性高，同样的层就可以为不同的上层提供服务。

（8）AJAX

在系统开始过程中，大量使用了 AJAX 技术，在提高用户操作体验的同时，也大大减少了网络数据传输量，提高了系统响应速度。

AJAX 提供与服务器异步通信的能力，从而使用户从请求 / 响应的循环中解脱出来。借助于 AJAX，可以在用户单击按钮时，使用 JavaScript 和 DHTML 立即更新 UI，并向服务器发出异步请求，以执行更新或查询数据库。当请求返回时，就可以使用 JavaScript 和 CSS 来相应地更新 UI，而不是刷新整个页面。通过异步模式，提升了用户体验。

对于传统的 Web 应用，每次应用的交互都需要向服务器发送请求，应用的响应时间依赖于服务器的响应时间，导致了用户界面的响应比本地应用慢得多。与此不同，AJAX 应用可以仅向服务器发送并取回必需的数据，优化了浏览器和服务器之间的传输，减少不必要的数据往返，减少了带宽占用。AJAX 引擎在客户端运行，承担了一部分本来由服务器承担的工作，从而减少了大用户量下的服务器负载。

（9）Portal 技术

系统将采用 Portal 技术，实现统一门户，把现有的多个系统集成（数据集成和应用集成），引入单点登录，以实现基础数据和功能的统一。

Portal 是基于 Web 的应用，它主要作为信息系统的展现层，提供个性化、统一登录和内容整合的功能。整合就是将不同来源的信息集中展现在一张网页上。一个 Portal 可以具有很多个性化参数，用来调整为用户定制的内容。对于不同用户，一个 Portal 网页可能由多组不同的页面构件— portlet 组成，portlet 为不同用户生成不同的定制内容。

Portal 的核心思想是网页个性化，它有两个含义：①为不同的网页访问者匹配不同的内容；②为不同的网页访问者提供不同的 portlet 应用服务，并在所能提供服务的基础上根据访问者的不同相应改变处理流程（图 5-8）。

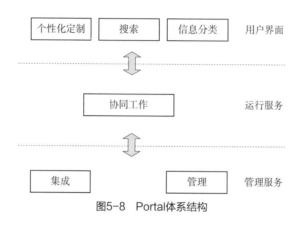

图5-8　Portal体系结构

（10）BIM 技术

系统将应用 BIM 技术在装配式建筑在构件设计、生产、运输、施工等环节。

建筑信息模型（Building Information Modeling）或者建筑信息管理（Building Information Management）是以建筑工程项目的各项相关信息数据作为基础，建立起三维的建筑模型，通过数字信息仿真模拟建筑物所具有的真实信息。

BIM 具有以下特点：

1）可视化

效果图的展示及报表的生成仅是可视化功能的小部分体现，更重要的是在项目设计、建造、运营过程中的沟通、讨论、决策都依赖于可视化的状态。

2）协调性

BIM 的协调作用并不只是解决各专业间的碰撞问题，还可以解决各参与方之间的协同管理问题。

3）模拟性

模拟性并不只是模拟建筑物的设计模型，还可以模拟一些不能够在真实世界中进行操作的事物。例如：节能模拟、紧急疏散模拟、日照模拟、热能传导模拟、施工模拟等。

4）优化性

基于 BIM 的优化可以做到：项目方案优化，即将项目设计和投资回报分析结合，实时计算设计改动对投资回报的影响；特殊项目的设计优化：对于施工难度比较大和易产生施工问题的地方，进行可视化设计和施工方案模拟优化，可以带来显著的工期和成本改进效益。

5）可出图性

通过对装配式建筑设计结果进行三维可视化展示、协调、模拟后进行设计优化，并能够提供碰撞检查和设计修改以后的图纸；碰撞检查侦错报告和建议改进方案。

6）一体化性

基于 BIM 技术可进行从设计到施工再到运营的贯穿工程项目的全生命周期的一体化管理，可以容纳从设计到建成使用，甚至是使用周期终结的全过程信息。

7）参数化性

BIM 中图元是以构件的形式出现，这些构件之间的不同，是通过参数的调整反映出来的，参数保存了图元作为数字化建筑构件的所有信息。

8）信息完备性

信息完备性体现在 BIM 技术可对工程对象进行 3D 几何信息和拓扑关系的描述以及完整的工程信息描述。

（11）Web Service 技术

Web Service 解决了地理差异带来的计算机和设备工作的局限性，让不同区域的计算机和设备一起工作。用户可以决定获取信息的内容、时间、方式，不必在无数个信息孤岛中浏览和寻找相关信息。

Web Service 采用标准规范的 XML 描述操作的接口，描述涵盖了与服务交互所需的全部细节，包括消息格式、传输协议和位置。Web Service 接口隐藏了实现服务的细节，其使用可独立于软硬件平台的服务。通过独立的、模块化的应用，可通过因特网来描述、发布、定位以及调用，便于面向组件和跨平台、跨语言的松耦合应用集成的实现，在分布式环境中有利于实现复杂的聚集或商业交易。

Web Service 具有特点：

1）良好的封装性

Web Service 是一种部署在 Web 上的对象，因此具备对象的良好封装性，如使用者仅能看到服务的描述。

2）松散耦合

当 Web 服务的实现发生变更时，只要 Web Service 的调用接口不变，调用者并不会感到 Web 服务的实现变更，且这种变更是透明化的。XML/SOAP 是 Internet 环境下 Web 服务一种比较适合的消息交换协议。

3）协议规范

Web 服务使用如 WSDL 等标准的描述语言进行服务描述；服务注册机制即使采用标准描述

语言也不妨碍服务界面的发现；同时，标准描述语言不仅用于服务界面，也用于 Web 服务的聚合、跨 Web 服务的事务、工作流等。其次，Web 服务的安全标准也已形成；最后，Web 服务是可管理的。

4）高度可集成能力

由于 Web 服务采取简单的、易理解的标准 Web 协议作为组件界面描述和协同描述规范，完全屏蔽了不同软件平台的差异，无论是 CORBA、DCOM 还是 EJB 都可以通过这一种标准的协议进行互操作，实现了在当前环境下最高的可集成性。

（12）XML 技术

XML（Extensible Markup Language，可扩展置标语言）是一种数据交换格式，可标记内容进行信息的传输，也允许自行定义任意复杂度的结构。允许数据在不同的系统或应用程序之间交换传输，通过网络化的处理机构来遍历数据，数据可由每个网络节点存储或处理，结果也可传输给相邻节点。这是一组用于设计数据格式和结构的规则和方法，便于不同的计算机和应用程序读取的数据文件的生成。

XML 所具备如下特性：

1）优化复杂数据处理

作为一种结构化数据，XML 简单的编码规则使得可以使用 ASCII 文本和类似 HTML 的标记来描述数据的任何层次。

2）使底层数据更具可读性和标准性

若协议在数据表示时都采用 XML 格式进行描述，由于网络之间传递的都是简单的字符流，可以利用 XML 解析器解析和 XML 不同标记，对网络之间传递的简单的字符流进行区分处理，使底层数据更具可读性和标准性。

3）增强网络管理软件的灵活性和可扩展性

通过 XML 模板构建被管网元模型，可以实现用最少的对象模型来描述最多种类的网元对象；尽量避免模糊各厂家产品自身的可管特性；相同的数据结构来表示复杂或简单的层次结构；通过 XML 模板更加方便地得到网络管理的五大功能模块所需的管理数据；借助足够的扩展空间避免出现新的被管网元对象时模型的不适应现象；提升了基于 WEB 的网络管理方式 XML 在 WEB 应用上的优势。

（13）JSON 技术

JSON（JavaScript Object Notation）是一种轻量级的数据交换格式，是基于 JavaScript（Standard ECMA-262 3rd Edition – December 1999）的一个子集。其文本格式完全独立于语言加上类似于 C 语言家族习惯（包括 C，C++，C#，Java，JavaScript，Perl，Python 等）的使用，使 JSON 这种数据交换语言便于阅读和编写，同时也方便机器解析和生成，还可以存储 JavaScript 复合对象。

5.3 系统总体应用框架

在建筑物联网的基础下，从装配式建筑全生命周期的角度出发，利用数据服务接口进行

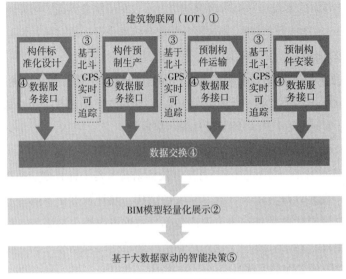

图5-9　系统总体应用框架

数据交互，各阶段之间实现建筑构件的实时可追踪，最后在终端设备上实现 BIM 模型的轻量化展示，同时通过基于大数据驱动的智能决策技术对各阶段生产提供决策支撑（图 5-9）。

基于装配式建筑全生命周期管理研究，系统的总体应用框架如下：建筑物联网体系结构、BIM 模型轻量化展示体系结构、基于北斗、GPS 定位的实时可追踪体系结构、基于 P-BIM 建筑信息模型数据交换体系结构、基于大数据驱动的智能决策体系结构，解决预制装配式建筑设计、生产、运输和施工各环节中协调工作的关键问题，建立完整的基于物联网和 BIM 的装配式信息管理平台。

（1）建筑物联网体系结构

由感知层的各类传感器实时采集各个环节下装配式构件的数据，经由网络层借助相应的网络协议上传到信息管理云平台统一管理，为建筑物联网的数据共享提供平台支持，最后应用层的终端设备可以查看相关构件的详细信息，依据构件库模型按照构件类型、楼层、轴线位置、安装顺序、施工进度计划进行分类，指导构件的安装。

（2）BIM 模型轻量化展示体系结构

通过共同研发的模型轻量化算法，利用有针对性的数据压缩及还原技术可以将原有模型大小减少 85% 左右。使得 BIM 模型从传统的桌面端软件走向 Web 端、移动端，不受浏览器计算能力和内存限制等方面的影响。将 BIM 技术与互联网技术结合，将业主、设计单位、构件生产单位、运输物流单位、施工单位的需求由线下转移到线上应用，通过互联网的方式提供 BIM 技术应用与服务。模型轻量化后，降低了模型对计算机性能的要求，也便于高效快速地处理数据。

（3）基于北斗、GPS 定位的实时可追踪体系结构

由北斗卫星导航定位系统、GPS 定位系统、无线通信、构件二维码、二维码扫描器等组成。二维码扫描器扫描建筑构件的二维码后，把构件的信息数据通过接收端口与北斗 /

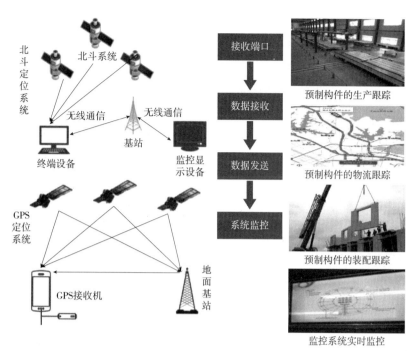

图5-10　北斗定位追踪体系

GPS 导航电路实时通信，读取此刻构件的位置信息，再利用无线通信发送给监控设备。在装配式建筑建设的全阶段实现构件物流运输状态跟踪、施工现场构件拼装指导及错误预警等功能。便于预制构件生产单位和安装企业及时获取物流信息，开展构件的出厂和进场工作（图 5-10）。

（4）基于 P-BIM 建筑信息模型数据交换体系结构

P-BIM 数据共享和交换平台由数据服务接口、缓存中心、管理工具、服务组成，数据服务接口作为核心组成部分，并且将 P-BIM 接入 HIM 方法，解决 BIM 在异构系统间的数据交换问题。装配式建筑管理信息系统云平台与移动 APP 端的数据交互方式，采用 Web Service 的方法进行调用与数据传递。传递过程中的数据，采用 DES 对称加密算法进行数据保护，以防数据直接被截取。

（5）基于大数据驱动的智能决策体系结构

依托相关的大数据分析软件，装配式建筑产业链条上的利益相关者通过智能化决策体系结构优化装配式建筑全生命周期内的各个环节，实现全过程的准确决策。首先将智能设备的各项参数或者运行指标，通过数据清洗、数据融合等方法找出数据之间的关联关系，然后利用数据分析方式获取构件的生产规律和构件的运输规律等，辅助决策者进行智能决策。

5.4　系统架构

整个系统设计层次结构如图 5-11 所示，分为应用层，平台层，基础层。

图5-11 装配式建筑项目数字化管理系统架构图

基础层涵盖了计算机资源、存储资源和网络资源。平台层作为系统的核心，是用户操作模型和数据的关键纽带，包括了：模型轻量化、北斗、应用二维码、移动应用、搜索引擎、GIS引擎、接口适配、数据交换、IONIC。应用层包括了装配式建筑建造流程中各阶段的参与主体，使用者可在授权后通过终端登录，借助该系统可对项目各阶段的信息和数据进行查看、提取、修改等，通过使用BIM软件功能、数据存储及信息跟踪等服务，可支持全过程实时监控项目各目标实施情况，实时掌握项目动态。

5.5 主要功能

装配式建筑信息化管理系统：包括装配式建筑管理信息系统、装配式建筑项目可视化展示、数据交互三大块内容，功能结构如图5-12所示。

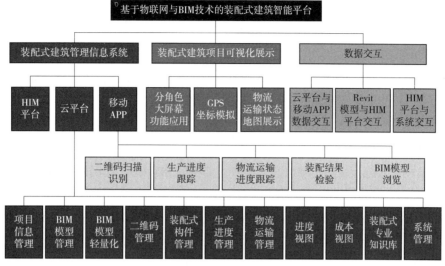

图5-12 装配式建筑项目数字化管理系统功能结构图

5.5.1 项目的管理

借助该系统，可为业主提供解决方案，使用系统可以查看构件从设计到安装的全过程的信息，为其后续过程管控、运维提供可视化的帮助。为企业管理者提供解决方案，使用系统可以查看任意时刻合同的执行情况，了解制造、建造等细节。

以项目为主线，实现项目基本信息、项目资料等数据的维护，以及串联项目各阶段的信息，实现项目全过程信息管理。

（1）工程概况信息

用户通过此操作将实现工程概况信息包括：项目名称、项目类别、项目总概预算、计划开工日期、计划竣工日期、主管单位、建设规模以及项目地点等的新增、修改及删除等功能。

（2）项目组织架构

主要实现进行项目信息登记时，同步完成的项目组织架构信息的登记工作，满足项目参与各方对信息管理云平台使用的需要。

（3）项目资料

主要实现项目资料按类别进行上传、下载及在线预览的功能，并能自动汇总到项目资料档案中进行查阅等功能。在上传资料附件时需先选择系统定义的项目资料目录，这样上传到系统的数据就自动归转到项目资料管理对应目录中去，实现资料数据的自动归集，并能实现常用Office文件的在线预览功能（图5-13）。

图5-13 装配式建筑项目数字化管理系统项目管理功能

5.5.2 构件的设计管理

创建 BIM 预制构件库,实现预制构件分类、编码。依据设置的排版规则,在系统中实现构件的标准化自动设计。该系统可为图纸设计、预算部门提供解决方案,可以通过识别 CAD 设计图纸,或使用 Revit 三维模型,计算输出预制构件 BIM 模型、预制构件工程量清单,装配顺序和装配时间要求。该系统支持:

(1)上传和解析

用 Revit 创建好模型之后,导出 SFC 文件;切换到 BIM 模型菜单模型管理页面,上传模型文件后,系统自动进行模型轻量化处理。

Revit 模型包括的数据量非常大,一个典型的建筑面积为 30 万 m² 的土建结构幕墙的模型,其大小可能就达到 1.7GB,如此大的数据量,如果直接在系统中进行传输、处理,效率将非常低,对硬件设备及网络带宽要求也非常高。所以对模型通过技术手段进行轻量化非常必要。目前,国内已有相关软件通过自己特有的模型轻量化算法,可以将模型大小减少 85% 左右(图 5-14、图 5-15)。

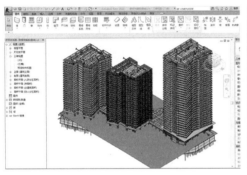
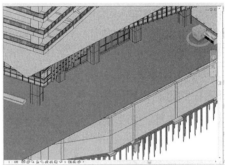

图5-14　Revit软件中显示的原始模型　　　　图5-15　模型细节展示

模型轻量化主要通过有针对性的数据压缩及还原技术来实现。基于 BIM 的三维模型轻量化技术,实现标准化网络传输和模型的高速动态解析,支持面向互联网和移动终端的 BIM 模型在线查看。

渲染展示轻量化之后,在浏览器中显示的效果(图 5-16)。可以看到,模型的细节基本都得以保留,并不影响后续应用(图 5-17)。

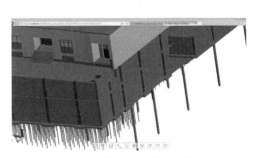

图5-16　模型轻量化后效果展示　　　　图5-17　模型轻量化后效果细节展示

（2）模型文件的查看

1）通过浏览器，以网页的方式实现建筑模型按单体建筑、楼层、构件类型、构件多层次、多视角的浏览。

2）查看构件详细信息。点击构件，可以查看构件的RFID编码、构件二维码、设计信息、深化信息、生产信息、物流信息、安装信息等，比如点击构件的设计信息，可以清楚构件对应的设计单位名称、设计师名字、图纸编号、混凝土等级、构件尺寸、配筋等重要信息。

3）系统解析模型后自动生成所有的构件，并输出到构件管理页面的构件清单中。在构件清单中可以一键生成二维码，生成二维码后支持一键打印，并提交给生产单位。

5.5.3　构件生产管理

基于BIM技术进行构件生产进度的可视化展示；利用二维码标签对构件生产进行跟踪管理，全面记录构件的生产信息、当前状态（未排期、待生产、正在生产、生产完成）等情况。

为生产部门提供解决方案，通过信息管理云平台，可以按项目得到预制构件工程量清单和预制构件BIM模型，以便安排生产，同时可以将生产数据输入信息管理云平台。构件生产厂商，可以通过登录信息管理云平台直接输入预制构件生产开始时间，生产结束时间等信息。生产进度管理如图5-18所示。

图5-18　生产进度管理的计划设置

5.5.4　构件的运输管理

根据施工进度合理制定预制构件的运输计划，避免构件运输不及时延误现场施工或施工现场构件堆放过多的问题；基于GPS对车辆进行实时定位和运输线路规划，实现构件运输的可视化智能调度；基于二维码技术和数字化管理云平台，建立预制构件的跟踪监控系统，实现高效的数据采集和实时物流信息的传递共享。

为仓储物流部门提供解决方案，通过信息管理云平台可以按项目得到预制构件生产数据，以及预制构件装配顺序和时间要求等信息，以便安排仓储、配送。仓储和物流部门，可以通过以下方式输入预制构件入库、出库、发货、到货时间信息：登录信息管理云平台改变运输状态，或使用移动设备扫描构件二维码的方式输入。

5.5.5　构件的装配管理

通过移动 APP 扫描构件二维码，获取构件安装信息，指导现场作业；将构件安装进度在 BIM 模型中实时展示，并自动校验施工工序的合理性；基于北斗卫星定位系统实现厘米级的安装定位，辅助构件吊装就位，提高安装效率。

为施工部门提供解决方案，使用系统可以导入、模拟、分析、验证、调整施工进度，可以现场查找包装信息或者待安装位置等信息，可以快速记录、反馈、跟进施工现场实际状况。

构件安装部门，可以通过登录信息管理云平台直接输入预制构件计划安装时间，安装结束时间等信息。装配进度管理如图 5-19 所示。

图5-19　装配进度管理

5.5.6　项目各个维度数据的统计分析

（1）进度视图

通过 BIM 模型直观掌握项目整体进度，可以查看构件生产日期、出厂日期、进场日期、安装日期。

针对生产单位、运输单位、施工单位，站在不同的视角会有不同的进度情况，提供个性化的着色模式模型浏览功能（图 5-20）。通过统计分析，查询预制构件计划生产时间、实际生产时间、计划安装时间、实际安装时间，以及构件所在状态（如加工、运输、进场、已安装等）。

图5-20　BIM模型不同颜色的进度状态展示

根据原先制定的项目计划，结合各构件实际的进度状态信息，可以图形化的方式显示进度情况。红色表示相应的构件等待装配，蓝色的表示构件正在装配，灰色的表示构件还未交付。

（2）成本视图

结合 BIM 模型查看项目各阶段计划支付成本、实际支付成本（图 5-21）。

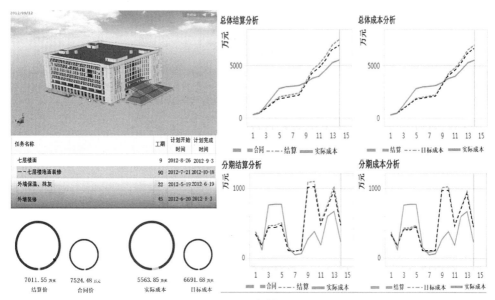

图5-21 成本视图

结合 BIM 模型查看成本状况，统计分析项目计划累计支付金额、实际累计支付金额，各阶段计划支付金额、实际支付金额（图 5-22）。

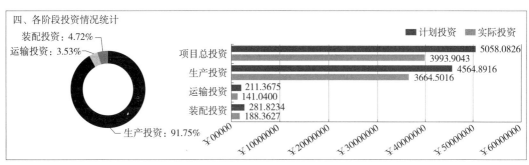

图5-22 项目成本统计数据图表

5.5.7 专业知识库管理

专业知识库提供对装配式建筑构件生产、安装的工艺工法、技术标准等相关资料的收集整理、维护以及各种检索功能（按照关键字或者全文检索），或通过和实例教学模型的相应构件关联，点击模型上的构件就可查看该类构件的相关专业知识，如图 5-23 所示。

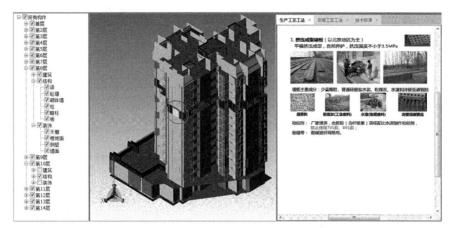

图5-23 装配式建筑项目数字化管理系统专业知识库功能

可收集图片、Word、Excel、PDF、视频等格式文件。例如，关于"钢筋混凝土内墙板"相关专业知识介绍，包括其生产工艺工法、安装工艺工法、技术标准。

6 装配式建筑数字化设计

近年来在我国建筑设计行业，创新建筑技术迅猛发展，数字化设计技术作为一支重要的生力军，在装配式建筑设计领域中发挥着非常重要的作用。装配式建筑设计从设计概念上和传统的建筑工程设计是相同的，其中设计内容主要包括规划、建筑结构、给水排水、电气、设备和装饰等，设计流程包括方案设计、初步设计和施工图设计。装配式建筑设计的原理和传统设计是相同的，但由于装配式建筑的构件生产是在工厂里面进行的，构件需要标准化才能使工厂生产要求达到特定的的规模。当前数字化设计技术的应用程度尚且较低，主要应用在辅助绘图方面。同时，信息数字化时代的到来，使得建筑设计方法与技术手段相对以往有了很大的提高与进步，为更好地推进装配式建筑设计的可持续科学发展，迫切需要加深认识数字化设计技术，促使数字化设计技术的应用，使得建筑师能更好地适应数字化时代的变革。

6.1 装配式建筑数字化设计理念

6.1.1 数字化设计起源

基于装配式建筑的特点，构件的设计要求包括满足结构安全、建筑表现和使用功能，同时要利于工厂的生产和现场的装配。设计过程中需要充分考虑加工与装配的要求，并将后期环节的协同配合前置。装配式设计信息用于指导后续的加工生产，因此其精细程度需要达到一定深度并保证准确，才能发现和避免设计、生产、装配问题。再者，数字化设计技术可以使设计模型关联设计、生产及装配相关信息的同时实现信息数据自动归并和集成，进而实现建筑模型与装配式建造过程各阶段的信息关联。数字化设计技术的运用不仅便于后期工厂及装配现场的数据关联和共享，更能有效地解决各环节信息不对称的问题。建筑设计领域逐渐融入复杂性理论，其中在建筑设计领域形成的全方位数字化转变主要体现在以下两方面：

（1）设计工具的发展

建筑设计数字化转变的技术基础是设计工具的改进，显著的特征是CAAD（Computer Aided Architecture Design）作为手工设计的替代工具逐渐发展为建筑师优化设计思维的辅助工具。其中兴起的参数化设计通过整合设计过程中的多种影响参数，在此基础上形成完善的方案并生成逻辑链条，进而有效地实现方案的快速迭代。近年兴起的建筑信息模型（BIM）相当于运用一种虚拟建筑手段，即在数字化的世界里完成装配式建筑建造的全过程，以上两种技术相辅相成，不断提高设计工具能力，促进了真实的"数字化建筑"的实现。

（2）设计思维的更新

建筑设计数字化转变的核心内容包括逻辑与参数控制思维。建筑设计的思维过程的核心是图示思维，过程中综合运用多种思维方法。手绘草图是数字技术介入以前直观展现建筑师的思维过程的媒介，随着数字技术的介入，借助数字化建模工具可以将这种思维过程转化为对图示生成背后的逻辑的控制。主要表现为在直观的交互界面内，通过逻辑运算和三维造型能力，为设计提供更大的自由度。再者，例如文字、图像、数据等各种类型的设计信息，在数字技术工具的平台上转变为统一的参数，计算机与人可以通用地对其进行阅读，并以此为基础进行参数的控制。数字化设计逐渐纳入社会、环境、技术等因素，将建筑设计视为一个内外双向运作的过程，设计思维逐渐重视对信息的分析及逻辑的解读。

预制和装配是建筑工业化的重要实现手段之一。由工厂预制和现场装配组成的建筑的生产过程，能实现或接近实现联合国定义的工业化的6条标准，包括生产的连续性、生产物的标准化、生产过程的集成化、管理的规范化、生产的机械化、技术科研生产一体化。装配式建筑作为新型建筑工业化建造方式体现了我国行业内广泛认同的"五化"，即标准化设计、工厂化生产、装配化施工、一体化装修和信息化管理的创新建造理念。其中，标准化设计是装配式建筑方式的重要内容，其核心是实现建筑生产过程的标准化、集成化、机械化、信息化和自动化。

6.1.2　数字化设计意义

（1）加强设计一体化

数字化设计与传统装配式建筑设计相比更强调专业间的协作，同步进行的设计包括土建设计中的各专业、室内装修设计、二次部品设计等专业，不同专业之间既相互制约又互为条件。其中各专业设计随着土建设计的进行逐步地深化、完善，设计的同步化和一体化除了要关注内装设计、部品设计的条件，下游环节的构件、部品生产、运输、施工等客观条件也需要得到相应的关注，因此设计过程通常需要对建造过程进行模拟，得出可能会发生的问题，进而制定相应的预防方法。

（2）完善设计合理性

数字化设计的保证需要充分了解和利用构件生产工艺、施工技术水平和设备条件，唯有在此基础上考虑设计阶段本身的合理性才能更加有效地体现数字化设计的经济效益。

（3）提升设计完成度

在数字化设计阶段过程中，所有部品、构件的设计文件都应该完成了深化设计。同时，设计还会对构件的多种样品、详细报价进行比较，通过前移传统建筑在施工阶段不容易控制的二次深化内容至设计阶段进行，进而提升设计文件的完成度，并且明显加强施工阶段设计文件对工程质量、效果的可控度。

（4）提高设计经济性

数字化设计对成本控制意义重大，因为设计会直接影响装配式建筑构件、部品生产模具重复使用的次数和模具加工生产的难易程度。可见，模具的不恰当使用会影响运输效率、吊装设备效用，进而增加运输成本和施工成本，最终造成构件成本的增加。然而，由于传统建筑建造阶段的分离，施工成本和材料成本基本不会受到设计的影响。

图6-1 基于BIM的协同设计

6.1.3 数字化设计目标

（1）协同设计

基于平台化设计软件，三维协同设计的实现需要统一各专业的建模坐标系、命名规则、设计版本和深度，并对各专业设计协同流程、准则和专业接口加以明确，以实现各个专业间的信息共享以及数据顺畅流转，包括装配式建筑、结构、机电、内装等。当前，BIM技术为数字化设计中信息的无缝衔接提供了协同平台（图6-1），可以对组装后的建筑模型、结构模型、机电模型自动进行碰撞检查，有利于建筑、结构、机电模型的同步修改。

（2）产业优化

建立基于全产业链的装配式建筑标准化、系列化的构件族库和部品件库，有利于加强通用化设计，提高设计效率。各标准化族库的建立应满足预制构件工厂生产加工、利于物流运输、易于现场装配的需求，实现设计信息、生产信息、装配信息的一体化的建筑模型的构建。

（3）信息共享

信息共享要求与BIM模型相关联的二维图纸信息、数据库信息在模型经过更改后自动关联相应的更改信息，进而保证模型与数据信息的一致性。可见，装配式建筑模型与各个建造阶段的信息关联可以实现信息数据自动归并和集成，进而便于后期工厂生产和现场装配的数据共享和共用。

（4）质量保证

装配式建筑按照工业化生产的建造流程并采用严格的工艺要求进行设计、生产、施工，实现了工序标准化，代替了传统建筑的粗放管理。主要表现为用机械化作业取代手工操作，用工厂化生产取代现场作业，用地面作业取代高空生产，用产业化工人取代零散施工。通过转变建筑业生产方式来实现建筑质量和性能的提升是装配式建筑的重要本质，主要体现在以下几个方面：

1）系统性集成提升性能：协同各专业性能要求，包括建筑、结构、机电、装修等。集成建筑功能、结构体系、机电布置、装修效果功能，保证各专业相匹配，从而全面提升建筑性能。

2）精益化建造保证质量：装配式建筑通过提高结构精度，协同各专业接口标准，统筹精准预留预埋，保证安装的精准和正确，减少渗漏、开裂等质量通病，确保按工业产品的标准交付优质的房屋。

3）全体系集成避免浪费：通过设计、加工、装配各个环节的协同工作，避免资源重复投入或返工拆改造成的资源浪费，进而保证质量。

4）开放空间延长建筑寿命：装配式建筑能够通过装配化集成技术实现内装修、管道设备与主体结构的一体化,使建筑具备结构耐久性。室内空间在全寿命周期内可根据需要灵活多变,装修及设备管线可更新,进而体现创新建造方式兼备低能耗、高品质和长寿命的优势。

（5）效率提升

施工进度是工程项目的重要管控对象,装配式建筑的一个显著特点就是能有效缩短工程工期,进而满足施工进度的管理目标。另外,更能显著地提升房屋开发建设期的抗风险能力,提高建设方的投资资金的周转率,提升盈利水平,其重大潜力主要体现在：

1）标准化设计提高工效：建筑工业化的关键在标准化,要大量、高速地建造就必须利用机械施工；要机械施工就必须使建造装配化；要建造装配化就必须将构件在工厂预制；要预制就必须使构件的类型、规格尽可能少,并且要规格统一,趋向标准化。

2）一体化协同缩短时间：通过协同各专业建筑、结构、机电、装修等,减少多专业错漏碰缺等通病导致的二次返工、拖延工期等问题。

（6）资源节省

预制工厂现场作业的粉尘、噪声、污水大大减少,施工现场也没有以往的脚手架和大量湿作业,大幅度减少了工人密度。根据 2016 年以来若干个装配式建筑工程实践的统计,采用装配式建筑的新型数字化建造方式,可以在施工过程中节水 80%、节材 20%、节时 30%。实践证明,装配式数字化建造过程可很好地实现"四节一环保"的目标,响应国家节能减排和绿色发展的号召。

6.2 装配式建筑设计基本内容

设计环节是装配式建筑方案从构思到形成的过渡过程,是建筑细节和方案决策的关键阶段,也是建筑信息产生并不断丰富的过程。然而,装配式建筑系统性的特征对设计环节提出了极高的要求。BIM 的体化设计对基点、轴网、坐标系、单位、命名规则、深度和时间节点进行统一,为建筑、结构、机电、装修各专业模型的搭建提供了平台化的基础。再者,在建筑标准化、系列化构件族库和部品件库中,各专业还可以选择相互匹配的构件和部品件等模块进行模型组建,进而提高建模的标准化程度和效率。此外,各专业进行的设计流程的协同工作,有利于不断丰富 BIM 模型信息,实现集成各专业设计信息的综合设计模型的最终形成。

6.2.1 建筑设计

装配式建筑和传统建筑有着相同的设计理念,即首先进行建筑方案设计,方案通过以后,再进行建筑初步设计。建筑设计往往是在建筑规划设计完成后根据其设计要求来进行。当前的装配式建筑设计都广泛使用建筑信息化软件,与传统设计相比,在建筑初步设计的过程中所采用的方法和使用的计算机软件有很大的不同。BIM 作为一种建筑信息化管理软件,集成了建筑工程的所有工程实施过程管理。装配式建筑的设计是按照建造的实践流程利用 BIM 软件的建筑设计模块进行的。

（1）建筑整体设计

1）设计流程

按照传统的建筑设计的理念，装配式建筑的整体建筑设计也需要考虑用户的需求、建筑的功能、建筑的体量、立面的美观和环境的融合度等因素。但是装配式建筑设计流程相对于传统的建筑设计存在着相对的差异，如图6-2所示，主要表现在具体的平面、立面、剖面和构造详图设计上。装配式建筑设计流程通常为：在建筑整体设计中可以采用草图方式，根据手绘建筑草图在BIM软件的建筑设计模块上作建筑构件设计，根据完成后的构件设计要求把构件组装成三维建筑整体模型，最终生成建筑的平面、立面和剖面图。

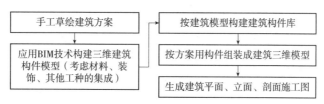

图6-2 装配式建筑设计流程示意图

装配式建筑模型是一个包含装配体、子装配体与单个设备等有关的全部数据的建筑信息模型，在一个统一的三维建筑信息模型中将数据联系在一起，并对装配体的装配方式、装配的程序加以说明，装配式建筑三维设计图如图6-3所示。装配式建筑的设计过程需要将建筑构件设计、构件生产工艺、构件装配工艺、后期的构件维护工艺人员纳入其中。通过BIM软件体系仿真后得到模型结果，直到满足需求为止。

2）设计特征

装配式建筑设计工作环节总结起来可以细分为以下5个阶段：技术策划阶段、方案设计阶段、初步设计阶段、施工图设计阶段以及构件加工图设计阶段。装配式建筑的设计工作主要表现为以下五个方面的特征：

①流程精细化：为满足装配式建筑的建设流程更全面、更综合、更精细的要求，在传统的设计流程的基础上，增加了前期技术策划和预制构件加工图设计两个阶段。

②设计模数化：建筑工业化重要基础的模数化，有助于实现建筑构件、部品之间的统一，建筑模数的控制通过从模数化协调到模块化组合，使预制装配式建筑迈向标准化设计。

③配合一体化：装配式建筑设计阶段应充分协调各专业和构配件厂家，各利益相关者充分配合，进而做到主体结构、预制构件、设备管线、装修部品和施工组织的一体化协作，优化设计成果。

④成本精准化：装配式建筑的设计成果是构配

图6-3 装配式建筑设计图

件生产加工的直接依据，在同样的装配率条件下，投资成本的变化受预制构件的拆分方案的影响较大，因此控制设计的合理性有利于提高项目的经济效益。

⑤技术信息化：BIM 作为一种信息化技术方法，集成表达几何、物理和功能信息等功能，有效支持建筑项目全生命周期的决策、管理、建设及运营。将 BIM 技术应用于装配式建筑的数字化设计建设，可以提高预制构件设计完成度与精确度。

（2）建筑构件设计

1）预制构件设计原则

装配式建筑预制构件的设计需要减少应用的构件种类，因此应该坚持模数化、规范化的原则，进而保证构件的精确化与规范化，有效降低工程造价。对于装配式建筑中的降板、异形、开洞多等施工位置，可以采用现浇施工形式。预制构件设计要注意成品安全性、生产可行性与方便性。预埋吊点与构件脱模数量需要根据预制构件尺寸的增大而合理增加，并结合当地的建筑节能要求，通过设计合适结构的预制外墙板，保证满足散热器与空调的安装要求。对于建筑构造中的非承重内墙在性能上应该尽量选取隔声性能好、容易安装、自重轻的隔墙板，室内空间的划分应该结合应力作用，保证预制装配式建筑模块灵活组合，并确保主体构造与非承重隔板连接的可靠性与安全性。

构件的后期生产是一个集成化与批量化的生产过程，需要建立一定的数量规模，才能体现经济效益。因此，建筑产品的标准化是构件工业化生产的重要基础，也是装配式建筑构件设计的重要内容。相当于统一标准的建筑物要满足生产标准化，设计就需要模数化和标准化，更要集成化。

2）内装修设计原则

部件、装修、建筑一体化是装配式建筑内装修设计要遵循的重要原则，并依据国家有关的规范设计部件系统，达到节能环保、安全经济的要求，同时完成集成化的部品系统，成套供应与规范相符的部件。通过优化构件与部品接口技术参数公差配合，可以实现构件与部品的通用性与兼容性的完善。装配式建筑内装修设计需要根据设备材料和设施在不同环境下的现实使用状况，进而得出合适的使用年限。另外，在装修部品方面，简化后期安装应用和维护改造的工作应该以适应性与可变性为主。

6.2.2 结构设计

装配式建筑的结构设计方案的可行性、实用性要求在设计过程中注意掌握设计要点。综合效益最大化的实现需要在确保建筑物安全性、功能性的前提下，注意能源损耗控制，通过专业、标准、精细的设计更加全面地确保设计方案的标准。在装配式建筑结构方案设计中，根据对建筑物的功能需求，首先对建筑物的平面、户型、外观、柱网、变形缝布置等进行深入分析，并提出可行性建议与要求，确保建筑物的结构高度与复杂度、不规则度能够控制在合理范围内。在进行初步设计时，需要合理设置建筑物的结构体系、建筑材料、结构布置、各参数等，并比较多种设计方案的经济性、可行性，最终选出最优设计方案。另外，确保整个过程处于可控范围还需要根据标准化配筋原则进行精确计算，对设计模型、施工方案进行调整。

（1）整体结构设计

1）传统的建筑工程结构设计

传统的建筑结构设计按照建筑设计要求首先需要确定一个结构体系。其中，结构体系包括砌体结构、框架结构、剪力墙结构、框架-剪力墙结构、框架核心筒结构、钢结构、木结构。根据确定好的结构体系进而估算构件的截面，包括柱、梁、墙、楼板等，获得构件的截面后可以对构件加载应承担的外部荷载。内力分析需要对整个结构体系进行，保证在外部荷载作用下，结构体系中的各构件可以保持内力的平衡。构件进行承载力计算需要在内力平衡的条件下，钢筋混凝土构件有足够的配筋以保证构件能够满足承载力要求，并有一定的安全系数。另外，还需要绘制结构施工图以满足工程施工中结构构造要求，同时将完成审核的图纸作为施工文件。

当前，手工计算已经不能满足结构设计要求，因此主要采用计算机软件来实现。PKPM系列软件是目前国内各大设计院进行建筑结构设计的常用软件。集结构三维建模、内力分析、承载力计算、计算机成图为一体的PKPM系列软件是由中国建筑科学研究院开发的结构设计的计算机辅助设计软件，从1992年就在国内开始应用。

2）装配式建筑结构设计

与传统的建筑结构设计相比，装配式建筑的结构设计产生了很大变化。在建筑结构设计方面，传统设计针对的是施工单位的湿法施工，而装配式建筑的构件施工图设计主要是针对工厂内生产构件的生产线。装配式建筑的结构设计通常在建筑信息模型（BIM）平台上进行以保证构件生产达到设计要求。在BIM平台上的设计流程主要为利用已经建立的建筑三维模型，在BIM结构设计模块中进而完成对装配式建筑的整体结构设计。在结构设计中要考虑结构优化，可以对构件的截面尺寸和混凝土强度等级进行调整。BIM技术的优势也体现在当最终结构体系内力平衡和构件强度达到设计要求以后，建筑设计也可能有所改变，但建筑设计无须再进行设计调整。当装配式建筑结构整体设计达到设计要求后，按构件设计要求绘制构件施工图而非按传统方法绘制施工图，而后构件施工图被送到工厂进行构件批量生产。

（2）构件结构设计

装配式建筑构件生产是建筑施工方式工业化的重要标志，同时也为降低成本、节能减排作出重要贡献，装配式建筑构件如图6-4所示。另外，混凝土预制构件近年来在轨道交通领域也得到了广泛应用，在房屋建筑中的需求量也逐渐增加。虽然混凝土预制品行业具有良好的行业前景，但发展仍存在不足之处，主要包括以下三个问题：①总体产能过剩，开工不足；②产品技术水平不高，产品质量差；③粉煤灰、沙石等原料供应紧张。与发达国家相比，装配式建筑构件的生产仍有很大差距，该现象与此行业的生产模式及经济秩序有着重要关系。虽然当前已经有很多具备相应的技术条件的构件生产厂，但由于其与设计、施工单位联系不够紧密，没有良好的衔接管理模式，因此无法经济、高效地参与装配式建筑项目，制约了生产一体化的实现。

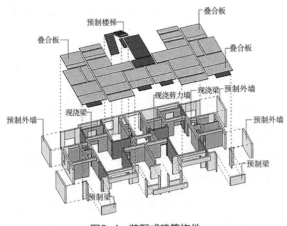

图6-4 装配式建筑构件

当前的混凝土预制构件设计体系主要有两种：①在构件厂已生产的预制构件中，设计单位挑选出满足条件的构件进行使用；②设计单位根据建设需求向构件厂定制混凝土构件，某BIM的构件库样例如图6-5所示。然而以上两种设计体系尚且存在很多不足。其中，构件厂与设计单位由于联系不够紧密导致沟通困难。由于国内大部分项目设计过程没有充分考虑预制构件的因素，因而缺乏好的预制装配式建筑作品，缺乏可生产利用的构件类型的同时也从需求上限制了构件的生产。其次，大多数构件厂不具备深化设计的能力，由于科技研发缺乏投入进而导致新品开发速度缓慢，设计单位的定制要求无法得到满足也制约了装配式建筑数字化设计的发展。

BIM作为一种提出全新的工作理念的新的技术，可以全方位解决装配式建筑的构件设计问题。设计师在设计3D图形时就将各种参数融合在BIM之中，包括物理性能材料种类经济参数等，通过各个专业设计之间共享模型数据还可以避免重复指定参数。另外，BIM模型可以用来进行多方面的应用分析，例如可以进行结构分析、经济指标分析、工程量分析、碰撞分析等。虽然目前在国内BIM主要应用于设计，然而实际上BIM还可以在构件的设计、生产、运营乃至整个建筑周期发挥更大的价值，起到优化、协同、整合作用。

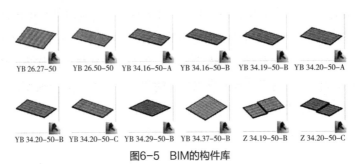

图6-5 BIM的构件库

6.2.3 深化设计

装配式建筑的深化设计是装配式建筑设计的重要组成部分。深化设计是指在原设计方案、条件图基础上，结合现场实际情况，对图纸进行完善、补充，绘制成具有可实施性的施工图纸。深化设计后的图纸满足原方案设计技术要求，符合相关地域设计规范和施工规范，并通过审查，图形合一，能直接指导现场施工。装配式建筑的深化设计也被称为是二次设计，飘窗板的深化设计样例如图6-6所示。

（1）拆分设计

装配式构件深化设计之前，需将主体结构构件进行合理的构件拆分设计，主要是指将预

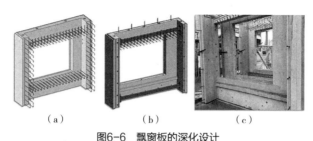

图6-6 飘窗板的深化设计
（a）深化设计前BIM模型；（b）深化设计后BIM模型；（c）预制飘窗墙

制构件依据装配式构件拆分原则拆分为供生产及现场装配的单体构件。拆分设计是建筑结构的二次设计，拆分后的单体构件在施工现场通过专业的安装连接技术进行组装。

1）拆分构件

根据现阶段在国内应用较成熟的装配式体系，建筑工程中需要拆分的构件主要包括如下两项：

①竖向构件，包括全预制剪力墙、PCF墙板、夹心保温墙板、叠合板式剪力墙、女儿墙、预制柱、外挂墙板、预制飘窗等。

②水平构件，包括叠合楼板、叠合梁、全预制梁、叠合阳台板、全预制空调板、全预制楼梯等。

2）拆分要点

①预制构件的设计在满足标准化要求的基础上，宜采用BIM技术进行一体化设计，确保预制构件的钢筋与预留洞口、预埋件等相协调，简化预制构件连接节点施工。

②预制构件的形状、尺寸、质量等应满足制作、运输安装各环节的要求。

③预制构件的配筋设计应便于工厂化生产和现场连接。

④预制构件应尽量减少梁、板、墙、柱等预制结构构件的种类，保证模板能够多次重复使用，以降低造价。

⑤构件在安装过程中，钢筋对位直接制约构件的连接效率，故宜采用大直径、大间距。

3）拆分前提

①节点标准化。标准化的节点给自动拆分提供了依据，使结构在节点处根据指定尺寸自动拆分。

②构件模数化与去模数化相结合。结构自动拆分时，阳台、空调板、楼梯等构件应该模数化，但是墙板、楼板构件需要去模数化设计。墙板构件模数化和节点标准化是两个不同的概念，节点的标准化无法保证拆分出的墙板构件是模数化的；同样，模数化的墙板构件也会导致节点各异。而叠合构件不受模数限制的去模数化特点，使结构可以在节点标准化的基础上实现自动拆分。

③BIM技术的运用。通过在BIM中整合，可将节点、构件等信息集成，并可通过BIM软件自动拆分。

（2）构件深化

深化设计的组织形式一般有两种：①预制生产企业组织自己的研发设计人员进行深化设

计，然后将深化设计成果报请原设计单位审核确认后使用；②委托原设计院或其他具有深化设计资质的公司进行深化设计。设计单位提供的一套经过审图办审核盖章通过的正规施工图纸应包括以下内容，见表6-1。

施工图纸清单 表6-1

序号	图纸名称	图纸签发
1	总目录	会签
2	建筑施工图	设计院资质章、图审章、注册建筑师资质章、会签
3	结构施工图	设计院资质章、图审章、注册建筑师资质章、会签
4	给水排水施工图	设计院资质章、图审章、会签
5	电气施工图	设计院资质章、图审章、会签
6	设备施工图	设计院资质章、图审章、会签
7	装配式专项说明	设计院资质章、图审章、会签

应用BIM软件辅助装配式建筑数字化深化设计阶段的进行，具体包括以下步骤：

（1）建立相关标准

在建模之前，应建立符合企业自身情况的BIM标准，例如，软硬件标准、数据管理标准、族库标准、建模标准、命名标准、出图标准等，来规范各个专业的设计。

（2）建立辅助件族库

根据构件所需要各类辅助件类型、各供应商的产品参数创建各类辅助件模型，如：水电管线、各种线盒、桁架钢筋、钢筋连接套筒、三明治墙板拉结件、构件吊点、斜支撑等各类族库。一个族文件中还包含一个或多个更小的族文件"嵌套族"，例如钢筋连接套筒中的灌浆管。根据水电管线、线盒、桁架筋、套筒等各类辅助件的尺寸绘制3D模型，将同类型的模型放置在同一个族库中，每个模型命名原则为"名称＋型号"，楼梯族构件样式如图6-7所示。

（3）绘制构件模型（构件族）

图6-7 族的建立过程

建筑模型由多种PC构件组成，构件的结构也各不相同，尺寸不一。为了方便深化设计，在Revit软件中采用"族"的形式，根据现有图集建立各类的构件族库。

目前，装配式建筑常用的预制构件主要有：叠合板、楼梯、内墙（实心墙、夹心墙）、外墙（剪力墙、非剪力墙）、外挂墙板、柱、梁、空调板、阳台、女儿墙等。在建筑物建模前，需要建立以上构件的族库。在深化设计阶段，优先使用构件族库已有的构件族。如果没有满足要求的可选构件族，就可以进行编辑修改较为接近的已有构件族，或者创建新的构件族文件，并将新构件族加入到相应的族库中。

族库的建立和完善，有利于提高建模工作效率，使建模工作越来越快捷。随着装配式建筑标准化设计工作的逐渐完善，预制构件的标准化设计也将成为必然，构件的种类将会逐步固定下来，进而更适合工业化生产。

（4）建立标准层的各专业模型

由于施工阶段可暂时不考虑建筑做法，所以在深化设计过程中，可以不用建立建筑模型。根据结构施工图，绘制组合结构模型，再根据电气、给水排水、设备、消防、防雷等各专业施工图，绘制标准层的中的机械、电气、给水排水等设备模型。在深化设计过程中，应考虑到在施工过程中辅助结构的空间位置，在结构模型中嵌入辅助结构模型，并确定相应预埋件的准确坐标。辅助结构包括：塔吊和电梯附着、测量孔、临时通道、吊装平台、外挂架、叠合板竖向支撑、内外墙斜向支撑、现浇部分模板固定件等。

（5）碰撞检查

将已建成的各个专业的模型组合嵌入一个完整的建筑模型，并进行碰撞检查。系统会显示出碰撞位置、相互碰撞的项目 ID 和坐标。根据生成的碰撞报告，进行详细碰撞分析，确定必须调整的硬性碰撞。对于轻微碰撞，有调整空间的也应予以调整，消除碰撞，然后返回到模型中，对可调的硬性碰撞点进行逐个修改调整。

设计过程中的结构、钢筋、管线、预埋件之间存在的碰撞，在传统二维图纸中是不易发现的，但在应用 BIM 技术后能够非常轻易地发现，可以减少施工中由此造成的不必要的返工，管线碰撞检查如图 6-8 所示。如叠合板与墙板之间的预留筋，经常存在碰撞现象。采用 BIM 技术进行碰撞优化调整，叠合板安装进度会大大降低。

碰撞检查的另一个重点是建立辅助结构模型，进行模拟安装，找出碰撞位置后，优化调整，确定辅助结构的精确坐标，进而绘制出辅助结构布置详图，用于指导现场安装。

（6）优化后再次碰撞

BIM 工程师根据模型中发现的碰撞点，利用软件对结构、机电（电气、给水排水、消防、弱电等）等模型进行调整优化，然后再把调整后的模型进行碰撞测试。其中有些碰撞是可以忽略的，如预留预埋、管线接头等嵌入类型的结构，虽然往往会显示为碰撞点，但没必要修改。碰撞检查与优化调整是一个反复进行的过程，通过这样不断优化模型和碰撞检测，可以实现理想状态下的"零"碰撞。

（7）出图

运用 BIM 技术对建筑模型进行反复的碰撞测试和修改，最终经过建筑模型"零"碰撞检测合格后，利用 Revit 软件导出每个构件的 CAD 图纸，然后再使用相关软件调整出图。可绘出 PC 构件 3D 图、平面图、立面图、剖面图、钢筋布置图、预埋件布置图和节点大样图、综合管线图等施工图，达到三维技术交底、指导构件预制生产、装配的目的。

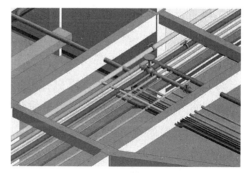

图6-8 管线碰撞检查

（8）开模

PC 构件生产图经复核无误后，进行开模，即模具的设计与制造。模具设计需要考虑以下因素：①模具的尺寸应符合《装配式混凝土结构技术规程》JGJ 1—2014 以及地方标准的相关要求；②模具表面的平整度应满足验收标准要求；③模具的安装拆卸应安全、方便；④应在满足生产工艺要求基础上进行模具设计，如三明治外墙板有"正打"和"反打"之分，所以模具设计时有"正打"和"反打"两种不同的模具设计。

（9）试生产与验证

在正式生产前应进行试生产，参与深化设计等相关人员应参与进来，检查深化设计是否合理，并仔细研究是否有需要改进的地方。同时，通过试生产可以检查模具的可操作性，通过模具的优化修整，可以提高 PC 构件的生产效率。通过试生产的构件，经检测，满足设计要求及验收标准后，方可正式批量生产。

6.3 装配式建筑数字化设计技术

6.3.1 数字化设计技术的发展

（1）数字化设计发展方向

20 世纪 70 年代，电子计算机性能和计算机图形学以及交互式图形技术的发展取得了突出进步，使得 CAAD 技术（Computer Aided Architecture Design）应用得以开展。由于其工程特性的要求，建筑行业逐渐引入当时在其他行业中广泛应用的 CAD 技术（Computer Aided Design），新设计技术的采纳和发展代替了传统手工绘图，进而大幅提高了设计效率。然而数字设计的发展初期仅停留在对于传统手工绘图的简单描述上，其中计算机仅仅起到了记录作用。主要表现为设计者需要将设想中的三维建筑通过二维抽象映射在图纸上，而建设者通过二维图纸传递的信息将其通过建造映射实现在三维空间中。20 世纪 90 年代，建筑师和软件工程师尝试通过简化来改进这种重复映射，采用的方法为通过赋予 CAD 软件中点线面和实体以参数，相比传统的点线面而言，使设计绘图的基本元素变为特定构件，包括墙、窗、楼板等。通过直接在虚拟的三维空间中设计与搭建模型，软件可以实现自动将三维模型映射至二维图纸空间。三维设计成果和二维图纸通过这种方式实现完全对应，随着设计流程简化效果的改进，专业化的 CAAD 技术逐渐产生。例如 Digital Project、ArchiCAD、Revit 等针对建筑设计的专业软件，初始的数字化设计技术实现了三维模型和二维图纸的结合，设计人员在三维环境下设计建筑，同时能够在各种指定的视图中自动生成二维图纸交付其他环节。计算机辅助技术的发展促进了现代建筑行业的巨大变革，当前逐渐将建筑信息模型（BIM）应用于建筑设计，通过统一合并设计、管理、加工图、建造模拟等设计全周期为一个信息系统模型，并且模型中的每一个构件都有着庞大的属性集合即够成为实际建筑的要素，包括了生产、建造、外形、功能等，当前 BIM 系统已经成为装配式建筑数字化设计的重要发展方向。

（2）基于BIM的数字化设计优势

传统的装配式建筑设计主要基于CAD二维图纸，由于不同专业之间的设计互相独立，因此存在沟通协调效率低和容易产生专业碰撞等设计问题，并且可能导致后期施工过程风险和成本增加。同时，信息不直观、信息量大的图纸，还会提高信息在转换和传递过程中出现错误的概率。装配式建筑数字化设计发展正在经历从二维设计到三维设计，从单一数据到多维数据的集成管理变化。在设计阶段利用BIM构建三维模型，通过实现各专业之间的协同设计，能够避免各专业之间的设计冲突，提高设计信息的传递和共享效率，减少设计变更，能够更好地保证施工阶段资源和成本的节约。BIM技术的协同设计应用贯穿于装配式建筑设计阶段、初步设计阶段、施工图设计阶段以及内装修等各阶段，是当前的数字化设计的重要发展方向。

装配式建筑数字化设计以BIM技术为基础，建筑信息模型由不同类型的构件组成，包括梁、柱、板、门窗等，非常适用于装配式建筑的拆分。BIM的数据交换需要基于特定的数据交互标准，IFC标准是目前对建筑物信息描述最全面、最详细的规范，包括建筑全生命周期各方面的信息，支持用于建筑的设计、施工和运维等各种特定软件的协同工作。在计算机网络支持下，以BIM软件为平台，可进行多专业协同设计、并行设计、异地设计，设计时考虑建筑全生命周期中的所有因素，如设计、受力分析、可制造性、可装配性，减少反复、缩短设计时间，形成高效、优质的一体化数字化设计系统。

建筑信息模型（BIM）是面向工程全生命周期的数字化设计理念，相比传统的信息管理而言涉及范围更广、层次更深、理念也更先进，是集成化思想在基础领域信息管理中的应用。由此可见，建筑信息模型（BIM）技术是将全生命周期管理思想融入数字化设计中，在集成观念的基础上以三维数字化设计方法作为技术支撑，并在工程勘测设计阶段得到具体应用，也在工程全生命周期管理奠定重要基础。基于3D模型的建筑信息模型（BIM）创建设计途径，关联3D建筑模型与工程信息，是研究建筑信息模型（BIM）的建模技术和方法。

6.3.2 基于BIM的数字化设计流程

传统装配式建筑设计的预制构件尺寸型号种类繁多，不利于标准化和工业化设计的实现，也不利于工业化和自动化生产的开展。因此，数字化设计的变革需要深入分析预制构件拆分的设计思路。设计流程可以分为四个阶段：预制构件库形成与完善、BIM模型构建、BIM模型分析与优化与BIM模型建造应用。

（1）预制构件库形成与完善阶段

BIM模型的构建及预制构件的生产以预制构件库为基础，因此预制构件库是BIM的装配式结构设计的核心。作为预制构件库的关键，预制构件的标准化与通用化的实现有利于使预制构件厂的流水线施工成为可能，也能满足各类建筑的功能需求。预制构件库除了包含标准化、通用化的预制构件，还应包含满足特殊要求的预制构件。发展成熟后的预制构件库可进一步在构件库中考虑预制构件的标准节点等。

挑选预制构件前应由构件厂商进行结构分类、选型，根据不同的装配式结构设置不同的预制构件，并通过分析现有结构和装配式结构的设计方法与设计实例进行构件的统计分析，按照不同的适用情况，如荷载大小、跨度、层高等对构件进行分类，选出适用性强的构件，并对构件进行归并、制作及入库。具有通用性的预制构件才能更有效地实现构件库的功能。例如，对于不同的结构和楼层而言板的设计内力一般，只与板的跨度和所受的均布荷载有关，因此，可根据这两个因素对板进行分类，建立预制构件集合，在装配式结构设计时只需根据跨度和荷载选择预制板即可。预制构件入库相当于将装配式结构的构件设计提前完成，随后通过分析、复核保证整体结构的安全。预制构件库形成后还应不断完善，设计时无法从库中查询到满足设计要求的预制构件时应定义并设计新构件，用于 BIM 模型的构建，并将补充设计的构件入库，完善预制构件库。

（2）BIM 模型构建阶段

完成预制构件库的创建后，在预制构件库中可根据设计的需求查询并调用构件，进而构建装配式结构的 BIM 模型。当查询不到需要的预制构件时可定义并设计新的构件，进而调用新构件并加入构件库。BIM 模型的初步构建只是完成了装配式结构的预设计，还需进行 BIM 模型的分析复核，并利用碰撞检查等方式对 BIM 模型调整和优化，以保证其结构安全。BIM 模型经过复核和碰撞检查等确认无问题后才可用于指导生产和施工。将统一建筑信息的 BIM 模型作为交付结果，可有效避免信息遗漏和冗杂等问题。

（3）BIM 模型分析与优化阶段

为了保证结构的安全，预设计的装配式结构 BIM 模型需通过分析复核，BIM 模型满足分析复核要求后即可确定结构的设计方案，接着通过碰撞检查等方式进行调整和优化，最终形成设计方案。若 BIM 模型不能通过分析复核，则应从预制构件库中重新挑选构件，替换不满足要求的预制构件，重新进行分析复核，直至满足要求。分析复核时结构分析可根据节点的连接情况进行实际处理，后一种方法还需要工程实践和实验研究作为辅证。判断分析复核是否通过需要将分析结果与规范进行对比。满足分析复核要求的 BIM 模型只是满足结构设计的要求，对于深化设计和协同设计等要求，需通过碰撞检查等方式实现，对不满足要求的预制构件应替换，重新进行分析复核和碰撞检查，直至满足要求。预制构件在现场施工装配前完成碰撞问题的检查，可大大减少预制构件的返工问题。

（4）BIM 模型建造应用阶段

完成复核达到标准后的 BIM 模型即可交付使用，建造阶段可通过应用 BIM 模型进行施工进度模拟，并以此为预制构件的生产、运输以及施工现场的装配施工进行合理规划。预制构件的生产依据构件库进行，施工阶段可将采集施工过程中的进度、质量、安全等信息上传到 BIM 模型，实现工程项目的全寿命周期管理。

6.3.3 基于 BIM 的数字化设计技术

（1）三维可视化技术

三维数字技术是建筑信息模型（BIM）的技术支持之一，三维可视化（3D Visualization）

技术是现代科学计算可视化最重要的研究方向之一。三维可视化设计是新一代数字化、虚拟化、智能化装配式建筑设计平台的基础，是建筑信息模型（BIM）的重要组成基础。其主要是把表达物理现象的数据转化为图像、图形，并运用颜色、透视、动画和观察视点的实时改变等视觉表现形式，使人们能够观察到不可见的对象，洞察事物的内部结构。可视化技术有两种基本类型：基于平面图的可视化（Surface Visualization）和基于数据体的可视化（Volume Visualization），也称为层面可视化和体可视化。计算机在图形设备上生成连续色调的真实感三维图形首先用数学方法建立所需三维场景的几何描述，并将它们输入计算机；其次确定场景中的所有可见面，这需要使用隐藏面消除算法，将视域之外或被其他物体遮挡的不可见面消去；再确定场景中的所有可见面，这需要使用隐藏面消除算法将视域之外或被其他物体遮挡的不可见面消去；最后根据基于光学物理的光照明模型计算可见面投射到观察者眼中的光亮度大小和色系组成，并将它转换成适合图形设备的颜色值。可视化技术与GIS技术的结合，促使两项技术更有效地与其他学科的技术方法结合，并持续快速发展。GIS领域中可视化的应用主要有：3D几何模型，即通过图形管道输出主要是依靠发送信息数据输出到屏幕，为满足图形渲染要求对模型、信息数据进行预处理的图形管道输入。目前应用最广泛是开放式国际图形标准Open GL技术、将三维世界带入网络的VRML（Virtual Reality Modeling Language，虚拟现实建模语言）以及基于Java语言的三维图形技术Java3D。某建设工程基于BIM构建的三维可视化运营平台如图6-9所示。

（2）协同设计技术

随着网络技术和分布式系统的普及，装配式建筑设计技术也从传统的单用户工作模型向多用户协调工作模型的方向发展。CSCW（Computer Supported Cooperative Work，计算机支持的协同工作）能通过访问共享环境的接口使多用户参与到一个共同的任务，以便使一个由多用户组成的用户群完成一个特定的任务，CSCW提供用户群协同技术支持，旨在提高协同成员之间的协调配合及协同工作水平。BIM模型是一个集成三维信息的模型，各专业基于同一模型进行工作，满足了各专业在技术层面上的协同工作。BIM模型还包含的信息进行数据分

图6-9　BIM三维可视化平台

析，例如，建筑的材料信息、工艺设备信息、成本信息等，从而使各专业的协同达到更高层次。CSCW 可以按照时间和空间进行分类，按时间的概念划分，合作者的交互方式可以分为同步和异步；按空间的概念进行划分，合作者的地理分布可以分为本地和异地。

装配式建筑数字化设计是一个复杂的过程，一般会引入各种各样的方法和技术实现合理的设计、分解成不同的数据类型和设计任务。这一过程不仅包含着丰富专业知识和专家实践经验知识，也尚处于不断创新的过程中。与此同时，数字化设计也是集成不同设计数据间的数据、信息、设计任务和知识的通信过程，并在设计的过程中不断进行反馈、交换和协调。项目中不可避免会存在多个设计者之间的冲突，部分冲突可以通过采用合理的任务安排和资源分配进行解决，部分无法在现有高密集通信情况下解决，或解决效果微乎其微。协同设计主要解决共同工作、冲突管理及并行工程等分布式的工作流管理。面向项目特性和设计过程的协同设计，是由项目目标控制，进度把控，任务分配驱动的实施过程。该实施过程是线性顺序，反映了不同的里程碑，任务分配是依据项目的不同而不同，反映了项目内部抽象的依赖关系，协同工作是抽象的依赖关系驱动个人设计，将其转换为具体的依赖关系，强关联关系涉及沟通、目标的交换以及更底层的设计数据交换。

由 CSCW 协作理论模型可知，协同设计需要软件平台作支撑，平台能与设计软件集成，并能进行文档管理、协同工作、信息交流、工作流管理和安全管理等工作，将项目管理工作集成于一体。选择适合的软件作为三维协同技术支撑平台，搭建本地、异地服务器，可使传统设计各专业间的工作配合从串行转换为并行，各专业进行实时的协调和配合。减少设计人员在传统设计中专业协调、会签等工作上的时间，可以促进更高层次的设计优化及设计创新，实现设计师真正意义上的职责，而减少事务繁杂的绘图工作和材料统计工作的牵绊。设计任务驱动设计人员将设计成果通过软件平台推送到校核、审查人员，校审完成后，自动反馈给设计人员。与此同时，设计质量的提高降低了错误率，优化了设计，大大减少了返工、修改设计的工作量。与以往传统的二维设计相比，采用三维协同设计技术主要具有以下优势：

1）提高设计质量

在三维设计过程中进行逻辑校验、碰撞检查、模型唯一性及产生图纸唯一性检验等，能最大程度地避免设计、施工建造等过程中的设计错误和资源浪费，从而提高设计质量、降低建造成本。

2）提高设计效率

以更直观的方式进行设计，使得基于原始资料和文件的设计能够实时地反映在三维模型中。传统的二维绘图设计方式和手工统计材料存在工作烦琐和不准确等问题，通过三维模型中剖切得到二维图纸和材料报表可以更好地确保工作的准确性。

3）构建高效的协同设计环境

构建协同或并行三维设计环境，能够真正统一工作对象和目标，是完成整个项目或产品的设计工作的有效途径。全三维的设计环境，能帮助设计人员在设计时对工程有全局的概念，避免许多不必要的错误。可以为设计人员提供一个统一、集中、可管理的网络虚拟工作环境并随时获取所需的项目信息，同时依据实时分享的设计进度与设计成果，进一步明确项目成员的责任，提升项目团队的工作效率及生产力。集成信息的管理平台不仅可以将项目中所创造和累积的知识加以分类、储存以及供项目团队分享，而且可以作为整个项目进行综合管理的基础。

（3）族库建立

装配式建筑的典型特征是在工厂内生产标准化的预制构件或部品，然后运输到施工现场装配、组装成整体。装配式建筑设计要适应其特点，传统的预制构件设计方法其平立剖面图纸还是传统的二维表达形式。装配式建筑通常是复杂的结构，若将装配式建筑结构分解为各个基础单元，将这些基础单元视作元件，将多个元件通过组装的方式形成相应的构件，再采用搭积木的方法叠放，便能较方便地实现建模。另外，根据制定的标准建立元件统一族库，并满足多个项目的元件共享，便于设计人员进行三维建模时快速调用。装配式建筑 BIM 应用模拟工厂加工的方式，以"预制构件模型"的方式来进行系统集成和表达，这就需要建立装配式建筑的 BIM 构件库。通过装配式建筑 BIM 构件库的建立，可以不断增加 BIM 虚拟构件的数量、种类和规格，逐步构建标准化预制构件库。

族库有三个基础功能：储存、分类和检索。作为数据库的族库包括软件本身自带、网络流通、团队自建等各种渠道的族。族的标准化可以使族参数设置和修改都遵循统一流程，避免重复开发，减少分类和检索时不必要的繁杂工序。同时，明确的分类标准可以提高检索的便捷性，以在设计的各个阶段中能利用不同精度的模型进行不同精度的模型设计，通过优化流程来减少各个设计阶段不必要的工作量。

将装配式建筑 BIM 模型分解为元件，由于不同项目、不同专业、不同部位、不同型号的元件具有差异，随着开展三维设计的项目逐渐增多，元件库逐渐丰富，但元件库的数量增减带来了两个问题：

1）元件数量逐渐增加，导致存储空间不够，需不断增加服务器的存储空间，投入资金较多，同时不便于管理，造成存放混乱。

2）元件数量庞大，设计人员在调用元件过程时，寻找所需元件耗费大量时间，降低了设计效率。

（4）参数化设计

参数化设计是指用一组参数定义几何图形尺寸数值并约定尺寸关系，相当于尺寸驱动图形，通过修改某些构件的尺寸，自动完成对图形中相关部分的改动。在 Revit 软件中提出族群的概念，所有图元以建筑构件为基本元素，构件信息通过编码存储，构件属性通过参数描述，进而体现参数化设计理念。参数化设计方法适用于结构定型、可以用一组参数来约定尺寸关系的设计对象。参数化设计以其强有力的尺寸驱动修改图形功能，成为初步设计、图形建模、修改设计方案、多方案比较和动态设计的有效手段。对墙构件而言，既包含长、宽、高等几何尺寸，也包含墙体构造、造价等信息。Revit 模型中平面、立面、剖面、明细表等视图的任何修改都会相互关联，尺寸、注释、图号等都会随着改变而发生变更。在设计过程中，装配式建筑的三维模型由大量的基础元件组成：板、梁、柱、门、窗、楼梯、墙、扶手、尾水管、风管、桥架、机电设备等，设计人员在进行三维设计时，只需从元件库中进行调用，进行相关参数的修改及各基础元件组合就可形成基础单元模型，从而避免重复建立模型。

另外，BIM 可以为三维建筑模型附加几何体物理特性、材质等信息，构建一个全面描述建筑信息的数据库，项目各参与方根据需要可添加、提取、编辑相关的数据库。同时，数据库的构件信息并不是相对平行的，而是具有空间和逻辑关系，数据库结合数字模型共同形成完整有层次的建筑信息系统。BIM 的协同理念也体现在各项目参与方通过协同设计平台，以链接模型的方式进行信息共享，实现及时沟通。模型系统会随着各主体文件的更新而自动更新，保证信息的一致和准确。修改的管理性不仅体现在各专业关联的文件间，也体现在模型视图中，修改任一视图的信息，与之相关联的平面图、立面图、详图等都随之调整。

（5）精益化设计

BIM 模型具有可视化、协同性、优化性、可出图性等特点，集成设计、施工、管理、运维等建筑全生命周期的各方面信息，基于以上基础可对建筑物进行分析、模拟、数据的统计和计算。

信息的传递在传统的建筑设计流程中是单向逐级传导的。然而 BIM 信息系统可以实现设计下游的信息向上游反馈，起到验证、完善信息传递的作用。上下游的建筑信息加速传递与反馈，有利于设计者参考施工、产品、运维等下游信息，从而进行设计与决策。项目各个参与方不断地共享与反馈信息，有利于有效地优化设计流程，进而降低成本。在设计阶段，设计师可获取施工与材料信息，保证设计的可行性。

基于 BIM 平台的多专业并行化设计，打破了单向的设计流程，下游的构件生产加工厂在方案设计阶段提前介入，提高设计效率和质量，设计师实时对每个步骤进行模拟分析、筛选、决策，反馈到前阶段进行调整。BIM 平台的信息具有开放性的特征，各专业信息数据可以实现集成化共享，在信息传递过程中进行微循环，信息反馈随着循环次数的增加进行迭代从而实现优化设计。

BIM 技术的即时模拟功能是指各模拟分析软件基于 BIM 平台运行，在设计的每个阶段，除了日照、风环境、交通疏散等实时模拟分析外，还可进行空间优化、错漏碰缺检查、施工过程的仿真、优化设计、成本控制等分析，进行多方案比较和优化设计。例如，可以通过 Revit 对住宅区进行日照和风环境模拟，实现优化体量设计和布局。在各专业协同中，通过模型信息的碰撞检测，便于专业团队及时发现冲突和差错并进行修改，提高效率。

BIM 的三维可视化功能与虚拟现实技术（Virtual Reality）相结合，如图 6-10 所示，可

图6-10　BIM与VR结合效果

将观察者带入虚拟模型中体验方案及空间的舒适性，还可以在漫游过程中推敲和修改方案。BIM技术与VR相结合，带来生动的空间体验，精细化模拟场景的同时实现精益化设计。Revit软件与Fuzor结合可以实现两个软件实时联动，在Revit中修改方案，Fuzor会同步变化，在Fuzor中修改属性也可以反馈到Revit中。

6.4 装配式建筑数字化设计管理

在装配式建筑设计中应用数字化技术是未来的发展趋势，数字化技术在装配式建筑的设计阶段的应用能够极大地提升设计水平，能够较好地解决设计中可能面临的一些难题和缺陷，提高建筑设计的准确性，进而全面提升建筑设计水平，缩短建设周期，节约成本。

6.4.1 设计过程中的数字化管理

基于BIM平台进行管理，通过全面汇集建筑设计的模型信息，各专业人员可以基于集成平台进行数据传输，运用全面可视化的设计协同完成梁、柱、板、水暖电、装饰装修等设计，实时更新平台数据。Revit软件的分析功能可以自动分析出各专业之间的设计冲突，帮助各专业及时改正设计错误，利用软件的优化功能完成管线优化，避免施工阶段因设计图纸错误而造成损失。

6.4.2 设计阶段的质量管理

设计阶段的质量管理是后续质量管理工作的前提，图纸的质量直接影响后续工作能否有序进行。图纸的错误将严重影响总成本，甚至导致施工阶段的返工。因此，设计图纸必须保证满足施工要求，保证准确与细致，某构件细致加工图如图6-11所示。设计质量管理需要明

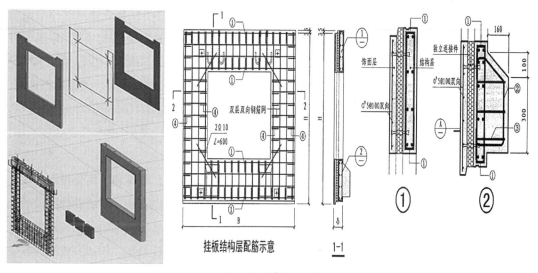

图6-11 构件加工图

确质量方针，保证设计质量达到甲方的要求，总承包商对设计阶段的质量负责，从中进行协调和管理，使其达到设计的质量目标和质量标准。

6.4.3 设计阶段的组织管理

总承包商在装配式建筑的设计阶段构建 BIM 信息平台，并负责 BIM 信息平台的管理，设计单位将三维设计模型上传到 BIM 平台（图 6-12），供各专业交流共享，在三维虚拟模型进行设计碰撞冲突的检查可以避免由于设计错误引起的生产或装配冲突，总承包商负责审核图纸以达到工程项目的要求，并且组织构件生产商和施工单位提前介入项目，在 BIM 平台上检查图纸的设计是否符合各阶段技术要求，总承包商担任组织协调与问题解决。

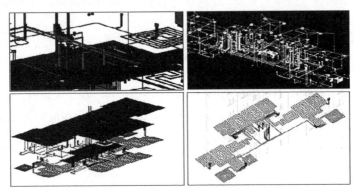

图6-12 基于BIM的协同设计

6.4.4 设计阶段的进度管理

设计阶段进度管理的主要内容是出图控制，采用信息化技术进行进度管控，利用 BIM 的碰撞检测功能及时发现设计错误进而优化设计方案。总承包商应及时在 BIM 信息平台上查看设计进度以避免图纸拖延而耽误工期，通过设置设计完成时间预警进而及时反馈给施工单位。BIM 信息模型应包含施工进度计划，整合空间信息与时间信息的可视 4D 模型可以直观、精确地反映整个建筑的施工过程，施工模拟过程如图 6-13 所示。提前预知本项目主要施工的控制方法、施工安排是否均衡，总体计划、场地布置是否合理，工序是否正确，并及时优化。

6.4.5 设计阶段的成本管理

装配式建筑的设计应达到标准化，从而加强建筑成本的控制，既有利于简化设计工作又可以减少构件的种类和规格，构件生产商和施工单位的协助参与也有利于提高设计阶段的合理性，为整个项目的成本减少提供支持。对设计进行动态调整要求将成本的动态控制贯穿于整个建筑设计的过程中，进而及时改正成本浪费的环节，保证设计最优。例如，成本控制中的外墙板数量优化如图 6-14 所示。

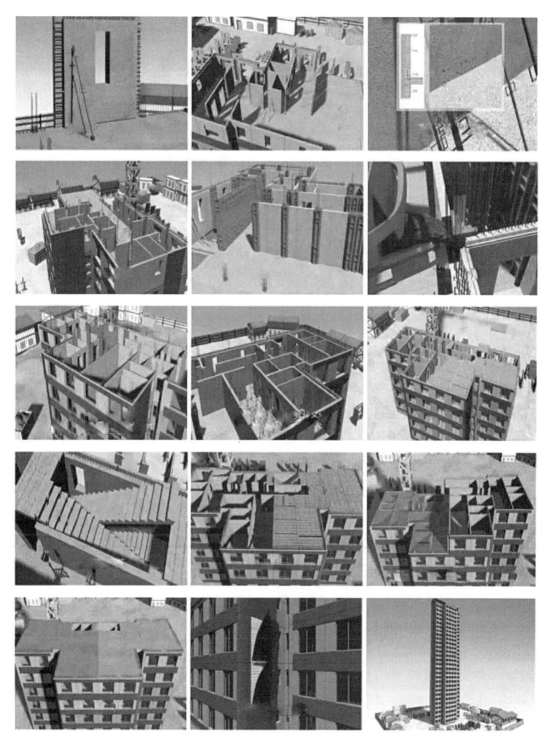

图6-13　施工模拟过程

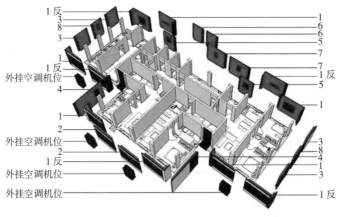

图6-14 外墙板数量优化

6.5 应用案例

6.5.1 厂房设计概况

当前，装配式技术逐渐运用到实际建筑项目中，例如地下厂房，但在设计上依然存在很多难题，包括参与专业多、沟通效率低、考虑问题相互矛盾、设计图纸多、设计成果信息管理不顺等。考虑到传统设计的不足，例如存在大量信息数据截留、数据冗余和数据利用率低，信息流失严重等，现有三维数字化设计技术所采用的方法多以"翻模"为主，"翻模"的模型剖切生成的图纸样式无法完全符合国内要求，关于三维数字化设计技术和数据信息重构机理有待深入。目前，以三维可视化设计、参数化设计、协同设计等为代表的建筑信息模型（BIM）技术正在迅速发展。将 BIM 技术应用地下厂房设计，可以基于虚拟数字化模型进行有效的设计工作管理，加之信息重构可直观、立体反映地下厂房设计意图中模型与模型、模型与信息之间的几何和非几何关系，因此是研究地下厂房数字化设计的有效途径和方法。

6.5.2 PW 搭建和环境推送

（1）工作目录搭建

为提高该厂房的设计效率，增强各专业之间的设计信息沟通，项目开展三维设计工作之前需要在 ProjectWise 协同设计平台上搭建文件工作目录，对工作任务包进行相应分解，模型设计基础单元进行划分。

（2）建模环境的选定

目录搭建完成，项目管理人员需对协同设计的环境进行相应的定制，建模环境推送内容主要包括：材料属性（混凝土强度、密度）、设备属性、切图属性等。为保证三维协同设计工作中采用统一的环境标准就实现设计人员协同进行，项目服务器管理员需对相应的 PW 目录文件推送相应的工作空间，并按照不同的等级挂接相应的标准环境。

6.5.3 土建设计和机电布置

（1）厂房位置及轴线确定

厂房位置及轴线的确定是厂房初期设计最主要的工作，也是对整个地下厂房安全性影响最大的工作。厂房轴线的选择与地质条件密切相关，在选择厂房布置位置及轴线时要充分考虑该处的地质条件，不应选择地质条件较差的地方布置地下厂房。

测绘专业队伍建立整个枢纽区的测绘地面模型，地质专业队伍在枢纽区进行相应的地质钻孔，将钻孔信息录入三维地质系统中，结合测绘专业队伍所生成的三维地表模型，形成三维地质模型，通过相应的计算及情况分析，工程设计师可初步选定厂房布置位置及轴线方向。

（2）根据机组参数初建结构模型

机电专业根据规划、水文提供的资料确定机组的大体几何尺寸参数提交给结构设计专业进行粗略布置。设计师进行轴网的布置，轴网是参与地下厂房设计的各个专业基础模型，为方便设计师的操作习惯，轴网建立在相对坐标上，高程与实际高程相同。

建立完成轴网，设计师可利用相应的专业软件打开PW目录上的相应文件，参考轴网进行相应的厂房结构布置，搭建起厂房的外轮廓模型。

（3）机电设备布置

在三维设计的工作中，机电设备专业可以在结构专业进行设计的同时开展本专业的三维设计工作，采用骨架模型理论将模型划分为基本单元，进而完成每个单元的相应设计。协同设计需要依据参考功能，机电专业在设计时需要实时了解厂房专业的布置情况，机电设计文件参考厂房专业的三维设计成果及相关文件，在厂房的设计成果上进行本专业的三维布置，但无法修改相关其成果。

机电专业的三维设计工作主要是依据设计情况将机电设备进行相应布置摆放，如图6-15所示。机电设备的原始模型可以通过元件库进行调用，机电设计人员只需将三维设备模型的设计参数存储到模型中进行位置确定摆放，并将厂房进行逐级划分为许多个小单元，最终可将其组装成厂房的总体模型。

（4）厂房内部结构设计细化

协同设计是一个相互的、循序渐进的过程，机电设备进行初步布置以后，厂房专业参考机电专业的设备布置情况，利用机电专业的相关设备布置情况对厂房内部细部结构设计进行细化。根据设计结果对厂房内部承重结构如柱子尺寸、梁尺寸、板厚度等进行确定，并进行相应的调整，确定混凝土强度等级，对模型赋予材料属性。同时，一些埋入大体积混凝土中的设备如蜗壳、尾水管等，要与厂房进行布尔运算。细化工作有利于保证后期工程量统计精准，

图6-15 机组设备布置

完成厂房内部结构设计的细化工作。

（5）建筑专业设计

协同工作可以实现建筑专业在厂房内部结构细化的同时进行本专业的三维设计开展工作，根据厂房内部细化的成果，建筑专业参考厂房结构基础单元模型进行本专业的三维设计工作，对墙体、卫生洁具、门窗等进行布置，同时需要对墙体的属性进行赋予，包括内外面的定义、墙体的材质、密度等，可为后期照度计算及能耗计算做准备，后期进行相关工作时，可直接调用，避免数据二次录入带来的额外工作量，如图6-16所示。

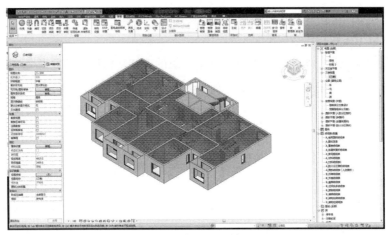

图6-16　建筑三维布置

（6）机电布置细化

厂房内部结构细化、建筑专业三维设计进行的同时，机电专业需要调整设备布置，进行管路的详细布置，包括埋管明管，设备调整完成后，根据设备的布置情况进行三维桥架布置，设计精度逐渐加深，利用三维数字化仿真方式将桥架实际走向绘制出来，同时对其进行设备信息的赋予，包括桥架外形尺寸、电压等级、容积率、单位长度、分割板数目等，桥架端点要与设备进行链接，保证设备之间可以通过桥架进行联通，保证后期电缆自动敷设工作可以完全进行，如图6-17、图6-18所示。

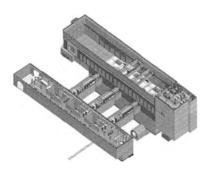

图6-17　机电设备细化布置平面剖

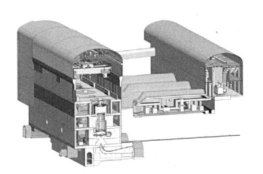

图6-18　机电设备细化布置纵剖

6.5.4 模型模拟计算与三维配筋

（1）三维模拟计算

厂房所有设备的布置情况以及设备参数的选定在理论计算的基础上必须有计算结果作为支撑依据，采用三维协同设计可建立三维信息模型，将信息模型直接导入计算软件中可进行相关的三维模拟计算。以水力计算为例，计算软件是基于平台基础构建的模型进行二次开发的软件，计算前读取三维设备相关信息包括管径、长度、粗糙率等，按照水力计算公式软件进行计算确定参数，将参数导回模型，作为模型附属信息，不断进行重复计算，达到设计优化效果。将最终信息存储于三维模型，实现三维数字化设计。

（2）三维配筋

项目进入施工阶段，结构专业将进行钢筋图的绘制工作。传统二维设计厂房结构专业钢筋图绘制工作量巨大，但是钢筋图绘制的重复工作较多，无法充分发挥设计师的价值。如果不改变传统设计手段及方法，设计生产力将无法解放出来而大大降低设计效率。采用三维配筋系统进行配筋工作可简化这一部分工作。利用结构专业建立的三维结构模型进行相应的三维配筋，选择相应配筋面，软件会自动按照设计规范对该面进行三维布筋。将传统的二维图纸变成三维绘制，使得空间设计更加立体。绘制完成三维配筋模型，还需进行后期成果的提取，钢筋图、钢筋表、材料表软件可自动生成，并进行相应标注，而钢筋表和材料表由于是从三维模型中直接提取的，运行速度快的同时也与实际情况完全一样，保证了设计的准确性。最终将三维模型和二维图纸同时提交给施工方进行工程建设，如图6-19所示。

6.5.5 电缆与照明布置

（1）电缆与自动敷设

电站的电缆敷设是以往设计过程中容易忽略的部分，但通过已建工程的实际情况发现，不进行电缆敷设会导致施工单位放置电缆过程中没有参照，进而乱放电缆不便于后期维护。电缆敷设是复杂而又易出错的工作，并逐渐引起业主对电缆敷设工作的看重，电缆敷设便作为电气专业必须要做的工作之一。电缆敷设工作不仅仅可以解决施工单位无规则放置电缆所导致的后期难以维护管理的问题，还可以对电缆的长度进行预估算，使电缆合理化采购，进而提高经济效益。目前各设计单位对于电缆路径的规划还是采用手动布路，手动计算电缆长度，因此造成人为计算误差，这使得在放置电缆过程中导致局部电缆拥堵，电缆总长度与实际用量存在很大误差。而本次厂房三维数字化设计，利用数字化软件进行电缆的自动敷设，将这部分工作交给计算机来完成，大大提高了设计效率和质量。机电设备三维设计工作细化完成，便可进行电缆自动敷设，将电气设备模型和桥架模型导入敷设

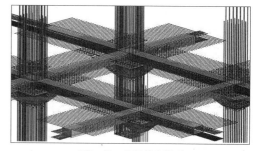

图6-19 钢筋信息模型

软件中，制定敷设规则，如电缆型号、重量、电缆起始端设备，软件会自动选择最近桥架从起始设备到终止设备敷设电缆，限于桥架在布置时已输入了电压等级、容积率等参数，如不满足需求形成过分拥堵，软件会寻找自动寻找次优路径进行敷设，敷设完成后会利用虚拟线表示电缆路径并存储电缆相关信息，利用其可直接指导施工。

（2）电气照明布置

电气设计后期需要进行照明设计，现在采用比较多的方法是单通量法或者是 LED 照明。对单通量法进行改进的方法计算起来相对简单，但不是最优的设计方案。利用厂房建筑三维模型模拟实际情况进行照度计算，利用照度计算软件导入建筑结构三维模型，在建模时设计人员已经将属性赋予模型上，导入计算软件后，设计人员设定所采用的灯具功率以及照度要求，软件会自动进行照度计算并进行推荐灯具布置情况，设计师进行相应的调整，在将设计成果导入三维照明布置软件中，软件会自动将灯具按照其计算位置进行布置，并存储其相关设备信息。布置完成后设计师进行灯具之间电线的连接，形成三维照明布置成果。

6.5.6 三维模型组装

利用骨架模型理论，三维模型设计过程中是按照基础单元进行划分进行设计的，是一个个独立的单元。需要将这些基础单元进行组装进而形成整个的地下厂房三维设计模型。组装主要发挥参考功能，建立每一个层级文件的关联关系，对不同构建单元进行相应的组合，形成所要的模型文件。每一个层级建立相应的空文件，参考下一层级文件即可。文件的优化管理也是重要内容，每一个组装文件都是空文件，文件本身没有任何三维模型，只是建立与底层设计文件的关联关系，如果设计方案变动，只需修改最底层设计文件，所有的参考组装文件都会随之变化，组装文件轻量化的同时也减少修改方案所带来的工作量。

6.5.7 碰撞检查及三维校审

成果的精确是三维设计的关键优势，可以利用数字化软件自带的功能进行校审和自动碰撞检查，如图 6-20 所示，利用骨架模型理论设计师将整个地下厂房的三维模型进行划分成基础单元，而每个基础单元由多个专业的设计成果进行组成包括：结构、建筑、电气、水机、暖通等专业三维设计成果，机电管路与设备布置时参考厂房结构来进行三维布置，但是机电各个专业之间一般不采用互相参考进行设计，如三维设计过程中机电专业互相参考，会由于管路太多导致设计界面复杂，容易出错。机电专业不进行互相参考设计，便会造成三维设计模型之间存在冲突，三维设计可以利用软件来进行自动碰撞检查进而解决这个二维设计无法解决的难题。当基础单元模型建立完成以后，将其进行组装，新建组装文件对底层文件进行参考，形成一个完整的基础单元三维模型，利用软件自带的功能，进行内部碰撞检查，软件内部进行排查，三维模型是空间立体的，排查两个模型之间是否有交集，如果有交集则会定义为碰撞，提交给校审人员进行确认，经过校审人员确认形成校审文件反馈给设计人员进行相应的修改。

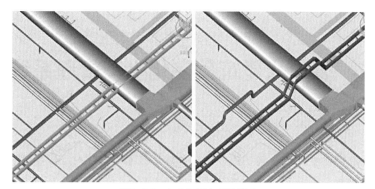

图6-20   专业间设备碰撞检查

工程量统计是在整个厂房设计过程中必须进行的工作，任何专业都离不开这项工作，结构专业需对混凝土方量、钢筋量、各型号钢筋采购量进行计算，建筑专业需对门窗、洁具的建筑装饰品数量进行统计，机电专业需对各设备数量、电线电缆长度、桥架型号及长度、水管型号及长度等进行相应的统计工作。利用三维数字化设计，采用系统软件本身带有的统计功能，软件可自动计算模型的体积，同时模型又赋予了相应的材料属性，软件会自动统计出其相应的工程量。统计结果实现快速和准确的优势，极大地解放生产力、提高设计效率、方便采购以及减少浪费。

7 装配式建筑数字化生产管理系统

装配式建筑数字化生产技术包括数字化自动加工技术和数字化工厂管理技术，通过一体化数字化技术将完整、准确的设计信息及时传递给工厂，进而实现一体化数字化生产。为保证建筑构件的标准化，国家出台了装配式建筑构件设计模数化的规定，以满足建筑构件数字化生产的要求。工厂生产环节是装配式建筑建造中特有的环节，也是构件由设计信息变成实体的阶段。构件自动化加工需要结合信息化的自动加工技术以及生产执行管控，使构件生产摆脱人为干扰的影响，提高生产质量和效率，然后通过数字化管理技术进行生产计划、生产组织、生产调度、协调与控制等，从而实现物质变换、产品生产、价值创造。

7.1 装配式建筑数字化生产管理理念

装配式建筑的预制构件具有施工方便、外观质量有保证、加快工程进度、降低施工难度等优点，因此，应用在许多工程施工中。构配件工厂化加工生产是指按照统一标准定型设计，在工厂内成批生产各种构配件。构件工厂采用工厂化、批量化与数字化生产工艺有利于保证建筑产品的质量以及尺寸形状的精确。根据工厂设备条件利用 BIM 模型设计模具，根据 BIM 模型多维可视的特点结合 CAD 图纸指导工人施工、下料、组装，及时进行可视化进度管理，实时同步的统计分析，能够清楚地了解当前项目的整体进度，及时发现问题。生产管理人员可以利用装配式建筑数字化生产系统，根据 BIM 构件模型整合的材料归类信息，实现与财务系统的对接，精确控制物料的统计、归类、采购和用量。其中，数字化生产管理理念主要体现在以下两个方面。

7.1.1 自动化加工

构件类型、构件编号、构件尺寸、构件重量、构件原材料等属性信息应完整地包含在 BIM 设计模型中，可以将 BIM 设计信息直接导入工厂中央控制系统，进而转化成机械设备可读取的生产数据信息，基于加工信息集成与自动加工技术实现预制构件的自动化生产。通过工厂中央控制系统，无需人工二次录入，将 BIM 模型中的构件信息直接传送给生产设备进行自动化精准加工，提高作业效率和精准度，实现精益生产，实现设备对设计信息的识别和自动化加工，实现设计信息与加工信息无缝对接及共享。生产线各加工设备，例如画线机、布料机、养护窑的中控等自动识别 BIM 构件设计信息，智能化地完成画线定位、模具摆放、混凝土浇筑振捣、养护等一系列工序，实现设计 – 加工一体化。

7.1.2 工厂化管理

BIM 设计与生产信息化管理技术可以避免对信息进行人工二次录入,通过将 BIM 信息直接导入工厂信息管理系统,实现工厂自动排产,物料需求的信息化,自动精准算量,关联物料采购的自动提醒及采购料量的自动推送,构件生产的优化排布、过程质量的信息录入,构件自动查询查找、构件库存和运输的信息化管理等。工厂生产信息化管理系统在自动生成生产数据信息的基础上,可以结合 RFID 与二维码等物联网技术及移动终端技术实现生产排产、物料采购、模具加工、生产控制、构件质量、库存和运输等实时的数字化管理。

7.2 装配式建筑预制构件生产内容

7.2.1 预制构件生产工艺

(1)生产流程

发展装配式房屋建筑是当前国内外建筑行业的重要趋势,体现着更加标准化、机械化、自动化的建筑方式。PC 生产线通过住宅预制构件的批量生产,使传统的工地现浇式分散工作转移到工厂预制加工,然后运输到工地,发挥节省人力物力、简化规范建筑流程、提高工作效率的显著优势。

平模工艺是目前预制构件的主流生产工艺,详细分类如图 7-1 所示。根据模台的运动与否,预制构件生产工艺分为平模传送流水线法和固定模位法。具体工艺流程如图 7-2 所示。

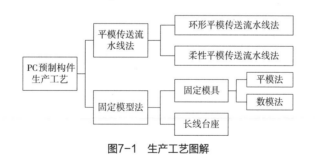

图7-1 生产工艺图解

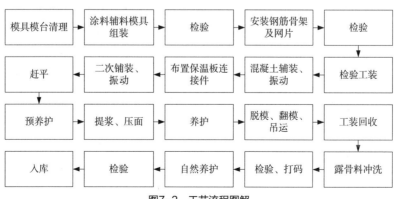

图7-2 工艺流程图解

其中每一项流程均需要参考《随工单》《作业指导书》《检验记录表》《检验作业指导书》《质量控制点设置清单》《过程监督检查表》《隐蔽工程检验验收记录》《布线作业图》等。其目的是为建立健全生产工艺管理，明确生产责任，规范工艺流程，保证工艺流程处于受控状态，以实现生产过程优质、高效、低耗、安全。

（2）构件分类

预制构件的种类一般有预制梁、预制柱、预制外承重墙板、内承重墙板、外挂墙板、预制楼板、预制叠合楼板、预制楼梯、预制内隔墙板、预制阳台板等，部分构件模型如图7-3所示。

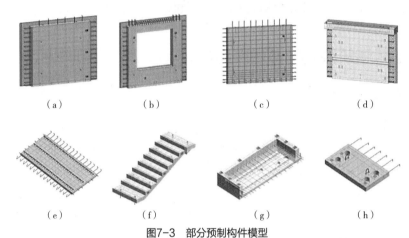

（a）　　　　　（b）　　　　　（c）　　　　　（d）

（e）　　　　　（f）　　　　　（g）　　　　　（h）

图7-3　部分预制构件模型
（a）预制混凝土外墙；（b）预制混凝土外墙（带窗洞）；（c）预制混凝土内墙；（d）夹心保温式女儿墙；
（e）预制叠合楼板；（f）预制楼梯；（g）预制叠合阳台板；（h）预制阳台板

（3）建筑部品

建筑部品是指通过先进的技术将外墙装饰、保温、防水、门窗、管线、集成卫生间、整体橱柜、储物间等室内建筑部品融合在一起，并采用标准化接口、工厂化生产、装配化施工，使墙体在满足承重功能的基础上又取得了更多有效的附加值。

（4）生产线制作所需设备

1）布料机：此设备是混凝土浇筑布料设备，能够高效、优质地生产出现代装配式建筑所需的各种预制构件。

2）送料车及支架：其作用是将搅拌站搅拌好的混凝土材料输送给布料机。

3）振动台：其作用是将布料机摊铺在台车上模具内的混凝土进行振捣，充分保证混凝土内部结构密实，从而达到设计强度。

4）翻转台：此设备是在PC生产线上用于墙板垂直脱模的设备，以便于产品后期的存放、运输及吊装。该设备能使墙板的脱模更快速，避免了墙板在脱模时的开裂现象；脱模后墙板使用垂直存放，能更有效地利用厂房的存放空间。

5）横移车：此设备可以缩短生产线的长度，减少占地面积，同时对生产线高度的要求大大降低，可以安装在生产线任意位置，使生产线更灵活。

6）刮平机：此设备将模具内振捣后的混凝土刮平，使PC板表面更加平整、光滑。

7）养护窑：此设备用于 PC 板的静置养护，可以自动进板和出板，自动化程度高，节省场地。

8）养护窑围挡：将养护窑保温板围住，确保 PC 构件在一个密闭的空间内，且热量不散失。

7.2.2 预制构件生产流程

1. 模具安装

（1）施工准备

1）技术准备

①模具安装前，应对进厂的模具进行扭曲、尺寸、角度以及平整度的检查，确保各使用的模具符合国家相关规范要求。

②模具安装前应对试验、检测仪器设备进行校验，计量设备应经计量检定，确保各仪器、设备满足要求。

③模具安装前应对施工人员进行技术交底。

④根据工程进度计划制定构件生产计划。根据构件吊装索引图，确定构件编号、模具编号。某预制构件生产工厂构件生产线的模具安装如图 7-4 所示。

2）主要材料

隔离剂、水平缓凝剂、垂直缓凝剂、胶水、PVC 管、灯箱、线耳、轮式塑料垫块、玻璃胶等。

3）主要机具

大刀铲、小刀铲、小锤、拉勒驳、两用扳手、撬棍、灰桶、高压水枪、磨机（钢丝球、砂轮片）、砂纸、干扫把、干拖把、毛刷、卷尺、弹簧剪刀、螺丝刀、弹簧、玻璃胶枪等。

4）作业条件

①预制场地的设计和建设应根据不同的工艺、质量、安全和环保等要求进行，并符合国家和地方的相关标准或要求。

②模具拼装前须清洗，对钢模应去除模具表面铁锈、水泥残渣、污渍等。

③模具安装前，确保模具表面光滑、干爽，且衬板没有分层现象。

（2）模具安装

1）模具安装前必须进行清理，清理后的模具内表面的任何部位不得有残留杂物。

2）模具安装应按模具安装方案要求的顺序进行。

3）固定在模具上的预埋件、预留孔应位置准确、安装牢固，不得遗漏。模具安装就位后，接缝及连接部位应有接缝密封措施，不得漏浆。

4）模具安装后相关人员应进行质量验收。

5）模具验收合格后模具面均匀涂刷隔离剂，模具夹角处不得漏涂，钢筋、预埋件不得沾有隔离剂。隔离剂应选用质量稳定、适于喷涂、脱模效果好的

图7-4 构件生产线模具安装

161

水性隔离剂，并应具有改善混凝土构件表观质量效果的功能。

（3）质量标准

1）工程质量控制标准

①预制构件模具尺寸的允许偏差应符合现行行业标准《装配式混凝土结构技术规程》JGJ 1—2014 的规定。当设计有要求时，模具尺寸的允许偏差应按设计要求确定。

②固定在模具上的预埋件、预留孔洞中心位置的允许偏差应符合现行行业标准《装配式混凝土结构技术规程》JGJ 1—2014 的规定。

2）质量保证措施

①模具安装质量应满足国家及地方相关标准的要求。

②模具内表面应干净光滑，无混凝土残渣等任何杂物，钢筋出孔位及所有活动块拼缝处应无累积混凝土，无粘模白灰。模具外表面（窗盖、中墙板等）、洗水面板应无累积混凝土。

③模具内表面打油均匀，无积油；窗盖、底座及中墙板等外表面无积油，缓凝剂涂刷均匀无遗漏。

④模具拼缝处无漏光，产品无漏浆及拼缝接口处无明显纱线状痕迹。

⑤模具的平整度需每周循环检查一次。

2. 钢筋安装

（1）施工准备

1）技术准备

①钢筋施工应依据已确认的施工方案组织实施，焊工及机械连接操作人员应经过技术培训考试合格，并具有岗位资格证书。

②钢筋笼绑扎前应对施工人员进行技术交底。工人在预制构件生产线中进行钢筋绑扎如图 7-5 所示。

③对外委托加工的钢筋半成品、成品进场时，钢筋加工单位应提供被加工钢筋力学性能试验报告和半成品钢筋出厂合格证，订货单位应对进场的钢筋半成品进行抽样检验。

2）材料要求

①钢筋的型号、数量、间距、尺寸、搭接长度及外露长度符合施工图纸及规范要求。所用钢筋须达到国家及地方相关规范标准的要求。

②钢筋应按进场批次的级别、品种、直径和外形分类码放，妥善保管，且挂标识牌注明产地、规格、品种和质量检验状态等。

③对有抗震设防要求的构件，其纵向受力钢筋的强度应满足设计要求；当设计无具体要求时，对一、二级抗震等级，检验所得的强度实测值应符合以下规定：钢筋的抗拉强度实测值与屈服强度实测值的比值不应小于 1.25；钢筋的屈服强度实测值与强度标准值的比值不应大于 1.3；钢筋的最大力下总伸长

图7-5 预制构件生产线的钢筋安装

率不应小于9%。

3）主要施工机具

切割机、弯曲机、卷尺、扎钩等。

4）作业条件

①钢筋加工场地和钢筋笼预扎场地应根据要求规划好，场地均应平整坚实。

②钢筋笼存放区域应在龙门吊等吊运机械工作范围内。

（2）钢筋笼绑扎

1）钢筋笼绑扎工艺

制作钢筋开料表→钢筋开料、弯钢筋→按照项目图纸分料→绑扎组件→组装钢筋笼→固定附加钢筋、预埋钢筋→安装支架筋→钢筋笼检查→标记钢筋牌（标明钢筋预扎的型号、楼层位置、生产日期等基本信息）。

2）钢筋骨架制作要求

①钢筋的品种、级别、规格、长度和数量必须符合设计要求。

②钢筋骨架制作宜在符合要求的胎模上进行。

③钢筋骨架制作应进行试生产，检验合格后方可批量制作。

④钢筋连接应符合现行国家标准《混凝土结构工程施工质量验收规范》GB 50204—2015的规定。

⑤当骨架采用绑扎连接时应选用不锈钢丝并绑扎牢固，并采取可靠措施避免扎丝在混凝土浇筑成型后外露。

3）钢筋骨架安装要求

①钢筋骨架应选用正确，保证其表面无浮锈和污染物。

②钢筋锚固长度符合要求。

③悬挑部分的钢筋位置正确。

④使用适当材质和合适数量的垫块，确保钢筋保护层厚度符合要求。

（3）质量标准

1）质量控制标准

预制构件钢筋的加工及安装偏差应符合现行行业标准《装配式混凝土结构技术规程》JGJ 1—2014及地方有关标准与技术规范。

2）质量保证措施

①预制构件所用钢筋须检验合格。

②钢筋骨架整体尺寸准确。

③绑扎钢筋位置须有清晰、准确的记号。

④绑扎钢筋扎丝的扎点应牢固无松动，扎丝头不可伸入保护层。

⑤钢筋笼不可直接摆放于地上，应用木枋承托或存放于架上。

⑥在钢筋网上装轮式塑料垫块、墩式塑料垫块，需要合理使用数量，不能用错型号，轮式

塑料垫块开口一定不能朝向模具方向，垫块在钢筋网上要稳固，特殊位置要用扎丝固定。

⑦所有钢筋交接位置及驳口位必须稳固扎妥。

⑧预留孔位须加上足够的洞口钢筋。

⑨钢筋应没有铁锈剥落及污染物。

⑩钢筋笼牌应标明钢筋笼的型号、楼层位置、生产日期。

3. 混凝土浇筑

（1）施工准备

1）技术准备

①原材料进场前应对各原材料进行检查，确保各原材料质量符合国家现行标准或规范的相关要求。

②浇筑前对混凝土质量检查，包括混凝土强度、坍落度、温度等，各指标均应符合国家现行标准或规范的相关要求。

③混凝土浇筑前，应根据规范要求对施工人员进行技术交底。

2）混凝土材料要求

①水泥宜采用42.5级普通硅酸盐水泥，质量应符合国家现行《通用硅酸盐水泥》GB 175—2007的规定。

②砂宜选用细度模量为2.3~3.0的中粗砂，质量应符合国家现行《普通混凝土用砂、石质量及检验方法标准》JGJ 52—2006的规定。

③石宜用粒径5~25mm碎石，质量应符合国家现行《普通混凝土用砂、石质量及检验方法标准》JGJ 52—2006的规定。

④外加剂品种应通过试验室进行试配后确定，外加剂进厂应有质保书，质量应符合国家现行《混凝土外加剂》GB 8076—2008的规定。

⑤低钙粉煤灰应符合国家现行《用于水泥和混凝土中的粉煤灰》GB/T 1596—2017标准中规定的各项技术性能及质量指标，同时应符合45μm筛余≤18%，需水量比≤100%的规定。

⑥拌合用水应符合国家现行《混凝土用水标准》JGJ 63—2006的规定。

⑦混凝土中氯化物和碱的总含量应符合现行国家标准《混凝土结构设计规范》GB 50010—2010和设计要求。

3）作业条件

①浇筑混凝土前，模具内表面应干净光滑，无混凝土残渣等任何杂物，钢筋出孔位及所有活动块拼缝处无累积混凝土，无粘模白灰。

②浇筑混凝土前，施工机具应全部到位，且施工机具位置方便施工人员操作。其中小型预制构件布料机如图7-6所示。

图7-6　预制构件布料机

（2）操作工艺及施工要求

混凝土坍落度、温度、强度测试→混凝土浇筑、振捣→粗略整平、刷缓凝剂、表面压光→清洁料斗、模具、外露铁及地面。

1）混凝土坍落度、温度、强度测试应符合下列要求：

每车混凝土应按设计坍落度做坍落度试验和试块，混凝土坍落度、温度严格按照相关标准测试合格，混凝土的强度等级必须符合设计要求。用于检查混凝土预制构件混凝土强度的试块应在混凝土的浇筑地点随机抽取，取样与试块留置应符合现行国家标准《混凝土结构工程施工质量验收规范》GB 50204—2015 的规定。

2）混凝土浇筑、振捣应符合下列要求：

①按规范要求的程序浇筑混凝土，每层混凝土不可超过 450mm。

②振捣时快插慢拔，先大面后小面；振点间距不超过 300mm，且不得靠近洗水面模具。

③混凝土应用振捣机振捣密实。

④振捣混凝土时限应以混凝土内无气泡冒出为准。

⑤可用力振混凝土，以免混凝土分层离析，如混凝土内已无气泡冒出，应立即停振该位置的混凝土。

⑥振捣混凝土时，应避免钢筋、板模等振松。

3）粗略整平、刷缓凝剂应符合下列要求：

混凝土浇筑完后，用木抹子把露出表面的混凝土压平或把高出的混凝土铲平。表面粗平后，用毛刷醮取缓凝剂，均匀涂刷在混凝土表面需水洗处，涂刷时用钢筋或木条遮挡不需洗水部位，使缓凝剂不随意流动。

混凝土表面粗平完成后半小时，且混凝土表面的水渍变成浓浆状后，先用铝合金方通边赶边压平，然后用钢抹刀反复抹压两三次，将部分浓浆压入下表层。用灰刀取一些多余浓浆填入低凹处达到混凝土表面平整，厚度一致，且无泛砂及表面无气孔、无明显刀痕。

在细平一个模表面后半小时且表面的浓浆用手能捏成稀团状时，开始用钢抹刀抹压混凝土表面一两次，并不产生刀痕，表面泛光一致。在混凝土表面收光完后，在需要扫花的地方用钢丝耙进行初次的处理。在浇完混凝土 3 小时后（初凝后），再次用钢丝耙进行混凝土表面拉毛。最后在混凝土初凝后，在构件产品的底部盖上钢印，标明日期。

4）清洁料斗、模具、外露钢筋及地面

预制构件表面混凝土整平后，宜将料斗、模具、外露钢筋及地面清理干净。

（3）质量标准

1）每车混凝土要按设计坍落度做坍落度试验和试块，混凝土坍落度、温度测试合格。

2）混凝土浇筑过程中不能私自加水。

3）混凝土应在初凝前浇筑完成。

4）按规范要求的程序浇筑混凝土，每层混凝土厚度不可超过 450mm。

5）插棒时快插慢拔，先大面后小面；振点间距不超过 300mm，且不得靠近洗水面模具。

6）振捣混凝土时，不可过分振混凝土，以免混凝土分层离析，应以将混凝土内气泡尽量排尽为准。

7）振捣混凝土时，尽量避免把钢筋、板模或其他配筋及设备振松。

8）料斗及吊机清洁干净无混凝土残渣。

9）外露钢筋清洁干净，窗盖、底座等无混凝土残渣。

4. 养护

（1）施工准备

1）技术准备

①洗水前根据规范要求，宜控制好合适的水压。

②检查构件缺陷，对严重缺陷应制定专项修整方案，方案应经论证审批后再实施，不得擅自处理。

③选择合理的养护方式，养护方式应考虑现场条件、环境温湿度、构件特点、技术要求、施工操作等因素。

2）主要施工机具

高压水枪、灰桶、铁锤、凿子、灰匙、角磨机、金刚石磨片、砂轮片、砂纸、毛刷、水平尺、搅拌机、量杯、钢丝刷等。

3）主要材料

修补材料、水、胶水、海绵等。

（2）施工要求

1）洗水

预制构件的洗水应符合下列规定：

①洗水不均匀深浅不一致，小面积露出石子的地方应用凿子凿出石子，石子露出平面三分之一。

②产品外观整洁干净无色差、棱角分明，无气孔水眼。

③转角预制件90°直角误差不大于3mm，平整度误差不超过3mm。

④顶梁洗水面与光面交界处成直线。

⑤铝窗边的混凝土需平整光滑，大于3mm的气孔严禁抹干灰，角磨机打磨过的位置需用砂纸擦掉粗的磨痕；铝窗清洁干净且无损伤。

2）修补

预制构件的修补是对构件的通病进行修补，且应符合表7-1的相关规定。

3）养护

混凝土浇筑后应及时进行保湿养护，保湿养护可采用淋水、覆盖、喷涂养护剂等方式。选择养护方式应考虑现场条件、环境温湿度、构件特点、技术要求、施工操作等因素。

①脱模前成品的养护

A. 气温在35℃以上时，在抹面完成三小时后，在混凝土表面每隔半小时淋水湿润一次。

预制构建修补规定 表 7-1

常见通病	特征	修补措施
剪口	凸出或凹入预制件表面超过 2mm	将预制件上铁模接缝处凸出的混凝土用角磨机磨平，凹陷处用修补料补平
蜂窝	预制件上不密实混凝土的范围或深度超过 4mm	1）将预制件上蜂窝处的不密实混凝土凿去，并形成凹凸相差 5mm 以上的粗糙面。 2）用钢丝刷将露铁表面的水泥浆磨去。 3）用水将蜂窝冲洗干净，不可存有杂物。 4）用已批准使用的修补料按照厂家指示加水搅拌均匀，形成不收缩的修补水泥浆。 5）将修补水泥砂浆填补蜂窝，然后将表面扫平至满足要求
水眼	预制件上不密实混凝土或孔洞的范围不超过 4mm	1）将水眼表面的水泥浆凿去，露出整个水眼。 2）用水将水眼冲洗干净。 3）用修补料将水眼塞满，表面扫平即可
崩角	预制件的边角混凝土崩裂，脱落	1）将崩角处已松动的混凝土凿去。 2）用水将崩角冲洗干净。 3）用修补料将崩角处填补好。 4）若崩角的厚度超过 40mm 时，要加种钢筋，分两次修补至混凝土面满足要求。 5）水泥凝结后 4 天要淋水做养护
轻微裂缝	裂缝宽度不超过 0.3mm	用修补料将裂缝遮盖即可
大裂缝	裂缝宽度超过 0.3mm	1）将裂缝处凿成"V"形凹口。 2）用已批准使用的修补料按照厂家指示加水搅拌均匀，形成不收缩的修补用料

B. 当环境温度介于 15~30℃时，应观察成型后的预制件有没有存在裂纹，如没有一般不需淋水养护操作；如有裂纹就必须在脱模前对产品进行淋水保湿养护。

C. 气温在 15℃以下时宜采用蒸汽养护。

②脱模后成品的养护

A. 产品脱模后堆放期间，白天宜每隔两小时淋水养护一次；如天气炎热或冬季干燥时适当增加淋水次数或覆盖麻袋保湿。

B. 养护时间由预制件成品后期连续 4 天。

C. 在开始养护的预制件上挂牌标明，养护完成后将牌摘下。

D. 淋湿预制件顺序为自上而下。

（3）质量标准

1）成品脱模起吊时混凝土强度需满足设计要求及相关规范的规定。

2）预制件的表面混凝土要保持湿润至少 4 天。

3）检查开始养护的预制件是否全部浇湿。

4）白天 7:00 至 19:00 每两小时检查一次；晚上 19:00 至第二天 7:00 每四小时检查一次。

5）若预制件表面干燥，要立即补做淋水养护。

5. 脱模

（1）施工准备

1）技术准备

①脱模前应检查混凝土凝结情况，确保混凝土强度符合脱模要求。

②脱模前，应根据规范要求对施工人员进行技术交底，确保模板的拆除顺序应按模板设计施工方案进行。

2）主要施工机具

吊梁、吊环、吊链、拉勒驳、两用扳手、套筒扳手、铁锤、撬棍、墨斗、丝拱、钢卷尺、角尺、铅笔、字模等。

（2）施工操作要求

1）模板拆除时，混凝土强度应符合设计要求；当设计无要求时，应符合现行国家标准《混凝土结构工程施工质量验收规范》GB 50204—2015的要求，即混凝土强度达到10N/mm²即可拆除。

2）对后张法预应力构件，侧模应在预应力张拉前拆除；底模如需拆除，则应在完成张拉或初张拉后拆除。

3）脱模时，应能保证混凝土预制构件表面及棱角不受损伤。

4）模板吊离模位时，模板和混凝土结构之间的连接应全部拆除，移动模板时不得碰撞构件。

5）模板的拆除顺序应按模板设计施工方案进行。

6）模板拆除后，应及时清理板面，并涂刷隔离剂；对变形部位，应及时修复。

（3）质量标准

1）预制构件脱模起吊时混凝土强度应符合设计要求；当设计无要求时，应符合现行行业标准《装配式混凝土结构技术规程》JGJ 1—2014。

2）质量保证措施

①模具螺丝无漏拆，不宜早拆。

②拆模时严禁敲打模具，铝窗拆模时无损伤，活动块及旁板等模具配件整齐码放在指定位置。

③每颗线耳必须攻丝，清洗线耳内杂物，内部上油后用海绵堵住线耳入口。

④吊运时吊臂上的吊点均匀受力，短链条与吊臂要垂直，吊扣要扣牢固，吊臂上要加帆布带（保险带）；起吊时混凝土强度应大于15N/mm²，放置产品时应平稳。

⑤编号在产品上的位置、日期、字体顺序正确。整个编号无倾斜，标志内容包括：公司名称缩写、预制件类型、预制件编号、模具编号、工程编号、预制件的重量。

⑥墨线清晰、粗细均匀、大小控制在1mm内，尺寸控制在2mm内。

6. 成品存放及检测

（1）施工准备

1）技术准备

①根据预制构件的重量和外形尺寸，设计并制作好成品存放架。

②对存放场地占地面积进行计算，编制存放场地平面布置图。

③根据已确认的专项方案的相关要求，组织实施预制构件成品的存放。

④混凝土预制构件存放区应按构件型号、类型进行分区，集中存放。

某预制构件堆场如图7-7所示。

2）主要施工机具

吊梁、吊环、吊链、C字架、吊架、帆布带、存放架、翻转架等。

3）作业条件

①预制件应考虑按项目、构件类型、施工现场施工进度等因素分开存放。

②存放场地应平整，排水设施良好，道路畅通。

图7-7 预制构件堆场

③预制件分类型集中摆放，成品之间应有足够的空间或木垫防止产品相互碰撞造成损坏。

（2）操作工艺及要求

1）成品存放

①将修补合格后的成品吊运至翻转架上进行翻转，翻转前检查有无漏拆螺丝，两侧旁折板及顶梁是否固定牢固，工作台附近是否有人作业及其他不安全因素。

②成品起吊前应检查钢线及滑轮位置是否正确，吊钩是否全部勾好。

③吊运产品时吊臂上应加帆布带（保险带）。

④成品起吊和摆放时，需轻起慢放，避免损坏成品。

⑤将翻转后的成品吊运至指定的存放区域。

⑥预制楼板存放数量每堆不超过十件。

2）成品检测

①每个预制件均需进行回弹仪测试，测试在生产后7日进行，若测试结果不满足要求，则该预制件还需在生产后14日、21日、28日进行跟踪测试。测试结果必须满足要求才能出货，否则要进行抽芯试验。

②在要测试的预制件上选定2个约150mm高、160mm宽的区域，并将此范围内的混凝土表面用磨石磨平。

③在测试位置盖上印章（150mm×160mm的12格，3行×4列均分）作为打枪范围。

④在12个格内各打一枪，共12枪，并记录每枪读数。

⑤每12个有效读数中去除最低和最高读数，算出余下10个读数的平均值，查出对应的强度值为该预制件的测试强度值。

⑥根据测试结果集对应关系，预估该预制件的混凝土生产后28d强度。

（3）质量标准

1）一般规定

①预制构件应按设计要求和现行国家标准《混凝土结构工程施工质量验收规范》GB 50204—2015的有关规定进行结构性能检验，结构性能检验不合格的不得出厂。

②预制构件出厂前混凝土力学性能、长期性能和耐久性能指标必须满足设计要求，不合格的构件不得出厂。

③预制构件成品不得出现露筋、蜂窝、孔洞、夹渣、疏松等质量缺陷。

2）主控项目

①每一块混凝土预制构件必须独立编号，并应在构件明显部位标明工程名称、生产单位、构件型号、生产日期和质量验收标志，该标志在安装施工现场组装之前不得消失或难以识别。

②预制构件表面不应有严重缺陷。

③预制构件成品不应有影响结构性能和安装、使用功能的尺寸偏差。

3）一般项目

①预制构件成品清水面不宜有一般缺陷。对已经出现的一般缺陷，应由构件生产单位按技术处理方案进行修补或修饰，并重新检查验收，但处理的构件数量不应大于总数量的5%。

②预制构件的尺寸允许偏差应符合现行行业标准《装配式混凝土结构技术规程》JGJ 1—2014的规定。预制构件有粗糙面时，粗糙面相关的尺寸允许偏差可适当放松。

7.3 装配式建筑数字化生产技术

装配式建筑数字化生产是指运用计算机虚拟建造技术实现建设全生命周期的信息共享，使装配式建筑生产向全面物联、充分整合、协同运作的数字化建造方向发展。当前的数字化生产以BIM技术为基础，借助工厂化、机械化的生产方式，采用集中、大型的生产设备，只需要将BIM信息数据输入设备，就可以实现机械的自动化生产，这种数字化生产建造方式可以大大提高工作效率和生产质量。构件在生产过程中采用计算机数控技术对构件的加工和制造进行自动化控制，采用快速成型技术、切割技术、塑性加工技术、机器人砌筑技术等对构件进行生产加工制造。

数字化生产的主要特征为以集约化的管理模式为支撑，进行机械化生产、精密化测控、工厂化加工和信息化管理。传统的构件制作方式在施工现场进行人工制作，其中存在着工期、构件统计、质量等多方面问题的困扰。使用BIM技术可预先统计构件的类型、数量、材质、尺寸、体积等信息，并编制编号，导出预制加工图给工厂进行预制加工，再进行现场装配。BIM技术可极大降低构件的现场施工难度，提高构件的准确性和工作效率。

我国现有预制构件生产技术主要为引进国外先进技术和自主研发新技术并存的技术，根据生产线及生产工艺特点，大致可分为柔性流水生产线、固定模台生产线、预应力双T板生产线、自动化循环流水生产线等。

（1）柔性流水生产线

柔性流水生产线是我国现阶段保有较多的生产线类型之一，是基于流水生产线、固定台模生产线两种生产方式结合，其主要设备包括模台清理机、隔离剂喷涂机、布料机、振动台、立体养护窑、翻转机、摆渡车、支撑轮、驱动轮和构件运输车等。这种生产线的优点包括模台流转、灵活性强，生产节拍可调整的幅度较大，可满足多种板材的预制构件生产，如预制楼板、预制外墙板、预制三明治外墙板、预制双面叠合墙板等。

（2）固定模台生产线

固定模台生产线也是我国现阶段保有较多的生产线之一，其主要设备包括提吊式料斗、料斗运输车和构件运输车等。该生产线具有模台固定、作业设备移动的生产组织模式、产品适应性强等特点，可以生产各类型异型预制构件，如预制楼梯、预制空调板、预制阳台、预制飘窗等。

（3）预应力双T板生产线

预应力双T板生产线采用长线台和先张法结合的生产技术，主要用于生产不同高度、不同宽度、不同跨度及不同功能种类的预应力双T板，其产品主要应用于工业及公共类大跨度混凝土框架结构，预应力双T板生产线因其产品特点具有较好的市场前景。

（4）自动化循环流水生产线

自动化循环流水生产线是以计算机控制成组技术为基础，按照成组的加工对象完成预制构件的工艺过程，并能够自动调整和实现多种预制构件同时生产，其主要设备包括数字化控制混凝土布料机、模具摆放机器人、数控画线机、中央输送车、柔性码垛车等。该生产线具有自动化程度高、生产效率高的特点，在工序控制、产品质量稳定等方面均较为突出，主要用于生产预制楼板和预制双面叠合剪力墙等。上海某建筑构件产业化基地的自动化流水线如图7-8所示。

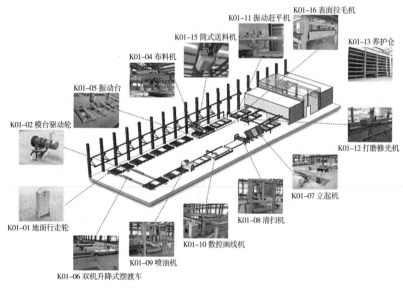

图7-8　预制构件自动化生产流水线

7.4　装配式建筑数字化生产管理

预制构件是装配式建筑的基本实体，装配式建筑数字化生产管理系统对构件的生产进行管理。生产管理系统承接建筑设计系统，提取构件属性信息，如构件种类、数量、工艺要求等，并根据构件生产中对原材料的需求及零部件的配套情况，制定相应的材料采购计划及生产计划。一般情况下，装配式建筑数字化生产管理系统可提供构件建造数据分析、生产计划管理、生产调度管理、库存管理、人力资源管理、工作中心/设备管理、工具工装管理、采购管理、成本管理、底层数据集成分析、上层数据集成分解等管理模块，为预制构件生产商提供一个扎实、可靠、全面、可行的数字化生产管理平台。

7.4.1 生产管理需求分析

预制构件生产工厂的正常运转需要协调不同部门间的工作，其中包含技术部、物资部、生产部、设备部、财务部、商务部。构件生产内容主要由生产相关流程、材料相关生产管理流程、模具管理流程、设备管理流程构成。生产组织流程包括项目部提供项目需求计划、技术中心图纸深化、生产方案编制、生产物资准备、生产组织、构件验收、构件出库几个重点环节。生产部作为主控部门，以项目部为起点，生产、组织、设计经由工厂内部审核通过后报上级公司技术中心组织相关部门会签及审核，最终报技术总工审批。

（1）生产设计变更

技术部负责生产设计的变更，技术员接到变更通知并通知相关人员评审，技术负责人及生产负责人做好设计变更评审、制定应对措施及进行变更技术交底。

（2）构件出入库

项目部主导构件的入库出库，以项目部为起点，现场项目部根据现场安装计划提出供货计划给工厂成品线及车辆运输公司。成品线主管根据现场需求组织资源进行装车发车，出货主管、运输司机、现场验收负责人签认产品质量。

（3）物资计划编制

物资总计划编制用于确定项目开工前的物资需求，后期材料采购依据此计划量进行控制，技术部利用软件导出构件所需清单及用量。工厂物资部根据技术部提供的数据和图纸进行复核，并编制项目辅材需求计划。

（4）材料入库

根据审批后的物料需求计划，到达工厂的物料由库管员组织相关部门进场验收，根据物资管理办法办理入库手续。材料出库由物资需求部门领料人提出申请，由申请部门负责人审核，库管员根据物料申请单审核申请内容是否在需求计划范围之内及额定范围之内，对超出计划的范围进行说明情况，并上报物资部领导审批。

（5）模具验收管理

模具验收管理以技术部为主控部门，生产部为起点。模具到场后由模具主管组织相关部门进行数量清点和质量验收。生产部负责人组织模具厂进行模具安装调试、首件产品试生产，模具主管组织对满足要求的模具进行最终验收，合格后方可入库。

生产部负责人根据使用周转次数和实际使用情况申请模具报废。技术部负责人根据申请情况进行现场确认审核，经批准后由商务部编制报废处置报告，处置过程中由财务部对报废设备进行原值、残值核对。

（6）设备管理

设备到厂后由设备部主管组织设备厂进行设备安装、调试、运行。运行正常后在获得厂长审批允许的前提下投入使用。设备使用部门根据设备运行情况提出维修申请，并对维修过程做好记录。针对不处于关键位置的小价值设备制定保养计划；对于大价值或处于关键位置的设备编制设备保养方案；对于大价值的设备保养结果进行申报，存档。超过一定限额的维修则进入大修流程，设备大修主要包括制定大修计划、维修实施、维修验收及维修报告的生成。

7.4.2 生产管理系统基础功能

装配式建筑数字化生产管理系统是实现现代化装配生产的基础。装配生产管理系统将车间的装配生产管理的各种流程进行集成，并且对角色任务进行划分，实现各种责任流程的虚拟演示。基于虚拟的平台来完成装配生产的装配订单填写、质量的管理（不合格品的返修、报废）、计划任务下达、工艺规程的制定并发布到平台上共享于相关人员，不同的系统根据项目要求一般包括对应的基础功能。

（1）人事信息管理

人事信息管理侧重于对装配分厂的车间现有员工及新入职员工的人事信息及日常人事事务进行处置管理。员工相关人事信息存放在不同信息类型中，每个信息类型由多个信息项构成，包括组织分配、个人信息、家庭成员、合同信息等，使信息管理结构化、规范化。所有数据可以按时间先后存储，所有的员工历史记录都会保存在系统中，便于统计查询；人事管理模块是与人力资源系统相关的核心子模块，与其他所有人力资源管理模块紧密集成，如工资核算、时间管理、组织管理等。

人事信息管理功能用于实现日常事务性的人事流程，如员工入职、转正、调配、离职等；通过按照相关的业务流程顺序结合多个相关的信息类型，从而实现事务制度化，有效地提高了工作效率。

人事信息的管理包括对装配分厂的所有员工信息的存储和管理进行编辑操作，需要处理大量繁琐的人事活动和事件，且记录数量巨大、种类繁多。将这些信息存储于相应的人员基本信息表中。因此，在实施中除了充分运用系统标准的人事信息类型外，还将结合客户化的人事事件信息维护方式，来满足企业对管理数量庞大、结构复杂的人员信息需求。

（2）设备管理

在装配制造生产车间中，除了占主导地位的人之外，对设备管理的现代化程度，从某种意义上说也能反映一个车间的生产水平。如果能够在管理指导车间的生产领导中实时、清晰地观察到设备闲置情况、设备的工作使用情况以及是否正常运转情况，便能有效地调度车间生产计划，提前或超额完成生产任务。对装配车间管理系统的设备管理模块设计主要包括设备基本信息管理、设备在用情况和设备的备用件数量信息、设备的故障信息、设备的维修管理、设备的恢复情况管理，设备的报废信息管理、还包含设备的易损件信息管理以及设备的申请购买管理等。以上信息的编辑、录入、确认等流程涉及车间工作人员比较，例如，直接接触生产设备的生产工人。因此生产工人需要完成负责生产设备使用情况、设备的故障信息、设备的维修信息等的填写任务。申请购买到货的设备和设备易损件信息的编辑录入数据库管理是由设备管理人员负责的，车间工人发出的购买设备申请获得车间主任同意批准后方可完成购买任务。

（3）产品装配订单信息管理

装配生产管理系统中产品装配订单信息模块主要读取订单管理信息，保证装配车间的装配生产订单信息能够信息来源统一，使得装配车间的装配订单信息能够实时共享到装配管理信息系统中，生产计划调度人员可以及时读取，进而规划好生产计划任务，同时也使车间的生产工人能够及时了解自己的工作订单的生产产品信息及交货缓急情况，更好地安排生产任务。

产品装配订单管理模块的信息内容包括装配订单信息录入、装配订单信息查看、已完成装配订单信息、待完成装配订单信息等。通过各部分功能的内部响应将录入的订单信息存储到不同的数据库表中。当订单管理人员进入装配生产管理系统的后，就能看到汇总的已完成装配订单信息和待完成装配订单信息，保证销售人员清晰地看到已完成的生产订单，跟进订单完成交货；使计划调度人员获取已完成和待完成装配生产订单，督促生产部按时完成任务并下达后续的生产任务；协助技术部相关人员制定后期指导工人生产的技术文件如装配生产过程工艺、工序及装配质量的合格标准规定等。

（4）计划调度管理

装配生产管理系统中的计划调度管理主要是针对订单规划、安排生产任务，有效地调度安排生产计划可以实现车间生产效益的最大化，在有限的时间内完成尽可能多的生产任务，为工人和设备赢得更大的成绩效益。

计划调度人员应首先初步了解物料的备用量、设备工作能力与状态、在制品、工装工具、人员等相关信息以保证编制出的生产作业计划合理实用，提高计划编制效率。生产计划要稳定可靠而且还要有一定的抗干扰能力，在遇到生产任务被暂时放弃而引入临时的加急订单任务以及在装配生产过程中发生的意外事情需进行处理时依然能够使生产计划顺利执行。计划调度人员利用制定的计划对生产进行指导，同时又能把握工作中可能出现的突发问题，为工人预留出一定的解决问题时间和设备维修时间等。

计划调度人员不仅要做好生产计划安排工作，还应制定辅助生产计划的定期检测维修计划，通过协调生产使生产工人完成生产任务时能够游刃有余。计划调度人员制定的生产计划是整个装配生产车间的生产计划，要达到生产工人的每日、每周甚至每月的生产计划还需要经过多层的计划的划分与消化分解。例如，某机械制造公司的管理模式是计划部根据接到的订单项目制定装配分厂的厂级生产计划，然后下达到各个生产车间，生产车间根据生产任务制定车间级的生产计划，将车间级的生产计划继续下分到各个车间班组中，车间的各个班组再根据班组级的计划逐步细致到本班组的日、周生产计划。

计划调度管理模块主要的功能模块根据不同的员工角色制定出的不同类别的计划，这些计划相互联系、相互制约，引导着各级员工共同完成整个生产任务。计划调度管理模块的功能包括查看录入的订单信息、库存信息、在用与闲置的设备信息录入、制定装配自制件生产计划、自制零部件追加计划（当有非预先计划的订单追加时产生）、装配零部件外购件购买计划，零部件生产计划查看、零部件生产计划修改、装配生产计划等。

（5）装配工艺信息管理

为使装配生产工艺能够满足现代适应性强的生产需求，装配生产过程管理系统通过改进工艺编制与管理方式，固化工艺参数，使装配生产工艺的审查与审批流程简化，节约审批时间提高效率，进一步加强工艺的标准化与规范化程度，缩短工艺编制周期，进而实现装配工艺信息的优化管理。

装配工艺信息管理模块相关的产品装配、加工工艺信息和装配订单信息的来源由最初的设计阶段产生，故该信息为实现信息来源的统一性也沿用产品设计阶段编辑录入的信息。信息的最初录入、修改、管理包括由装配工艺技术员根据装配订单管理人员编辑录入的装配车间生产订单信息，产品设计人员共同分析设计出的产品的可行性及产品装配加工制造方法，以及能满足外观质量和使用要求而研究制定的工艺文件。

装配工艺信息的内容包含装配工艺资源信息、装配工艺技术知识信息（包含工艺规程等）和工艺文件信息等。以上信息可以统一体现在工艺文件信息中，工艺文件包含的内容可以分为工艺管理文件，规定判断控制装配工艺的质量文件和工艺规程文件等。装配工艺信息管理模块包含的装配工艺响应信息内容有装配工艺信息添加、装配工艺信息查看、装配工序工具管理、装配视频信息、装配工艺质量文件等。

装配工艺信息管理的工艺文件的编制审批流程应由经营管理部引入销售订单，根据客户的订单需求情况，经营计划部制定装配生产计划，装配技术员根据装配生产计划制订各种装配生产工艺技术文件和装配工艺质量控制文件，然后转交装配技术部，由装配技术主管审批，提交合理工艺技术文件给装配分厂厂长做进一步审核。审核通过后，发布装配工艺文件并实现文件的统一标准化。

（6）装配质量管理

装配生产过程管理系统对质量管理模块的设计是关键的部分，关乎着整个装配生产车间未来的发展命脉，每个企业几乎对质量的检验流程都有相对稳定的流程，对质量控制标准要求根据标准化文件。对质量的管理模块包含的管理功能有在制品信息管理、不合格品信息管理、检验合格品管理、废品信息管理、质量报表信息管理。通过信息管理来查看生产的不合格品，然后由质量检验技术员查看并编辑不合格品原因，并对其进行发布。不合格品的改进需要重点关注装配工艺工序阶段，进而重新修改质量控制工艺文件内容，帮助装配工人生产出合格的产品。检验合格品管理有助于简化产品的售出和售后工人的工作，有助于树立产品质量品牌。废品的管理与统计和质量报表信息管理的功能部分是对工人装配生产工作技能的一种映像，也能为装配生产主管考核生产工人的工作状态和绩效提供参考。在现代的制造生产中大都是以生产成本为核心的经营理念，因此对产品生产废品率是要加以控制的。

任何合格成品的形成都要经过生产流程各个工序人员的检查，整个装配生产过程均需要控制质量检验。装配构件包括直接从市场上购买的标准件装配件和车间内生产装配的自制件，不同来源零部件的装配生产质量控制方式也不尽相同。对于外购的标准件质量主要依靠采购人员，装配使用过程中的检验是保证后续装配合格的前提；对于自制件的装配生产质量主要靠零部件生产制造工序检验来保证以后的装配合件的质量。

（7）工装工具管理

工装工具的使用比较广泛，涉及的过程包含整个生产加工过程、质量检验过程。工装工具所能提供的生产能力直接影响技术部制定工艺技术文件、装配生产任务、产品质量检验和订单的按时提交。装配生产过程管理系统对装配车间的工装工具的管理包括在装配生产过程中的用到的工装夹具和模具、所有刀具的库存信息、购买信息、工具的借出与归还信息、工具与刀具的报废信息、检验过程的量具及其他辅助工具。

（8）在制品与库存管理

装配车间管理系统对在制品的管理包括对正在生产的产品信息进行计划、协调和控制管理，对已完成生产的成品及半成品数目进行管理，保证装配生产车间的各环节能够成套均衡地进行，从而有效地减少装配生产车间生产的在制品的空间占有量，减少库存积压，保证装配生产车间的采购流动资金充裕。装配生产过程管理系统库存管理是对装配车间生产产品的进出库管理与查询工作的处理，让车间的存储量实时达到一个最佳值，可以保证装配生产顺利进行，弥补装配生产车间短暂的原材料缺少，保证能够按时完成订单交货；原材料充足时也应根据最佳库存量不积压太多库存，造成资金流动紧张，最大程度地实现经营效益。

7.5　应用案例

7.5.1　系统构成

装配式建筑数字化生产管理案例系统的构成包括四大功能模块，分别为：①统计分析；②生产计划；③生产管理；④项目形象进度。如图7-9所示。

图7-9　系统构成界面

7.5.2　系统建设内容

（1）构件生产前准备阶段

BIM技术精细的构件模型信息，可以使生产部门在更短的时间内完成建造构件的材料和技术准备，更早地制定出生产计划并且空出成型的产品储存的位置等，避免在构件生产的过程中错误的产生。

（2）构件生产阶段

设计人员将深化设计阶段完成的构件信息传入数据库，构件信息会自动转变成生产机械识别的格式并马上进入生产阶段。通过控制程序形成的监控系统会一直出现在构件生产的整个过程中，一旦在生产过程中出现故障或其他非正常情况，便能够及时反映给工厂管理人员。这样一来，管理人员便能迅速采取相应措施，避免损失。而且，在这个过程中，生产系统会自动对预制构件进行信息录入，记录每一块构件的相关信息，如所耗工时数、构件类型、材料信息、出入库时间等。

（3）构件生产后入库阶段

通过二维码技术，模型与实际构件一一对应，项目参与人员可对构件数据进行实时查询和更新。在构件生产的过程中，生产人员利用构件的设计图纸数据直接进行制造生产，通过对生产构件实时进行检测，与构件数据库中的信息不断校正，实现构件生产的自动化和信息化。已经生产的构件信息录入为构件入库、出库信息管理提供了基础，也使后期订单管理、构件出库、物流运输变得实时而清晰。而这一切的前提和基础，就是依靠前期精准的构件信息数据以及同一信息化平台。由此可看出数字化技术对于构件自动化生产、信息化管理的不可或缺性。

7.5.3　系统操作

（1）生产排期

若预制构件的生产无法满足构件安装的进度要求，将导致工程窝工、停工，故构件生产的排期应提前规划，这样有利于控制施工进度与资金投入。

用户进入生产计划页面后，默认显示的是未排期的构件，另外可根据构件所处的阶段，筛选出未排期、已排期等全部内容。还可根据右上角的查询窗口按照构件名称进行精确查询，操作界面如图7-10所示。

图7-10　排期情况查询

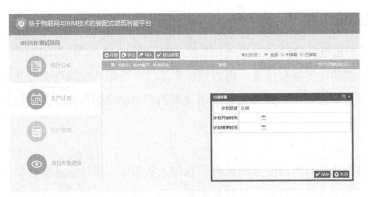

图7-11　排期操作界面

　　用户还可设置排期，如图 7-11 所示，勾选多个构件并选择"排期"，可设置计划开始时间、计划结束时间。

　　用户可以点击列表上方"导出"按钮把排期的列表导出为 Excel 文档。另外在 Excel 文档里面编辑好的排期可以点击"导入"按钮，导入系统中。

　　（2）生产信息化管理

　　生产管理的决策分析模块是站在生产商的角度，分别对生产的构件进度、生产成本情况、生产构件分布情况、生产完成情况、生产构件计划执行情况、生产投资情况六个维度进行数据统计，并提供数据穿透功能。

　　（3）生产管理设置状态

　　1）勾选需要设置状态的构件；

　　2）点击"生产管理"按钮；

　　3）选择要设置的构件状态；

　　4）如果设置的状态为"生产完成"则需要设置投资金额；

　　5）点击"保存"完成设置。

　　生产状态设置界面如图 7-12 所示。按照生产的 4 个状态：未安排，等待生产，正在生产，生产完成，对构件按照所处状态进行着色，如图 7-13 所示。

图7-12　生产状态设置界面

图7-13　生产状态着色界面

7.5.4　系统场景

信息管理系统在预制构件生产应用中，主要是通过扫码采集数据、云计算智能分析、可视化业务报表等互联网技术，实现预制构件生产中相关生产数据的采集、分析及输出，具体实现方式为：首先通过手机扫描预制构件对应的二维码，进入信息管理系统，可读取该预制构件的所有信息，或是对预制构件进行生产确认及质量检查等。同时，信息系统会自动记录对预制构件进行的操作；随后云端进行数据处理，快速统计、分析处理生产计划、项目进度、产线产能、人均时效、质检合格率、堆场库存、交付进度等多个维度的数据，生成各类预制构件生产报表、图表等动态信息；最后管理人员通过动态的预制构件生产报表、图表，可掌握预制构件生产情况、入库出库、装车发送等情况；生产线工人可以从平台上了解某一个预制构件生产到了哪个程度，清楚下一步工序的内容。

信息管理系统在预制构件生产中的应用，是通过信息管理系统中覆盖预制构件工厂全流程业务场景来实现的，主要包括工厂项目管理、排产、物料、生产、质检、堆场、发运等各业务场景。

（1）项目管理：主要包括项目需求管理、构件型号管理、项目图纸管理、楼栋楼层管理、项目进度报表等内容。

（2）排产管理：主要包括计划任务管理、模台资源管理、生产任务下发、生产进度反馈、任务延期警示等内容。

（3）生产管理：主要包括计划任务领取、生产工序管理、质检工序管理、工序工作统计、生产工作台等内容。

（4）堆场管理：主要包括库区库位管理、成品库存管理、库存盘点统计、堆存过久警示、堆场工作台等内容。

（5）发运管理：主要包括发货计划管理、运输车辆管理、客户信息管理、发运报表统计、延期发货警示等内容。

（6）退货管理：主要包括退货流程设定、退货记录管理、退货质检判定、退货报表统计、退货流程设定等内容。

（7）原料管理：主要包括钢筋库存管理、物料库存管理、进厂记录统计、领料管理统计、供应商管理等内容。

（8）质量管理：隐蔽资料管理、成品检验资料管理、自动制作表格、批量下载打印等主要内容。

7.5.5 系统功能

数字化生产管理系统在应用过程中，需要明确预制构件生产过程中各个环节的内容和划分，重点把控预制构件生产的不同关键环节，包括排产计划和进度控制、生产记录和检验验收、仓储管理和发货运输等，统筹、协调、集成预制构件生产"人""料""机""法""环""测"等基本要素，确保预制构件生产过程符合预制构件标准化要求，同时确保预制构件生产过程中重要信息的保存、便于信息溯源。其中系统功能主要体现在以下方面：

（1）构件管理信息化

根据已完成的建筑模型，在系统平台中对完成生产并即将发货的构件进行信息更改，变更构件状态为"已发货"。被送到工地的预制构件经检验合格后，施工方的工作人员在系统平台中更改构件信息为"已送达目的地"。吊装完成后，更改构件信息状态为已安装。

（2）基于数字化的组织管理

生产阶段的管理是设计和施工的中间环节，构件生产阶段应该充分发挥总承包商的主导作用，组织设计人员和施工人员参与协助和监督生产环节，设计人员关注的重点是构件的拆分是否符合设计要求，是否和设计图纸保持一致，施工人员根据施工标准监督构件的质量，同时根据工期要求关注构件的生产进度，并根据构件厂商的进度调整自己的施工进度。

（3）构件生产阶段的成本管理

由于地理位置、材料价格及运输距离等原因，预制构件价格在不同的地方存在差异，应针对每一个工程，综合考虑地理位置、材料价格及运输距离等因素，选择成本最低的供应商，总承包企业可根据供应商的情况建立供应商信息库，方便后续其他工程供应商的选择，对于供应商的表现评价留底，日后优先选择评价好的供应商，简化选择流程，缩短工程建设整体工期。

（4）构件生产阶段的质量管理

总承包商在构件生产阶段需要组织施工人员对预制构件的质量进行检验，确保构件的质量能够满足项目要求，如果出现质量问题，则需勒令停工，直至质量达标后开始生产。组织设计人员严格对构件的尺寸把关，确保按设计图纸生产，现场装配没有问题。

（5）构件生产阶段的进度管理

生产阶段进度管理的主要内容是编制构件生产计划并监督生产进度。总承包商应实时关注构件的生产进度，根据构件的生产计划检查构件的进度是否存在延误，若出现生产进度滞后的构件，总承包商应及时通知构件厂商修改生产计划，保证按时生产出预制构件，同时通知施工单位采取必要的准备措施，确保施工计划按时完成，不拖慢整体的进度计划。

8 装配式建筑数字化运输管理系统

8.1 装配式建筑数字化运输理念

装配式建筑数字化运输是指充分借助和利用当代的智能数字化运输方式和相关信息技术，在信息技术的辅助下，增加预制构件数字化运输管理的灵活性，及时应对运输管理中的突发问题（如延迟交付等情况）。本系统基于物联网与 BIM 技术构建装配式建筑智能平台，运输管理人员可以实时动态掌握预制构件的运输状况，实现预制构件运输效率和能力的提升，减少运输成本，提高整个项目的效益。

预制构件出厂前，需要运输的预制构件产品质量由生产单位的质量检测管理部门按照相应的流程和质量检查的标准进行检查。对于质量合格的构件，生产单位将其定义为合格，监理单位需根据相应规定对合格的预制构件签发质量合格证明书，如果产品或预制构件的质量无法满足相应的实际标准要求，则依据相应的规定和标准进行处理。检验结果、处理方案等一系列过程的实施需由产品质量检查人员通过移动端或阅读器等工具及时地更新预出厂的预制构件的质量信息并将其拍照上传到数据信息协同平台中留作电子版质量证明文件，以此确保出厂预制构件产品的质量。

依据施工进度计划，施工单位与生产单位进行协商以确定预制构件生产后的运输计划，借助手持阅读器或移动端等工具，生产管理人员可以更为方便快速地查询、定位需要运输的构件，并一一对应地记录预制构件的具体详细信息，如：运送构件的司机姓名、司机的联系方式、运输车辆的牌照、出厂时间、预制构件出厂负责人、构件用途等，并将这些数据信息上传到相应的信息化平台中，以更加实时地更新和掌握预制构件的状态、扩展相关信息。运输路线的选择首先需要根据建筑项目施工场地的位置来确定，合理的运输路线对预制构件能否顺利按时到达、是否需要进行二次运输等起着决定性作用。将拥有强大信息集成功能的 BIM 技术与 GIS 技术（GIS 在城市建设应用中的研究，如图 8-1 所示）结合，可迅速查阅和了解工地现场周围的情况，生产所需要的三维地形图，根据三维地形图科学分析工地周围运输路线，合理选择和确定运输路线。对发出车辆安装 GPS 定位系统，通过 GPS 定位系统（图 8-2），管理人员可以对车辆的运输情况实时定位和跟踪，由于运输车辆与运输构件相互挂接，施工单位可利用信息化沟通平台精确查询 GPS 所定位的车辆信息，并及时做好接收预制构件的相关准备。

8.1.1 装配式建筑预制构件一般运输流程与注意事项

一般而言，预制构件的基本运输工作流程与注意事项如下：

图8-1　GIS在城市建设中的应用研究

图8-2　GPS全球定位系统

（1）构件运输准备工作

1）构件运输应遵循的原则是保证构件完好、方便卸车和堆放、使构件在施工现场能够顺利安装，不影响施工进度。

2）拼装前在构件上注明构件号，以便施工现场安装。堆置构件时，按照一定的安装顺序进行放置。

3）运输前确定施工道路通畅，提前办理超长、超宽、超重构件的有关手续，并根据运输路线图行走。可以先在百度、高德等地图上进行运输线路的模拟规划，再派车辆沿规划路线，逐条进行实地勘察验证。对每条运输路线所经过的桥梁、涵洞、隧道等结构物的限高、限宽等要求，进行详细调查记录，要确保构件运输车辆无障碍通过。可合理选择2~3条线路，构件运输车选择其中的一条作为常用的运输路线，其余的1~2条线路可作为备用方案。运输构件的车辆经过城区道路时，应遵守国家和地方的《道路交通管理规定》，要在与地方交通、交警协商确认的通过时间内通过，不扰民，不影响沿线居民的休息。

4）构件装运时，编制装运的构件清单，内容包括构件的名称、数量、重量等。构件装运时，考虑车辆行进中颠簸的问题，应妥善绑扎构件，做好加固措施，以防构件变形、扭曲，装车完成并检查构件没有问题后，开始运输。

5）大量的PC构件可借用社会物流运输力量，以招标的形式，确定构件运输车队。少量的构件，可自行组织车辆运输。发货前，应对承运单位的技术力量和车辆、机具进行审验，并报请交通主管部门批准，必要时要组织模拟运输。在运输过程中要对预制构件进行规范的保护，最大限度地消除和避免构件在运输过程中的污染和损坏。做好构件成品的防碰撞措施，采用木方支垫、包装板围裹等方式进行保护。

6）构件运输应急预案

应针对构件运输时可能出现的突发事件，制定构件运输应急预案。

①应急预案制定原则

a. 坚持科学规划、全面防范、快速反应、统一指挥的原则。

b. 应急预案制定应贯彻"安全第一、预防为主、综合治理"的工作方针，妥善处理道路运输安全生产环节中的事故及险情，做好道路运输安全生产工作。

c.建立健全重大道路运输事故应急处置机制，一旦发生重大道路运输事故，要快速反应，全力抢救，妥善处理，最大程度地减少人员伤亡和财产损失。

②使用范围及工作目标

应急预案适用于重大道路运输事故、突发道路运输事故、雨雪冰冻灾害以及汛期暴雨天气：

a.以人为本，减少损失。在处置道路运输事故时，坚持以人为本的基本原则，把保护人民群众生命、财产安全放在首位，把事故损失降到最低限度。

b.预防为主，常备不懈。坚持事故处置与预防工作相结合，落实预防道路运输事故的各项措施，坚持科学规划、全面防范。

c.快速反应，处置得当。建立应对道路运输事故的快速反应机制，快速得当处置。

③应急预案领导小组

成立构件运输应急救援领导小组，派专人具体负责，一对一组织实施应急救援工作。按照"统一指挥、分级负责"的原则，明确小组个人职责与任务。设1名组长，2名副组长，组员若干。

领导小组统一领导构件运输过程中的道路运输事故应急救援处置工作，负责制定道路运输事故应急救援预案；负责参加道路运输事故抢救和调查；负责评估应急救援行动及应急预案的有效性；负责落实及贯彻上级及交通主管部门的应急救援事项。

图8-3　构件专用运输车

（2）构件运输

1）运输方式

叠合板可采用随车起重运输车（随车吊）运输，墙板和楼梯等构件采用专用构件专用运输车（图8-3）和改装后的平板车进行运输。对常规运输货车进行改装时，要在车厢内设置构件专用固定支架，并固定牢靠后方可投入使用。

预制叠合板、阳台、楼梯、梁、柱等PC构件宜采用平放运输，预制墙板宜采用在专用支架框内竖向靠放的方式运输（图8-4），或采用"A"形专用支架斜向靠放运输，即在运输架上对称放置两块预制墙板（图8-5）。主要运载工具有载重汽车和平板拖车，如图8-6、图8-7所示。

图8-4　平板转改车（竖向型）

2）运输基本要求

①场内运输道路必须平整坚实，并有足够的路面宽度和转弯半径。载重汽车的单行道宽度不得小于3.5m，拖车的单行道宽度不得小于4m，双行

图8-5　平板转改车（"A"字形）

图8-6 载重汽车

图8-7 平板拖车

道宽度不得小于6m，采用单行道时，要有适当的会车点。载重汽车的转弯半径不得小于10m，半拖式拖车的转弯半径不宜小于15m，全拖式拖车的转弯半径不宜小于20m。

②构件在运输时应当固定牢靠，以防在运输中途倾倒，或在道路转弯时车速过快被甩出。

③根据路面情况掌握行车速度。道路拐弯必须降低车速。

④采用公路运输时，若通过桥涵或隧道，则装载高度，对二级以上公路不得超过5m；对三、四级公路不得超过4.5m。

⑤装有构件的车辆在行驶时，应根据构件的类别、行车路况合理控制车辆的行车速度，保持行驶车身平稳，注意行车动向和路况，严禁急刹车，避免事故发生。

⑥构件的行车速度应不大于表8-1规定的数值。

行车速度参考表（单位：km/h）　　　　　　　　　　　　　　　　　表8-1

构件分类	运输车辆	人车稀少道路平坦视线清晰	道路较平坦	道路高低不平坑坑洼洼
一般构件	汽车	50	35	15
长重构件	汽车	40	30	15
	平板（拖）车	35	25	10

⑦构件宜集中运输，避免边吊边运。

⑧评估装车后车辆安全运行状况，通知司机试运行一小段距离确保安全后，签署货物放行条、随车产品品质质量控制资料及产品合格证，确保其顺利送抵安装现场。

（3）构件的堆放

1）卸货堆放前准备

①构件运进施工现场前，应对堆放场地占地面积进行计算，根据施工组织设计编制现场场内构件堆放的平面布置图。

②堆放构件的场地地面必须平整坚实，场地进出口道路应当畅通，排水良好，以防构件因地面不平整、不均匀下沉而倾倒。

③混凝土构件存放区域应在起重机械工作范围内。

2）构件场内卸货堆放基本要求：

①构件应当按照型号、吊装顺序、现场实际需要等依次堆放，先吊装的构件应堆放在外

侧或上层，并将有编号或有标志的一面朝向通道一侧。堆放位置应尽可能确保在起重机械回转半径范围内，并应当考虑吊装方向，避免吊装时转向和再次搬运。混凝土构件卸货堆放区应按构件型号、类别进行合理分区，集中堆放，吊装时可进行二次搬运（图8-8）。

图8-8　构件集中分类堆放区

②构件的堆放高度，应当根据堆放处地面的承压力和构件的总重量以及构件的刚度及稳定性来满足实际的安全要求。一般情况下，柱子应不得超过两层，梁应不得超过三层、楼板则应不得超过六层。

③构件堆放要保持平稳，底部应放置垫木。以垫木对成堆堆放的构件进行隔开，垫木厚度应当高于吊环高度，构件之间的垫木要确保在同一条垂直线上，且厚度要相等。

④堆放构件的垫木，应确保能承受上部构件的重量。

⑤构件堆放应有一定的挂钩绑扎间距，堆放时，相邻构件之间的间距不小于200mm。

⑥对侧向刚度差、重心较高、支承面较窄的构件，应立放就位，除两端需进行垫置垫木外，还应需要搭设支架或用支撑将其临时固定，支撑件本身也应牢靠和坚固，支撑后不得左右摆动和松动。

⑦对于数量较多的一些小型构件堆放应符合下列要求：堆放场地须平整，场地进出口道路应畅通，且应配备有排水沟槽；不同规格、不同类别的构件需要分别堆放，以易找、易取、易运为宜；如采用人工搬运，堆放时应留有相应的搬运通道。

⑧对于特殊或不规则形状构件的堆放，应当制定特定的堆放方案并严格执行。

⑨采用靠放架立放的构件，必须采用对称靠放和吊运，其倾斜角度应当保持大于80°，构件上部宜用木块进行隔开。靠放架宜用金属材料制作，使用前要认真仔细检查和验收，靠放架的高度应当为构件的2/3以上。

（4）安全施工

1）构件应堆放整齐牢固，防止构件失稳伤人。

2）严禁超载装运。

3）装运作业时必须统一号令，明确指挥，密切配合。

4）绑扎构件的索具应当定期进行相应详细检查，对有损坏的索具应做出相应的说明和鉴定。

5）起重机安全操作应满足以下要求：

①起吊机械应当由经过专业培训且专业素质合格的持证人员操作，起吊作业也应由专人指挥。

②各种起重机械应当根据相应规定和实际需要装设、标明机械性能指示器，并根据具体需要安设卷扬限制器、载荷控制器、联锁开关等装置；轨道式起重机应当安置行走限位器及平轨钳；使用前应当进行严格的检查与试吊，确保安全。

③两机或多机抬吊时，必须进行统一指挥，动作需配合协调，吊重应合理分配，不得超过单机允许起重重量的80%。

④操作中要听从指挥人员的指示信号，指示信号不明或可能引起事故时，应当立即暂停操作。

⑤起吊时起重臂下不得有人停留和行走，起重臂、构件必须与架空电线之间保持足够的安全距离。

⑥构件起吊时，禁止在构件上站人或进行作业，如必须在构件上作业时，应将构件放下并将吊臂、吊钩及制动器刹住，司机和指挥人员不得离开工作岗位。

⑦应严格执行"十不吊"规定：指挥信号不明或乱指挥不吊；超载不吊；斜拉构件不吊；构件上站人不吊；工作场地光线昏暗、无法看清场地及指挥信号不吊；绑扎不牢不吊；安全装置缺损或失效不吊；无防护措施不吊；恶劣天气不吊；重量不明构件不吊。

8.1.2 装配式建筑预制构件数字化运输特点

（1）智能信息化

智能信息化是装配式建筑预制构件数字化运输最为显著的特点，主要体现在以下几点：

1）将PC（预制）构件物流运输信息数据以统计分析、运输计划、运输管理、模拟运输和项目形象进度的形式，集成到物联网与BIM技术的装配式建筑智能平台数据库中，使各方精准了解到每个构件的当前状态，最大限度地减少构件库存堆放，避免构件出现延迟交付而影响构件装配的进度。

2）本数字化运输管理系统基于物联网与BIM技术的装配式建筑智能平台，将二维码与PC构件信息相互连接，结合构件生产安装的工艺顺序、道路交通运输的时间限制、物流的运输量、施工现场场地的利用、生产厂家的构件堆放空间等约束条件合理安排构件的运输，跟踪项目所有构件，并将运输过程中的信息及时传递到智能平台中，实时获取构件的运输情况，以应对突发事件，提高运输效率。

3）通过在运输车辆上安装无线定位传感器，借助和利用定位与通信系统和出行者信息系统等智慧信息运输系统，对构件运输进行实时管理，确保将构件快速精准地运输到指定的装配现场，极大地提高构件运输效率。

4）BIM+物联网等信息化技术的出现使得装配式建筑在运输环节中信息流转慢的情况得以改善，利用当下先进的信息化技术，管理人员可以对预制构件的物流信息进行及时更新，且可以将运输环节中点对点、单一的信息沟通方式转换为更加系统的、集中的沟通方式，有纸化办公升级转型为数字化、智能化、电子化的办公方式。利用BIM技术、物联网技术、GPS定位系统可更加高效、快捷地实现预制构件运输跟踪定位，借助信息沟通平台，项目各参与方人员可更新、查询、定位预制构件的运输情况，使得项目各参与方能够以更精确、更实时的信息合理快捷地安排好本单位的具体工作。

（2）实时动态化

由于预制构件上贴有二维码（图8-9），并安装了定位传感器装置，相关人员可以事先将每个构件扫码后录入装配式建筑智能平台，同时借助定位传感器装置，利用实时定位系统，可以让各方人员实时动态地获取和掌握构件信息，并进行动态跟踪监测，以便于运输过程中出现意外状况后及时采取应对措施。

（3）精准高效化

在构件运输前，相关人员将每个构件的信息扫码录入平台数据库且安装对应的定位跟踪装置，借助装配式建筑智能平台和定位系统，运输者可以输入目的地，系统智能

图8-9　贴有二维码的预制构件

地根据路况交通信息为运输者提供最快速、便捷的运输线路，便于运输者将构件更加精确高效地运送到施工装配现场。

8.1.3　装配式建筑数字化运输体系应用评估

装配式建筑数字化运输体系是一个新型理念，通过应用评估可以体现装配式建筑数字化运输应用的价值，找出装配式建筑数字化运输体系应用过程中的缺陷与漏洞，使装配式建筑数字化运输体系理念与应用更加完善与可靠。装配式建筑数字化运输体系应用评估工作主要包括以下几方面的内容：

（1）装配式建筑数字化运输体系应用实施情况的指标

1）成本、质量、安全、进度控制。装配式建筑数字化运输体系应用过程中最关键的是要控制成本、质量、安全和进度，这四个要素的合理控制是工程运输能够有效实现的最终目标。因此，要格外重视对其评估工作，主要内容包括：成本控制、质量控制、安全控制和进度控制。

2）信息管理。利用 BIM 技术支撑装配式建筑数字化运输体系的应用，使运输管理过程中的信息化得到加强。因此，运输过程中信息管理的评价也是评估的主要内容，其内容包括：数据的收集、存储、传递是否高效便捷；信息共享机制和规范是否完善；各方主体信息获取、变更的程序是否有效。

3）合同管理。合同管理是各参建方依法保障自身权益的法律依据，因此，合同条款设置的合理科学与否、合同责任权限划分的是否合理、合同落实的具体情况等都是评估的主要内容。

4）风险控制。运输过程的开展，不可避免地将会伴随着各种突发风险，如运输延误风险等。因此，通过装配式建筑数字化运输体系应用来规避风险，减少相应损失。评估的内容主要包括风险控制的措施和方法是否有效，有无因风险控制不当产生的损失。

5）软硬件配置：装配式建筑数字化运输体系应用的基础是利用信息化、智能化、数字化手段。因此，软硬件配置是否科学和合理是实现数字化运输的标识之一，也是评估的主要内容，包括软件配置管理和硬件配置管理。

（2）装配式建筑数字化运输体系应用组织情况的指标

1）组织建设。组织是目标能否实现的决定性因素，设置科学、合理、管理职责明确的组织部门架构是实现装配式建筑数字化运输目标的基础。可根据组织实际目标确定主要评估内容：组织架构是否科学合理明确，管理职责与各项工作任务分工是否清晰等。

2）团队建设。装配式建筑数字化运输体系应用是基于 BIM 技术构建的。因此，BIM 团队实际建设是否合理与科学、专业基础知识是否过硬、经验是否丰富都是保证装配式建筑数字化运输能否得以实现的基础。团队建设评估的主要内容可包括：是否具有专业的 BIM 技术人才，BIM 小组组建情况，管理人员是否重视 BIM 技术的应用与发展等。

3）制度建设。制度规范是智慧建造体系得以实现的基本保障，完善的机制和制度能更有效地提高智慧建造水平。其主要评估内容包括：智慧建造体系相关制度是否健全与完善；制度规范的设置是否合理与科学；是否针对智慧建造领域设立专门的管理部门；奖惩制度与机制是否分明等。

4）各方主体组织协调。各方主体沟通协调顺畅是项目得以顺利开展实施的重要保障，如发生工程变更时，业主、运输方与生产方的顺畅沟通可以大大减少工程变更带来的不良后果，增加各方之间的互信，减少损失。因此，在各方主体组织协调的评估工作中主要包括：各方主体之间沟通渠道是否舒畅；沟通的形式是否合理科学；沟通协调的结果是否严格落实等。

8.2 装配式建筑数字化运输系统建设目标

装配式建筑数字化运输管理系统为使用者提供了一整套预制构件运输信息管理系统，方便项目经理针对运输阶段实施管理。装配式建筑数字化运输管理系统的建立将在一定程度上提高装配式建筑施工建设的整体效率和水平，实现以下目标：

（1）提高预制构件的运输效率，便于预制构件及时、准确地达到施工装配现场，确保预制构件装配顺利。

（2）为预制构件物流运输部门提供解决方案，通过信息管理云平台可以按项目得到预制构件生产、装配数据，以及预制构件装配顺序和时间要求等信息，以便更加高效地安排仓储、配送。

（3）装配式建筑数字化运输管理系统的建设将使复杂的运输组织机构得到精简，配备较少的管理人员，实现管理层级少、管理跨度大、指挥简捷、信息畅通、职责明确、协调有力及工作快捷有序，同时也能减少运输设备费用的投入，提高效益。

（4）促进装配式建筑预制构件运输向数字化、信息化、智能化发展，探索装配式建筑发展的新模式。

8.2.1 系统建设目标实现方式

通过采用和借助当下的出行者信息系统、定位与通信系统、交通流诱导系统、交通地理信息系统、交通通信系统、先进的交通管理系统等系统以及基于物联网与 BIM 技术的装配式建筑智能平台和相关信息化技术，实时动态监测和获取装配式建筑预制构件的相应的运输状态，便于用户和管理者及时获取构件信息，做出相应的管理和决策，确保建设目标的实现。其实现方式具体体现在以下几方面：

（1）出行者信息系统、定位与通信系统、交通流诱导系统、交通地理信息系统、交通通信系统、先进的交通管理系统等运输系统可以为预制构件的运输者和管理人员提供相关出行信息、实时运输位置动态状况、最近的运输线路引导信息、运输过程中实时通信信息及路况信息，可以极大地减少在运输构件过程中的运输时间和延误，降低车辆碰撞危险和运输人员伤亡程度，促使更加按时准确安全地达到运输目的地或施工装配现场。

（2）基于物联网与 BIM 技术的装配式建筑智能平台，可利用二维码技术让移动设备在建设全周期内节约很多人力，对材料资源的管控更加清晰。同时借助二维码识别、定位传感器等技术，可以对每一个预制构件的构件名称、构件编码、运输投资、计划开始运输时间、计划结束运输时间、开始运输时间、结束运输时间等运输信息状况进行实时分类和跟踪监测，确保构件运输环节的顺利，便于装配阶段的按时进行（图 8-10）。

（3）对构件运输进行实时监控，掌握各构件实时位置，利用视频等监控设备对工程所涉及的地点进行监管，实现施工过程可视化，在遇到突发情况时也可及时进行调整调度。对于车辆运输调度的优化，在研究中可参考的方法和算法非常多，智能算法和一些启发式算法可以根据装配式建筑预制构件整个施工流程的特殊性进行相应的改进，例如整数规划、群智能算法等，进而对整个工程的资源进行调配。

图8-10　二维码技术和移动设备的结合应用

8.2.2　系统效果目标及意义

装配式建筑数字化运输管理系统基于物联网与 BIM 技术的装配式建筑智能平台，利用信息化技术，实现预制构件运输管理的智能化、信息化和高效化，是装配式建筑预制构件运输领域的一次飞跃。

（1）目标

装配式建筑数字化运输管理系统是装配式建筑研究的一项重要内容，其目的是对装配式建筑数字化运输系统项目的经济合理性、技术合理性、社会效益、环境影响和风险做出评价，为实际的预制构件数字化运输项目提供一个综合、全面的评价结果，为预制构件数字化运输项目的可行性研究、实施、效果以及方案的优化、决策提供科学依据，对已有的装配式建筑数字化运输系统运作优化提供依据。具体目标主要体现在以下几点：

1）减少运输过程中交通事故的发生或由于交通事故引起的局部交通系统不能正常运作而影响预制构件运输的状况，提高构件运输中运输车辆的通行能力。

2）实时、动态地获取和掌握预制构件在运输过程中的数据信息，减少构件运输到施工装配现场可能出现延迟交付或运输失败等状况。

3）促进实现构件的精益化运输管理。装配式构件、材料等进场时间、顺序都会对施工阶段的成本造成影响。过早进场将会发生场内二次运输；晚进场会影响施工进度，造成人员、机械的等待。因此，施工管理人员应该根据项目总体进度和施工现场条件提前对接工厂，确定发货时间，生产管理人员应根据堆放安排及发货计划进行发货，使用可靠的物流技术，减少物流变更，保证构件、材料等在适当的时间进场，达到精益供应的目标，实现精益运输管理。

4）实现装配式建筑预制构件精益物流成本管理：

①降低构件运输距离。目前，构配件工厂数量少且分布不均匀使得构配件工厂到装配施工现场的距离比较远，运输路程较长，增加了相应的运输费用和运输过程中的风险。由于构件运输距离是装配式项目在选择构配件厂时的重要考察指标，需要合理选择距离项目较近的构配件工厂，确保预制构件到装配现场的物流运输距离控制在100km以内，以降低运输物流的成本。

②加强构件运输保护。要做好构件运输前的构件防护工作，防止运输过程中的构件碰撞。在运输过程中同时要加强运输环节的管理，要挑选预制构件运输经验丰富且能力较强的单位长期合作并及时向构件运输司机做信息及技术交底，确保预制构件在运输过程中完好无损，不发生意外碰撞。对于出厂装车时质量检查合格，但是进入装配现场后质量检查有缺陷及缺损的预制构件应当由运输单位承担相应责任。在运输环节需明确和细化权责，努力做好构件运输过程中的保护工作，以确保成品构件产品符合相应的质量要求。

（2）意义

1）在工程项目的实际建设过程中，根据项目实际需求和相应规范能更好地创建不同载体形式的运输信息，使得运输信息更加实时且准确有效。

2）能更好地对构件运输阶段的信息传递进行跟踪与管理，防止出现运输信息从一个阶段转向另一个阶段时的丢失现象。

3）能更好地实现运输过程中信息的及时共享，自动跟踪、更新及变更运输信息，保证各参建方能根据自身的访问权限实时、动态、准确地获取所需的构件运输信息，提高构件运输过程中信息创建质量和信息利用率。

4）在构件运输组织安排中，利用信息化手段能够科学合理安排人、材、机的使用，有效降低了运输成本，验证了运输上的可靠性。

5）在构件运输时，利用现代化信息技术手段进行实时动态运输监控，同时模拟运输现场，实现运输质量安全问题"零风险"目标，降低运输事故发生概率。

6）实现运输信息的智慧化和运输过程的精细化管理，减少运输过程中资源和能源的消耗，提高资源利用率，实现低碳节能的要求。

7）借助和利用数字化、信息化技术，完善装配式建筑构件运输标准体系。装配式建筑工程项目整个流程中预制构件运输分为多个情况，例如构件厂内运输、施工现场运输、厂外批量运输至场内等，每个运输情况都应有其相对应的标准规范。构件厂内运输应有其相对应标准的运输工具、规范以及不同构件的运输路线和运输重点；对于施工现场的运输就更需要标准的规范来保证施工现场的安全和施工的质量和效率；对于长途运输，无论是从外形还是重量上来看，装配式构件相比于普通货物都是不同的，异形构件更是构件运输过程中的难题，完善的标准和规范体系可以避免因特殊情况而造成整个施工进度的延后。

8.3 数字化运输系统的内容与组成

装配式建筑数字化运输管理系统内容及组成上主要由统计分析、运输计划、运输管理、模拟运输、项目形象进度五个部分组成，如图 8-11 所示。

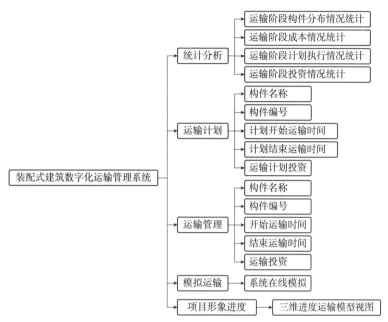

图8-11　数字化运输系统组成

8.3.1 统计分析

从运输企业的角度出发，对运输阶段构件分布情况、运输阶段完成情况、运输阶段计划执行情况、运输阶段投资情况进行统计，并提供数据信息穿透功能。登录基于物联网与BIM技术的装配式建筑信息管理平台系统，具体流程为：

输入网址后进入平台，通过账号和密码登录系统，系统界面如图 8-12 所示。

图8-12　数字化运输系统登录界面

点击进入"运输管理（物流运输）"页面，然后点击"统计分析"，可以看到统计分析部分由以下几个部分组成，如图 8-13 所示。

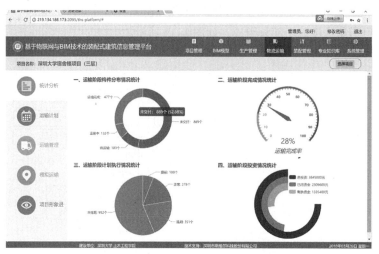

图8-13　数字化运输系统运输管理界面

站在运输企业的角度，对运输阶段构件分布情况，运输阶段完成情况，运输阶段计划执行情况，运输阶段投资情况进行统计，并提供数据穿透功能。通过对这几个部分进行统计分析，可以精确、实时地掌握运输阶段构件进度及成本投资情况，便于相关工作人员和决策者做出相应的调整和安排。

8.3.2　运输计划

运输计划包含构件名称、构件编号、计划开始运输时间、计划结束运输时间和运输计划投资五个部分。与生产计划类似，运输计划的查看，可根据构件的状态进行筛选，也可根据构件的名称进行精确查询。

运输计划的设置操作流程同生产计划：①选择需要设置的构件；②点击"排期"按钮；③设置构件的计划时间；④设置计划投资金额；⑤点击"保存"按钮完成设置。系统运输计划功能界面如图 8-14 所示。

图8-14　数字化运输系统运输计划操作界面

点击"导出"按钮可将运输计划导出为 Excel 文件，点击"导入"按钮可将运输计划的
Excel 文件导入进系统。运输计划界面如图 8-15 所示。

图8-15　数字化运输系统运输计划功能界面

8.3.3　运输管理

运输管理包括构件名称、构件编号、开始运输时间、结束运输时间和运输投资五个部分，
主要是对即将或正在运输的构件进度完成情况和计划执行情况进行统计分析，实时跟进运输
进度，进行动态监测，完成运输管理阶段的目标（图 8-16）。

图8-16　数字化运输系统运输管理界面

运输管理与生产管理类似，首先在该系统切换到运输管理界面，然后按照以下步骤操作：

运输管理的操作步骤为：①勾选要设置的构件；②点击"运输管理"，进入设置页面；
③选择要设置的状态；④如果选择的状态是"运输完成"，则需要设置运输投资金额；⑤点击"保
存"按钮，保存数据完成设置。

8.3.4　模拟运输

用户可以设置起始点和目的地，并选择路线模拟运输过程。点击系统界面上的车辆还可
查看运输的构件清单。通过模拟运输，可以提前预测预制构件运输过程中的管理信息，提高

预制构件运输的效率和准确性。首先在该系统中切换到模拟运输菜单，进入百度地图页面，点击"开始"即可按照预设的路线进行模拟运输。另外，在运输管理页面中点击"模拟动态运输"按钮亦可进入模拟运输页面。通过这种系统在线模拟预制构件实时动态运输的方式，可以精准、有效地为决策者提供预制构件的实时动态的信息，减少运输阶段中延误的概率，提高预制构件运输的精确性和可靠性（图8-17）。

图8-17　数字化运输系统模拟运输界面

8.3.5　项目形象进度

以运输企业的角度，根据项目的相应要求，把预制构件按照未交付、等待运输、正在运输、运输完成四种状态对模型进行着色，以便于更加实时准确地掌握预制构件的实时动态信息，提高预制构件的运输效率和水平，为预制构件的装配阶段提供相应的基础，满足项目的进度计划要求。

在该系统中点击项目形象进度，可查看装配式建筑的三维立体模型，工作人员可以根据目前显示的四种状态，按照企业自身的需求进行相应地着色（图8-18）。

图8-18　数字化运输系统项目形象进度界面

8.4　主要功能

8.4.1　成本信息化管理

（1）实时查看运输成本

该数字化运输管理系统可统计运输阶段的投资情况，并提供数据穿透功能。通过统计分析运输阶段的总投资、已用资金、剩余资金情况，可以实时精确地掌握构件运输阶段成本投资情况，实现成本可视化，便于相关工作人员和决策者做出相应的调整和安排。若已用资金与运输构件的进度不匹配，构件运输企业和装配式建筑项目总承包企业可通过该功能核查运输车辆和装卸机械的使用是否合理，运输线路的选取是否最优，并及时调整运输方案。

（2）构件出厂成本信息化管理

构件生产企业根据装配式建筑数字化运输管理系统接收施工现场向构件预制工厂发出的生产指令，并进行物流运输的计划与安排，防止出现构件运输到现场后由于施工现场装配顺序，造成需要吊装的构件没有运输到装配现场，而其他已运输至现场的预制构件长时间等待的问题；或是构件大量生产后无法及时运输而占用堆放场地等问题，减少构件供应商不必要的成本。

（3）构件进场成本信息化管理

施工装配企业根据装配式建筑数字化管理系统进行模拟施工，编制施工进度计划。物流运输企业可根据数字化管理系统查看施工进度计划，合理制定预制构件的运输计划，并可根据装配式建筑数字化管理系统查看项目实际施工进度，合理调整运输计划，以避免构件运输不及时而延误现场装配，造成窝工或施工现场构件堆放过多导致堆放成本过高。

8.4.2　质量信息化管理

在构件运输过程中，由于运输过程中车辆颠簸，装卸过程中操作失误等原因造成构件质量产生损坏。装配式建筑数字化运输系统储存了运输阶段相关的信息和图片资料，如：运输管理人员对构件出厂前质量核查状况、运送构件的司机信息、出厂时间、车辆牌照、运输过程照片、运输线路等信息，一旦构件产生质量问题，可通过该系统追溯问题的起因与相关责任人，减少争议，实现构件质量的信息化管理。

8.4.3　进度信息化管理

（1）运输进度的实时查看

装配式建筑数字化运输管理系统对运输阶段构件分布情况、运输阶段完成情况和运输阶段计划执行情况进行实时统计。可借助该数字化运输系统实时统计运输阶段的进度情况，并提供数据穿透功能。

（2）构件运输进度信息化管理

借助装配式建筑数字化运输管理系统查询可选路线的交通信息，包括沿途的限高、限宽和限载信息，便于确定最优运输路线，避免因预制构件的运输车辆尺寸或载重过大而不符合道路的运输要求造成无法进行运输所带来的进度风险；同时基于该系统，也便于运输方案路线的多样化选择，根据路况及时调整运输路线，避免因交通拥堵或道路临时损坏对构件运输的进度影响。

8.4.4 可视化智能调度

基于 GPS 对车辆进行实时定位和运输线路规划，通过二维码技术储存和提取构件物流信息，实现构件运输的可视化智能调度。

基于该数字化运输管理系统，运输管理人员可读取二维码中预制构件的出厂信息，核对构件信息与配送单信息是否一致，并编写运输信息，结合构件出厂基本信息和运输信息生成运输线路，通过该系统上传运输路线和车辆信息，创建一个智能可视化的运输环境。通过 GPS 定位技术和二维码技术，并借助可视化数据实时跟踪运输车辆，各利益相关方可以实时掌握预制构件当前所处的物流状态以及具体位置，实时把控物流信息和运输进度，形成可视化的物流视图。

基于物流状态的可视化可实现物流运输的智能调度，如：通过监控运输车辆的速度规避驾驶员超速驾驶引发的安全风险；通过车辆运输构件的实际重量和数目及时调整运输计划，根据实际运输过程中的实时路况及时调整运输路线，减少因前期道路勘测不细致导致的运输风险。

基于运输进度的可视化可实现构件进场堆放的智能调度。当构件运输车辆进入施工现场后，通过施工现场入口处安装的二维码扫描器，将车辆内构件信息可视化，方便构件的交接工作。通过系统模拟构件的堆放和装配过程，优化构件堆放计划，规避因二次搬运带来的质量和成本风险。在进场堆放的过程中，将构件与 GPS 坐标相对应实现每一个预制构件的精准定位，施工单位可通过该数字化运输管理系统查询和观测到构件的实时位置信息，实现构件位置的可视化管理，便于快速、准确地找到构件。

8.4.5 实时物流信息共享

基于装配式数字化管理云平台，建立预制构件的跟踪监控系统。通过将 GPS 信号接收器和二维码扫描器安装在运输车辆上，装配式建筑项目各参与方可将运输车辆和预制构件一一对应，通过信息沟通平台更新、查询、定位预制构件的运输情况，实现高效的数据采集和实时物流信息的传递共享，有助于各参与方合理规划、调度、执行和控制与运输阶段相关的工作中产生的决策和操作问题。

需要指出的是，装配式建筑项目的各个环节环环相扣，而非互相独立，所涉及的众多利益相关者也不是相互割裂，而是息息相关。对于设计单位而言，物流信息共享有助于与构件运输相关的合理性设计。设计单位可根据物流运输单位现有的运输车辆的车型合理地进行构件设计和拆分，以保证预制构件的尺寸、重量能满足车型的限制，避免预制构件尺寸、外观与运输车辆不匹配造成的无法运输或运输困难的问题；同时，设计单位也可借助该系统综合考虑物流运输单位现有可供运输的车辆数量，方便物流运输单位在构件运输时进行合理调度，提高运输效率。

对于构件生产单位而言，实时物流信息共享有助于预制构件出厂计划的制定。合理安排卸载的相关机械和时间，避免对卸车机械的长时间占用。通过系统了解运输单位的实际运输进度，根据实际运输进度分析预判构件出厂计划和进场计划的被影响程度，提前做好相应运输计划调整，避免出现预制构件出厂和进入施工现场的过度等待现象，从而提高堆场的周转效率，节省运输时间，以降低仓储成本和物流运输成本，如：构件实际运输进度慢于计划进度，构件生产企业可根据拖延的进度适当延后下一阶段的构件生产计划。运输人员可以根据每个预制构件所对应的名称及编号等信息更加直观地掌握和获取构件的运输装载信息，精确分类以便于根据不同要求分类运输，以达到运输管理的要求，保证构件运输的质量。

对于物流运输单位本身而言，实时物流信息共享有助于物流运输单位根据施工装配单位的构件需求计划制定构件运输计划，根据该系统得到预制构件的尺寸和重量信息，有利于物流运输单位充分利用运输车辆的容纳空间并编制多样化的运输计划和方案，从而减少运输车次和运输风险，降低运输成本。同时也便于物流运输单位实时了解施工装配单位的实际施工进度和构件生产单位的库存状况，根据相应的情况及时调整和优化构件运输计划和方案，使得在满足施工装配单位的相应构件需求计划的情况下尽可能减少物流运输成本。

对于施工装配单位而言，实时物流信息共享有助于施工装配单位科学合理制定预制构件进场计划。通过了解物流运输单位的构件运输计划，能够对进场车辆的信息（如车身尺寸，重量等）、装载的预制构件信息以及构件进场时间进行提前预测，对卸载的机械、车辆的进出场路线和堆放场地提前进行规划，避免出现车辆拥堵、堆放不合理等问题（图8-19）。

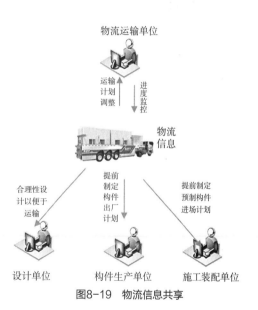

图8-19 物流信息共享

9 装配式建筑数字化装配管理系统

9.1 装配式建筑数字化装配理念

在构件顺利到达施工装配现场后，根据现场的实际要求，需要拟定装配管理、指导流程和相应技术应用等计划，装配施工人员根据计划要求，进行数字化装配，可以极大地提高装配效率，保证工程项目装配的质量。

9.1.1 装配式建筑数字化装配施工阶段管理

装配施工阶段的管理主要包括质量、成本和进度三大内容板块，也是总承包管理工作的重中之重，基于数字化的装配式建筑工程管理，主要是基于数字化、信息化、智能化手段，对整个项目的装配施工过程进行管理，使得管理更加精确、有效和有针对性，提高整个装配过程的管理质量和效率。装配施工阶段对接设计、生产和运输阶段，在正式装配施工前，需要对构件设计图纸和构件信息了解翔实和充分，装配施工的方案的准备要足够充分，因此与传统装配施工不同，更需要整个装配施工团队深入、具体地了解 BIM，掌握各种相关软件终端实际应用，进而指导整个装配施工流程。管理的难点是全流程信息化、数字化的掌握和分析现场装配的技术难题。正式装配施工前，可以利用 BIM 系列软件对装配式建筑进行全方位的三维立体装配施工的实施模拟，通过信息技术制定和确定装配施工现场的整体优化方案，包括构件堆放场地的具体布置、运输车辆的进场顺序和路线、塔吊的位置等具体安排，进而提高装配式建筑的整体装配施工的质量和效率，缩短整个项目的装配施工周期（图 9-1）。

（1）装配施工阶段的数字化管理

1）质量管理信息化

预制构件从工厂运输到装配施工现场，在现场安装时发现构件存在质量缺陷问题，现场

图9-1　BIM4D模型在装配式建筑工程中的应用

装配施工人员应该根据 RFID（无线射频识别）芯片，迅速查找到构件的具体信息，及时联系预制构件生产厂商进行信息反馈，对出现问题的构件进行返修整改并追究相关责任人，这些信息都可以在 BIM 数字化智能平台上查到。信息的协调沟通问题也可以基于数字化平台迅速得到解决，构件厂商也可以根据构件信息迅速生产或返修出合格的产品运输到装

配施工现场，减少工期的延误。

2）安全管理信息化

能够借助 BIM 数字化软件的自动检测功能，检测装配施工现场的潜在安全问题，出现紧急情况时，能够迅速准确找到产生问题的原因和位置，遇到着火等危急情况时，可以快速找到相应的逃生通道，有效地指导救援人员对现场的救援工作。预制构件的老化和更换也可以通过数字化平台上的预制构件信息进行定期保养与维护，预防装配施工过程中可能发生的危险，确保装配施工现场的安全。

3）基于 BIM 的虚拟装配施工管理

BIM 技术的引入使用使三维立体模拟施工成为可能，正式装配施工前，可以通过 BIM 技术生成施工、进度、质量、安全及成本模型，以便更好地指导现场装配施工，提高装配施工的效率。在装配施工过程中，BIM 数字化平台可以随时进行各专业领域间的信息交流共享，可以更高效地对项目的成本、质量、安全等进行实时动态管理，基于信息化的装配施工管理如图 9-2 所示。

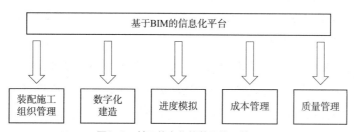

图9-2 基于信息化的装配施工管理

（2）装配施工阶段的质量管理

在装配施工阶段，总承包商要建立和健全完善的质量管理责任体系，装配施工阶段质量管理的重点就是对预制构件质量的验收，确保预制构件的质量，同时确保预制构件精确地严格按照设计图示比例尺寸生产。装配施工阶段质量管理的另一个重点就是预制构件的节点连接问题，预制构件的节点连接是预制构件安装的关键，必须保证预制构件的节点连接满足相应的质量和规范要求。基于 BIM 数字化管理平台，实时动态监控和掌握项目的工期和质量，当监测到质量出现问题时能够及时发现，并做出相应调整和安排，质量责任具体落实到每个人，严格把控每个环节的施工质量。

（3）装配施工安装阶段装配式建筑的成本控制

装配施工阶段是装配式建筑成本管理的重点和难点，因为装配式建筑在装配施工阶段消耗的资源、财力是整个建设周期最多的，装配施工阶段的时间最长、流程复杂、同时不可控因素较多，成本的控制尤为复杂，但是在基于数字化的装配式建筑管理模式下，装配施工单位在设计、生产和运输阶段均参与配合协调，并且可以在 BIM 数字化平台上实时查看设计图纸和构件生产进度等信息，装配施工开始前已经对工程有足够深入的了解，相对于传统建筑来说，对于信息的把握充足，管理效率较高，有利于装配式建筑的成本把控，同时，BIM5D技术能够实时自动智能生成建筑项目的工程量，便于管理人员根据项目实际需要动态调整成本。严格按照预算计划科学合理控制装配施工，优化装配施工安装方案，达到降低装配施工成本的目的。合理安排预制构件的堆放位置和进场时间，塔吊的工作流程，避免安装前的准备不充分和安装方法不合理所造成的浪费。设计师将实际设计意图传达给装配施工单位，避免造成信息上理解的偏差，设计师与预制构件生产商一起，对项目现场施工进行建议和指导，装配施工过程中若出现不合理设计的状况，及时与设计师沟通协调，调整和优化设计方案，以免造成实际产生的更大浪费。

（4）装配施工阶段的组织管理

总承包商基于BIM数字化平台，组织和实施三维立体模型的虚拟装配施工，发动设计人员和施工人员共同参与，根据虚拟装配施工科学合理安排装配施工方案。同时，总承包商应组织设计人员、生产技术人员到装配施工现场共同协助安装装配施工，设计人员查看预制构件安装是否符合规范标准要求及是否按照设计图纸安装，并且负责解决处理装配施工人员对设计图纸理解存在的问题。生产人员指导预制构件的现场安装，并对构件安装过程中的构件质量负责。总承包商负责监督管理装配施工现场的构件安装和装配施工整体工作，确保科学正确安装，按图纸准确装配施工，减少信息交流不畅造成的费用和资源的浪费。

（5）装配施工阶段的进度管理

装配施工单位根据总承包商提出的工期进度要求编制施工进度计划和方案，基于BIM数字化平台，建立4D进度模型，根据现场的实际装配施工进度与进度模型进行详细比对，实时动态地监督、掌握项目的进度，对于装配施工过程中出现的图纸和构件问题，总承包商要及时地协调并联系设计单位、生产单位和运输单位，协助好进度管理，总体科学合理把控装配施工进度，装配施工前可以在三维立体模型下演示构件进场的车辆运输路线、构件的堆放、现场装配施工安排和构件的吊装等动画场景，现场装配施工时可以根据模拟演示的动画指导装配施工，缩短构件的装配施工时间，提高装配施工效率。

（6）装配施工现场的构件管理

由于预制建筑需要在装配施工现场组装部件，并且部件种类繁复，在此过程中，可能存在使用错误组件或无法找到组件的问题，RFID芯片可以对预制构件进行标记和分类，同时实时动态跟踪定位，提高构件装配过程中的精确率和工作效率。

9.1.2 装配式建筑预制构件装配施工指导流程

在预制（PC）构件（图9-3）运输到施工装配现场后，有关人员应借助装配式建筑数字化管理平台的后台数据和现场设备仪器的测量对PC构件完备情况、功能等是否正常进行装配安装前的检查，确保装配顺利。

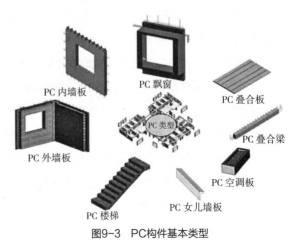

图9-3 PC构件基本类型

同时相关技术工作人员在安装 PC 构件之前，需要架设出临时的安装防护支撑结构，从 PC 构件的堆放位置当中将 PC 构件取出，需要充分利用数字化、信息化辅助技术来确保 PC 构件的可靠性和稳定性。现场的装配施工技术人员需要按照装配式建筑结构的相关装配施工技术规范和标准，对建筑工程的剪力墙结构位置进行有效判断和分析，充分保证 PC 构件安装线路的最优化。

其次，建筑装配施工人员在进行 PC 构件的安装工作中，需有效运用相应的螺杆工具，并借助定位传感器实时动态地对 PC 构件的倾斜角度进行优化与调整，以此保证吊装施工的顺利开展。装配式建筑工程装配施工人员需要对 PC 构件的相关安装数据信息进行准确的记录，并实时输入装配式建筑数字化管理平台，以此保证 PC 构件的安装角度以及安装位置的合理性。

在 PC 构件安装完成之后，相关基础工作人员需要在指定的位置上为后续的工序预留下相应的装配施工位置，为后续的工程施工打下良好基础。

9.1.3 装配式建筑数字化装配施工信息技术应用

在现场装配施工阶段，基于 BIM 设计信息，融合无线射频识别（RFID）、互联网、移动终端等信息技术，共享设计、生产和运输等信息，实现现场装配的数字化、智能化应用，根据工艺、工料、工效定额信息库，科学合理制定建造进度计划和装配方案，实现工程建造人、机、料、法、环的信息化、智能化管理，提高现场装配效率和管理精度。

（1）装配施工平面管理

利用 BIM 技术对装配施工现场平面的道路、塔吊、堆场等进行建模，有针对性地布置临时用水、用电等位置，形成装配施工平面管理模型。结合装配施工平面管理模型和实际装配施工进度，对装配施工场地布置方案中潜在的碰撞冲突进行量化诊断与分析，实现工程各个阶段中总平面各功能区（构件及材料堆场、场内道路、临建等）的各项管理因素指标动态优化配置及可视化管理。

（2）工艺工序模拟及优化

以 BIM 三维立体模型为基础，关联装配施工方案和工艺的相关信息数据，选择和确定最佳的装配施工方案和工艺，从工序及工艺上对构件吊装、支撑、构件连接、安装、机电以及内装等专业的现场装配方案进行模拟及优化，通过制定详细的装配施工方案和工序工艺，借助可视化的 BIM 三维立体模型直观地呈现整个装配施工过程，通过对装配施工全过程或关键过程进行深度演示与模拟，验证方案和工艺的科学性、可行性和经济性，以便更好地指导整个现场的装配施工，从而加强装配施工现场可控性管理，提高整个工程质量和效率，保证装配施工安全。

（3）全过程信息共享和可追溯

基于 BIM 设计信息，融合无线射频（RFID）、物联网等新兴信息技术，借助移动终端，共享设计、生产、运输过程等信息，实现现场装配全过程的构件质量及属性的数据信息实时共享和全程可追溯。

（4）装配施工工地互联网化管理

"智慧装配工地"（图9-4）实现了人、机、材和建造过程控制的智能互联网化。①对人的管理：通过人脸识别＋刷卡考勤，实现工厂、工地人员管理的智慧化；②对大型设备的管理：通过在大型设备上安装相应的感应传感器设备，实现设备的安全预警、远程监控等功能；③对物资的管理:引进工业互联网技术，通过统一的数据平台，对所有工业化生产的部品部件、机电设备进行接入和连通并对其进行物联网管控；④对过程的管理：通过将人、承建商与建造过程和部品部件进行互联互通，建立健全建造全过程的质量、安全、进度、责任的具体追溯体系，提高质量安全的管理的能力和水平。

图9-4 智慧装配工地

9.2 装配式建筑预制构件装配的特点

9.2.1 装配式施工与传统现浇式施工相比的特点

与现浇式建筑施工方式相比，装配式建筑施工方式有较大不同，主要表现在设计技术和图纸内容对施工生产的指导情况、构件生产情况、材料消耗等方面，具体差异如下：

（1）设计技术和图纸内容对施工生产的指导情况

现浇式建筑施工方式的设计方法和设计技术成熟，图纸量小，各专业图纸分别表达图纸内容对本专业的设计理念和内容，用平法体现结构的特征信息，采用大多数设计院普遍掌握的绘图表现手法。施工过程中按照工种配备具体对应的专业技术人员，各专业项目配合工作，容易出现"错缺碰"的现象。

装配式建筑施工方式设计方法和技术尚不成熟，图纸量大，除了各专业图纸分别表达本专业的设计理念和内容外，还需要额外绘制预制构件的拆分图，拆分图需参考和综合多专业内容。图纸内容完善、表达充分，构件生产一般不需要各专业配合，只需按图核查即可避免"错缺碰"现象的发生。

（2）构件生产情况

现浇式构件的价格主要取决于原材料、周转材料及施工措施，楼面与剪力墙的措施费最高，工艺情况条件差、技术不成熟，影响工程质量，经常造成返工，生产质量、工期、成本受季节与天气变化影响较大。

装配式建筑生产方式主要依赖机械及模具，占用时间过长，导致相应的成本增加，工人可以在一个工位上同时完成多个专业及工序工艺的施工，生产质量、工期、成本受季节与天气变化影响相对较小。

（3）材料消耗和建筑自重

现浇式建筑施工方式材料消耗及损耗较高，"跑冒滴漏"现象严重，预制构件表面抹灰往往高于设计标准，增加了建筑的自重。

装配式建筑施工方式由于预制构件尺寸精准，材料损耗较少，节省材料，建筑自重也随之降低，可进一步优化基础及主体结构，节省工程的实际成本，避免"跑冒滴漏"现象，降低材料消耗及损耗。

（4）施工速度

现浇式主体结构施工大约 3~5 天一层，且各专业施工速度与主体又不能交叉施工，因此导致实际工期约为 7 天一层，各层构件采取由下到上的顺序得进行串联式施工，主体封顶仅完成工程总量的 50% 左右。

装配式建筑的构件可以提前运到装配施工现场，可做到各层构件同时并联式施工生产，同一构件生产过程可集合各专业技术同时完成，现场装配式安装施工可做到 1 天一层，实际为 3~4 天一层，主体封顶，即完成工程总量的 80%。

（5）施工措施

现浇式施工方式采用满堂模板、脚手架，外加到顶，不断重复搭拆，而装配式建筑施工方式取消了满堂模板和脚手架，外脚手架只需要两层即可。

（6）材料采购和运输

现浇式建筑施工方式中原材料分散采购和运输，采购单价较高。而装配式建筑施工方式原材料集中采购、运输，有价格优势，但是二次运输的费用有所增加。

9.2.2 信息技术下预制构件装配的特点

在当今信息技术层出不穷和大力发展的前提下，装配式建筑也逐步获得了很多国家的认可，各国家和地区也大力出台政策鼓励装配式建筑的发展。鉴于此，装配式建筑中预制构件如何高效、快速、安全、省事省力省资金地装配成为装配式建筑数字化装配管理中相当关键的一个环节。

借助装配式建筑数字化装配管理系统，预制构件装配有以下特点：

（1）装配精准化

在预制构件的装配过程中，由于在预制构件上安装了定位装置传感器，借助定位系统技术，可以使预制构件装配时做到无缝对接，极大地减小装配过程中的误差，提高预制构件装配的精度。

（2）装配高效化

由于预制构件上附带安装了定位传感器，可以充分发挥其精准定位的优势，装配人员只需要知道预制构件的准确位置信息，将其信息输入装配管理系统，装配人员就能快速地将预制构件装配完成，极大地提高装配效率。

（3）装配轻量化

一般预制构件都比较笨重且不易搬运和吊装，通过借助现代大型机械设备和定位辅助装置，同时利用数字化装配管理系统，可以极大地使装配程序化繁为简，减轻装配人员的压力，使装配可以通过自动机械和数字化装配管理系统完成，更加轻便。

（4）装配高质量化

借助定位辅助装置和定位技术、大型机械设备和数字化装配管理系统，可以降低装配过程中发生错误的概率，提高精度，也能从根本上提高预制构件装配的质量。

9.3 装配式建筑预制构件装配施工工艺

预制（PC）结构装配式建筑一般仍采用现浇钢筋混凝土基础，以保证预制构件接合部位的插筋、预埋件等准确定位，而装配式建筑种类很多，包括混凝土建筑、钢结构、木架构、混合结构等，本节主要以装配式混凝土建筑为例对装配式建筑预制构件装配施工工艺进行基本的流程说明。

9.3.1 施工准备

施工现场应根据装配化建造方式科学合理布置施工总平面，宜根据实际需要对主体装配区、构件堆放区、材料堆放区和运输通道进行规划。各个区域宜统筹规划合理布置，务必满足高效吊装、安装的要求，通道亦宜满足构件运输车辆平稳、高效、节能的行驶要求。

（1）进场预制构件的检验与存放

1）预制构件进场检验

预制构件进场后，施工单位应及时组织相关人员对预制构件质量进行检验，未经检验或检验不符合要求的预制构件不得用于工程中。

2）构件停放场地及存放

施工现场应根据施工平面规划科学合理设置运输通道和存放场地，并应符合下列规定：

①现场运输道路和存放场地应坚实平整，并应配备有排水设施。

②应按照构件运输车辆的要求对施工现场内的道路转弯半径及道路坡度合理设置。

③预制构件运送到装配施工现场后，应按规格、品种、使用部位、吊装顺序分别设置构件存放场地。存放场地应设置在吊装设备的有效起重范围内，且应在堆垛之间设置通道。

④构件的存放架应具有足够的抗倾覆性能。

⑤构件运输和存放对已完成结构、基坑有影响时，应经计算复核。

此外，预制构件的堆垛尚宜符合下列要求：

①施工现场存放的构件，宜按照安装顺序分类存放，堆垛宜布置在吊车工作范围内且不受其他工序施工作业影响的区域；预制构件存放场地的布置应保证构件存放有序，安排合理，确保构件起吊方便且占地面积小。

②堆垛层数应根据构件与垫木或垫块的承载能力及堆垛的稳定性确定，必要时应设置防止构件倾覆的支架。

③预埋吊件应朝上，标识宜朝向堆垛间的通道。

④构件支垫应坚实，垫块在构件下的位置宜与脱模、吊装时的起吊位置一致。

⑤预制构件直立存放的存放工具主要有靠放架和插放架。采用靠放架直立存放的墙板宜对称靠放，饰面向外，构件与竖向垂直线的倾斜角不宜大于10°，对墙板类构件的连接止水条、高低扣和墙体转角等薄弱部位应加强保护；采用插放架应针对预制墙板的插放编制专项方案，插放架应满足强度、刚度和稳定性的要求，插放架必须设置防磕碰、防构件损坏、倾倒、变形、下沉的保护措施。

（2）吊装及辅助设备

1）起重吊装机械

装配式混凝土工程应根据作业条件和要求，合理选择起重吊装机械。常用的起重吊装机械有塔式起重机、汽车起重机和履带式起重机。

①塔式起重机

塔式起重机简称塔机、塔吊（图9-5），是通过装设在塔身上的动臂旋转、动臂上小车沿动臂行走从而实现起吊作业的起重设备。塔式起重机具有起重能力强、作业范围大等特点广泛应用于建筑工程中。

建筑工程中，塔式起重机按架设方式分为固定式、附着式、内爬式。其中，附着式塔式起重机是塔身沿竖向每间隔一段距离用锚固装置与近旁建筑物可靠连接的塔式起重机，目前高层建筑施工多采用附着式塔式起重机。对于装配式建筑，当采用附着式塔式起重机时，必须提前考虑附着锚固点的位置。附着锚固点应该选择在剪力墙边缘构件后浇混凝土部位，并考虑加强措施。

②汽车起重机

汽车起重机简称汽车吊（图9-6），是装在普通汽车底盘或特制汽车底盘上的一种起重机，其行驶驾驶室与起重操纵室分开设置。这种起重机机动性好，转移迅速。在装配式混凝土工

图9-5 塔式起重机

图9-6 汽车起重机

图9-7 履带式起重机

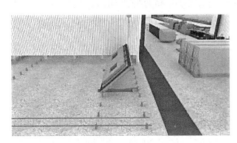

图9-8 翻板机

程中，汽车起重机主要用于低、多层建筑吊装作业，现场构件二次倒运，塔式起重机或履带吊的安装与拆卸等。使用时应注意、汽车起重机不得负荷行驶，不可在松软或泥泞的场地上工作，工作时必须伸出支腿并支稳。

③履带式起重机

履带式起重机（图9-7）是将起重作业部分装在履带底盘上、行走依靠履带装置的流动式起重机。履带式起重机具有起重能力强、接地比压小、转弯半径小、爬坡能力大、无须支腿、可带载行驶等优点。在装配式混凝土建筑工程中，履带式起重机主要用于大型预制构件的装卸和吊装，大型塔式起重机的安装与拆卸，以及塔式起重机吊装死角的吊装作业等。

2）横吊梁

横吊梁俗称铁扁担、扁担梁，常用于梁、柱、墙板、叠合板等构件的吊装。用横吊梁吊运部品构件时，可以使各吊点垂直受力，防止因起吊受力不均而对构件造成破坏，便于构件的安装、校正。常用的横吊梁有框架式吊梁、单根吊梁。

3）吊索

吊索是用钢丝绳或合成纤维等原料做成的用于吊装的绳索，用于连接起重机吊钩和吊装设备。

吊装作业的吊索选择应经设计计算确定，保证作业时其所受力在其允许负荷范围内。如采用多吊索吊装同一件构件则必须选样同类型吊索。应定期对吊索进行检查和保养，严禁使用不符合质量规范的吊索。

4）翻板机

翻板机（图9-8）是实现预制构件（多为墙板构件）角度翻转，使其达到设计吊装角度的机械设备，是装配式混凝土建筑安装施工中重要的辅助设备。

（3）灌浆设备与用具

灌浆设备主要有手持式电钻搅拌机（用于搅拌注浆料），电子秤和量杯（用于计量水和注浆料），注浆器（用于向墙体注浆），水枪（用于湿润接触面）。

灌浆用具主要有量杯（用于盛水、试验流动度），坍落度筒和平板（用于流动度试验用），大小水桶（用于盛水、注浆料），铁锤（用于把本头塞打进注浆孔封堵），以及小铁、剪刀等。

为保证预制构件套与主体结构预留钢筋位置协调，构件安装能够顺利进行，施工单位常采用钢筋定位校验件预先检验。其做法是预先在校验件上生成与预制构件上灌浆套筒同尺寸、同位置关系的孔洞，然后将校验件在主体结构预留钢筋上试套，如能顺利套下则证明预制构件可顺利安装。

（4）临时支撑系统

装配式混凝土工程施工过程中，当预制构件或整个结构自身不能承受施工荷载时，需要通过设置临时支撑来保证施工定位、施工安全及工程质量。预制构件临时支撑系统是指预制构件安装时起到临时固定和垂直度或标高空间位置调整作用的支撑体系。根据被安置的预制构件的受力形式和形状，临时支撑系统可分为斜撑系统和竖向支撑系统。其中，斜撑系统（图9-9）是由撑杆、垂直度调整装置、锁定装置和预埋固定装置等组成的用于竖向构件安装的临时支撑体系，主要功能是将预制柱和预制墙板等竖向构件吊装就位后起到一定临时固定和支撑作用，并借助设置在斜撑上的调节装置根据实际需要对垂直度进行一定程度的微调；竖向支撑系统是单榀支撑架延预制构件长度方向均匀布置构成的用于水平向构件安装的临时支撑系统，主要功能是用于预制主次梁和预制楼板等水平承载构件在吊装就位后起到垂直荷载的临时固定及支撑作用，并通过标高调节装置对标高进行微调。竖向支撑系统的应用技术与传统现浇结构施工中梁板模板支撑系统相近。以下主要讲述斜撑系统的技术要求。

1）一般规定

①临时支撑系统应根据其施工荷载进行专项设计和承载力及稳定性验算，以确保施工期间结构的安装质量和安全。

②临时支撑系统应根据预制构件的种类和重量尽可能做到标准化、重复利用和拆装方便。

2）斜撑支设要求

对于预制墙板，临时斜撑一般安放在其背后，且一般不少于两道；对于宽度比较小的墙板，也可仅设置一道斜撑。当墙板底部没有水平约束时，墙板的每道临时支撑包括上部斜撑和下部支撑，下部支撑可做成水平支撑或斜向支撑。对于预制柱，由于其底部纵向钢筋可以起到水平约束的作用，故一般仅设置上部支撑。柱的斜撑也最少要设置两道，且应设置在两个相邻的侧面上，水平投影相互垂直。

临时斜撑与预制构件一般做成铰接，并通过预埋件进行连接。考虑临时斜撑主要承受的是水平荷载，为充分发挥其作用，对上部的斜撑、其支撑点距离板

图9-9 装配式建筑斜支撑系统（以墙板为例）

底的距离不宜小于板高的 2/3，且不应小于板高的 1/2。斜支撑与地面或楼面连接应可靠，不得出现连接松动引起竖向预制构件倾斜等。

3）斜撑拆除要求

预制墙板斜支撑和限位装置应在连接节点和连接接缝部位后浇混凝土或灌浆料强度达到设计要求后拆除。当设计无具体要求时，后浇混凝土或灌浆料应达到设计强度的 75% 以上方可拆除。预制柱斜支撑应在预制柱与连接节点部位后浇混凝土或灌浆料强度达到设计要求，且上部构件吊装完成后进行拆除。拆除的模板和支撑应分散堆放并及时清运，应采取措施避免施工集中堆载。

4）安装验收

临时支撑系统调整复核墙体的水平位置和标高、垂直度及相邻墙体的平整度后，应填写预制构件安装验收表，经施工现场负责人及甲方代表（或监理）签字后进入下道工序。

9.3.2　装配式混凝土建筑竖向受力结构施工

装配式混凝土建筑的竖向构件主要是框架柱和剪力墙，其中现浇的框架柱和剪力墙的施工方式与传统现浇结构相同。以下主要讲述预制混凝土框架柱构件安装、预制混凝土剪力墙构件安装以及后浇区的施工。

预制混凝土框架柱构件、预制混凝土剪力墙构件安装工艺中，上下层构件间混凝土的连接有坐浆法和注浆法两种方式。预制混凝土剪力墙构件安装常采用注浆法，预制混凝土框架柱构件安装采用坐浆法和注浆法都比较常见。本节将以坐浆法为例介绍预制柱构件安装施工，以注浆法为例介绍预制混凝土剪力墙构件安装施工。

（1）预制混凝土柱构件安装施工

预制混凝土柱构件的安装施工工序为：测量放线→铺设坐浆料→柱构件吊装→定位校正和临时固定→钢筋套筒注浆施工。

1）测量放线

安装施工前，应在构件和已完成结构上测量放线，设置安装定位标志。

测量放线主要包括以下内容：

①每层楼面轴线垂直控制点不应少于 4 个，楼层上的控制轴线应使用经纬仪由底层原始点直接向上引测。

②每个楼层应设置 1 个引程控制。

③预制构件控制线应由轴线引出。

④应准确弹出预制构件安装位置的外轮廓线。预制柱的就位以轴线和外轮廓线为控制线，对于边柱和角柱，应以外轮廓线控制为准。

2）铺设坐浆料

预制柱构件底部与下层楼板上表面不能直接相连，应有 20mm 厚的坐浆层，以保证混凝土能够可靠协同工作。坐浆层应在构件吊装前铺设，且不宜铺设太早，以免坐浆层凝结硬化失去粘结能力。一般而言，应在坐浆层铺设后 1 小时内完成预制物件安装工作，天气炎热或气候干燥时应缩短安装作业时间。

坐浆料必须满足以下技术要求：

①坐浆料坍落度不宜过高，一般在市场购买 40~60MPa 的坐浆料使用小型搅拌机（容积可容纳一包料即可）加适当的水搅拌而成，不宜调制过稀，必须保证坐浆完成后成"中间高两端低"的形状。

②在坐浆料采购前需要与厂家约定坐浆料内粗集料的最大粒径为 4~5mm，且坐浆料必须具有微膨胀性。

③坐浆料的强度等级应比相应的预制墙板混凝土的强度高一个等级。

④坐浆料强度应该满足设计要求。

3）柱构件吊装

柱构件吊装宜按照角柱、边柱、中柱顺序进行安装，与现浇部分连接的柱宜先行吊装。吊装作业应连续进行。吊装前应对待吊构件进行核对，同时对起重设备进行安全检查，重点检查预制构件预留螺栓孔丝扣是否完好，杜绝吊装过程中滑丝脱落现象。对吊装难度大的部件必须进行空载实际演练，操作人员对操作工具进行清点。填写施工准备情况登记表，施工现场负责人检查核对签字后方可开始吊装。

预制构件在吊装过程中应保持稳定，不得偏斜、摇摆和扭转。吊装时，必须采用扁担式吊具吊装（图 9-10）。

4）定位校正和临时固定

①构件定位矫正。构件底部若局部套筒未对准时，可使用倒链对构件进行一定的手动微调，对孔。垂直坐落在准确的位置后拉线复核水平是否有偏差。无误差后，利用预制构件上的预埋螺栓和地面后置膨胀螺栓安装斜支撑杆，复测柱顶标高后方可松开吊钩。利用斜撑杆调节好构件的垂直度。调节好垂直度后，刮平底部坐浆。在调节斜撑杆时必须两名工人同时、同方向，分别调节两根斜撑杆。

安装施工应根据结构特点按合理顺序进行，需考虑平面运输、结构体系转换、测量校正精度调整及系统构成等因素，及时形成稳定的空间刚度单元。必要时应增加临时支撑结构或临时锚固设施。单个混凝土构件的连接施工应一次性完成。

预制构件安装后，应对安装位置、安装标高、垂直度、累计垂直度进行校核与调整。预制构件安装就位后，可借助临时支撑对构件的位置和垂直度进行满足实际需要的微调。

②构件临时固定。安装阶段的结构稳定性对保证施工安全和安装精度非常重要，构件在安装就位后，应采取临时措施进行固定。采用临时措施应使支撑结构能承受结构自重、施工荷载、风荷载、吊装产生的冲击荷载，从而使结构不产生永久变形。

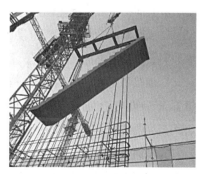

图9-10　预制构件吊装

5）钢筋套筒灌浆施工

钢筋套筒灌浆施工（图9-11）是装配式混凝土结构工程的关键环节之一。

图9-11 钢筋套筒灌浆连接技术在装配式建筑工程中的应用

在实际工程中，连接的质量很大程度取决于施工过程控制。因此，套筒灌浆连接应满足下列要求：

①套筒灌浆连接施工应编制专项施工方案。这里提到的专项施工方案并不要求一定单独编制，而是强调应在相应的施工方案中包括套筒灌浆连接施工的相应内容。施工方案应包括灌浆套筒在预制生产中的定位、构件安装定位与支撑、灌浆料拌和、灌浆施工、检查与修补等内容。施工方案编制应以接头提供单位的相关技术资料操作规程为基础。

②灌浆施工的操作人员应经专业培训且操作熟练后上岗。培训一般宜由接头供应单位的专业技术人员安排组织与实施。灌浆施工应由专人完成，施工单位应根据工程量配备足够的合格操作工人。

③对于首次施工，宜选择有代表性的单元或部位进行试制作、试安装、试灌浆。这里提到的"首次施工"包括施工单位或施工队伍没有钢筋套筒灌浆连接的施工经验，或对某种灌浆施工类型（剪力墙、柱、水平构件等）没有经验，此时为保证工程质量，宜在正式施工前通过试制作、试安装、试灌浆验证施工方案、施工措施的可行性。

④套筒灌浆连接应采用由接头形式检验确定的相匹配的灌浆套筒、灌浆料。施工中不宜更换灌浆套筒或灌浆料，如确需更换，应按更换后的灌浆套筒、灌浆料提供接头形式检验报告，并重新进行工艺检验及材料进场检验。

⑤灌浆料以水泥为基本材料，对温度、湿度均具有一定敏感性。因此，在储存中应注意干燥、通风并采取防晒措施，防止其形态发生改变。灌浆料宜存储在室内。

钢筋套筒灌浆连接施工的工艺要求如下：

①预制构件吊装前，应检查构件的类型与编号等信息。当灌浆套筒内有杂物时，应及时清理干净。

②应保证外露连接钢筋的表面不粘连混凝土、砂浆，不发生锈蚀。连接钢筋的外露长度应符合设计要求，其外表面宜标记出插入灌浆套筒最小锚固长度的位置标志。

③竖向构件宜采用连通腔灌浆。钢筋水平连接时，灌浆套筒应各自独立灌浆。

④灌浆料拌合物应采用电动设备搅拌充分、均匀，并静置2分钟后使用。其加水量应按灌浆料使用说明书的要求确定，并应按质量计量。搅拌完成后，不得再次加水。

⑤灌浆施工时，环境温度应符合灌浆料产品使用说明书规范和要求。一般来说，环境温度低于5℃时不宜施工，低于0℃时不得施工；当环境温度高于30℃时，应采取降低灌浆料拌合物温度的措施。

⑥竖向钢筋灌浆套筒连接采用连通腔灌浆时，宜采用一点灌浆的方式。当一点灌浆遇到问题而需要改变灌浆点时，各灌浆套筒已封堵的灌浆孔、出浆孔应重新打开，待灌浆料拌合

物再次流出后进行封堵。

⑦浆料宜在加水后 30 分钟内用完。散落的灌浆料拌合物不得二次使用，剩余的拌合物不得再次添加灌浆料、水后混合使用。

⑧灌浆料同条件养护试件抗压强度达到 35N/mm² 后方可进行对接头有扰动的后续施工。临时固定措施的拆除应在灌浆料抗压强度能够确保结构达到后续施工承载要求后进行。

⑨灌浆作业应及时形成施工质量检查记录表和影像资料。

（2）预制混凝土剪力墙构件安装施工

预制混凝土柱构件的安装施工工序为：测量放线→封堵分仓→构件吊装→定位校正和临时固定→钢筋套筒灌浆施工。其中测量放线、构件吊装、定位校正和临时固定的施工工艺可参见预制柱的施工工艺。

1）封堵分仓

采用注浆法实现构件间混凝土可靠连接，是通过灌浆料从套筒流入原坐浆层充当坐浆料而实现。相对于坐浆法，注浆法无须担心吊装作业前坐浆料失水凝固，并且先使预制构件落位后再注浆也易于确定坐浆层的厚度。

构件吊装前，应预先在构件安装位置预设 20mm 厚垫片，以保证构件下方注浆层厚度满足要求。然后沿预制构件外边线用密封材料进行封堵。当预制构件长度过长时，注浆层也随之过长，不利于控制注浆层的施工质量。这时可将注浆层分成若干段，各段之间用坐浆材料分隔，注浆时逐段进行。这种注浆方法叫作分仓法。连通区内任意两个灌浆套筒间距不宜超过 1.5m。

2）构件吊装

与现浇部分连接的墙板宜先行吊装，其他宜按照外墙先行吊装的原则进行吊装。就位前应设置底部调平装置、控制构件安装标高。

3）钢筋套筒灌浆施工

灌浆前应合理选择灌浆孔。一般来说，宜选择从每个分仓位于中部的灌浆孔液浆，灌浆前将其他灌浆孔严密封堵。灌浆操作要求与坐浆法相同。直到该分仓各出浆孔分别有连续的浆液流出时，注浆作业完毕，将注浆孔和所有出浆孔封堵。

（3）装配式混凝土结构后浇混凝土的施工

装配式混凝土结构竖向构件安装应及时穿插进行边缘构件后浇混凝土带的钢筋安装和模板施工，并完成后浇混凝土施工。

1）装配式混凝土结构后浇混凝土的钢筋工程

①装配式混凝土结构后浇混凝土内的连接钢筋应埋设准确。构件连接处钢筋位置应符合现行有关技术标准和设计要求。当设计无具体要求时，应保证主要受力构件和构件中主要受力方向的钢筋位置，并应符合下列规定:框架节点处，梁纵向受力钢筋宜置于柱纵向钢筋内侧;当主、次梁底部标高相同时，次梁下部钢筋应放在主梁下部钢筋之上;剪力墙中水平分布钢筋宜置于竖向钢筋外侧，并在墙端弯折锚固。预制构件的外露钢筋应防止弯曲变形，并在预制构件吊装完成后，对其位置进行校核与调整。钢筋套筒灌浆连接接头的预留钢筋应采用专

用模具进行定位，并应保证定位准确。

②装配式混凝土结构的钢筋连接质量应符合相关规范的要求。钢筋可根据规范要求采用直铺、弯铺或机械锚固的方式进行锚固，但锚固质量应符合要求。

③预制墙板连接部位宜先校正水平连接钢筋，后安装箍筋套，待墙体竖向钢筋连接完成后绑扎箍筋，连接部位加密区的箍筋宜采用封闭箍筋。

2）预制墙板间后浇混凝土带模板安装

墙板间后浇混凝土带连接宜采用工具式定型模板支撑，定型模板应通过螺栓（预置内螺母）或预留孔洞拉结的方式与预制构件可靠连接。定型模板安装应避免遮挡墙板下部灌浆预留孔洞。夹心墙板的外叶板应采用螺栓拉结或夹板等加强固定，墙板接缝部位及与定型模板连接处均应采取可靠的密封、防漏浆措施。

采用预制保温作为免拆除外墙模板进行支模时，预制外墙模板的尺寸参数及与相邻外墙板之间拼缝宽度应符合设计要求。安装时，与内侧模板或相邻构件应连接牢固并采取可靠的密封、防漏浆措施。

3）装配式混凝土结构后浇混凝土带的浇筑

①对于装配式混凝土结构的墙板间边缘构件后浇混凝土带的浇筑，应该与水平构件的叠合层以及按设计须现浇的构件（电梯井、楼梯间等）同步进行。一般选择一个单元作为一个工段，按先竖向、后水平的顺序浇筑施工。这种施工安排用后浇混凝土将竖向和水平预制构件连接成了一个整体。

②后浇混凝土浇筑前，应进行所有隐蔽项目的现场检查与验收。

③浇筑混凝土过程中应按规定见证取样，留置混凝土试件。

④混凝土应采用预拌混凝土，预拌混凝土应符合现行相关标准的规定。装配式混凝土结构施工中的结合部位或接缝处混凝土的工作性应符合设计施工规定。

⑤预制构件连接节点和连接接缝部位后浇混凝土浇筑前，应清洁结合部位，并洒水润湿。连接接缝的混凝土应连续浇筑，竖向连接接缝可逐层浇筑。混凝土分层浇筑高度应符合现行规范要求。浇筑时，应采取保证混凝土浇筑密实的措施。同一连接接缝的混凝土应连续浇筑，并应在底层混凝土初凝之前将上一层混凝土浇筑完毕。预制构件连接节点和连接接缝部位的混凝土应加密振捣点，并适当延长振捣时间。预制构件连接处混凝土浇筑和振捣时，应对模板和支架进行观察和维护，发生异常情况应及时进行处理。构件接缝处混凝土浇筑和振捣时，应采取措施防止模板、相连接构件、钢筋、预埋件及其定位件的移位。

⑥混凝土浇筑完毕后，应按施工技术方案要求及时采取有效的养护措施。设计无规定时，应在浇筑完毕后的 12h 内对混凝土加以覆盖并养护，浇水次数应能保持混凝土处于湿润状态。采用塑料薄膜覆盖养护的混凝土，其露出的全部表面应覆盖严密，并应保持塑料薄膜内有凝结水。后浇混凝土的养护时间不应少于 14d。

喷涂混凝土养护剂是混凝土养护的一种新方法和新工艺。混凝土养护剂是高分子材料，喷洒在混凝土表面后固化，形成一层致密的薄膜，使混凝土表面与空气隔绝，大幅度降低水分从混凝土表面蒸发的损失。同时，可与混凝土浅层游离氢氧化钙作用，在渗透层内形成致密的表层，从而利用混凝土中自身的水分最大限度地完成水化作用，达到混凝土自养的目的。对于整体装配式混凝土结构竖向构件接缝处的后浇混凝土带，洒水保湿比较困难，采用养护剂保护是可行的选择。

⑦预制墙板斜支撑和限位装置，应在连接节点和连接接缝部位后浇混凝土或灌浆料强度达到设计要求后拆除；当设计无具体要求时，后浇混凝土或灌浆料应达到设计强度的75%以上方可拆除。

9.3.3 预制混凝土水平受力构件施工

（1）钢筋桁架混凝土叠合梁板安装施工

1）叠合楼板安装施工

预制混凝土叠合楼板的现场施工工艺：定位放线→安装底板支撑并调整→安装叠合楼板的预制部分→安装侧模板、现浇区底模板及支架→绑扎叠合层钢筋、铺设管线、预埋件→浇筑叠合层混凝土→拆除模板。其安装施工均应符合下列规定：

①叠合构件的支撑应根据设计要求或施工方案设置，支撑标高除应符合设计规定外，还应考虑支撑本身的施工变形。

②控制施工荷载不应超过设计规定，并应避免单个预制构件承受较大的集中荷载与冲击荷载。

③叠合构件的搁置长度应满足设计要求，宜设置厚度不大于20mm的坐浆层或垫片。

④叠合构件混凝土浇筑前，应检查结合面粗糙度，并应检查及校正预制构件的外露钢筋。

⑤预制底板吊装完后应对板底接缝高差进行校核；当叠合板板底接缝高差不满足设计要求时，应将构件重新起吊，通过可调托座进行调节。

⑥预制底板的接缝宽度应满足设计要求。

2）叠合梁安装施工

装配式混凝土叠合梁（图9-12）的安装工工艺与叠合楼板工艺类似。现场施工应将相应的叠合梁与叠合楼板协同安装，两者的叠合层混凝土同时浇筑，以保证建筑的整体性能。

安装顺序宜遵循先主后次、先低后高的原则。安装前，应测量并修正临时支撑标高，确保与底标高一致，并在柱上弹出边控制线；安装后根据控制线进行精密调整。安装时伸入支座的长度与搁置长度应符合设计要求。

装配式混凝土建筑梁柱节点处作业面狭小且钢筋交错密集，施工难度极大。因此，在拆分设计时应考虑好各种钢筋的关系，设计出必要的弯折。此外，吊装方案要按拆分设计考虑吊装顺序，吊装时则必须严格按吊装方案控制。安装前，应复核柱钢筋与梁钢筋

图9-12 叠合梁安装

位置、尺寸，对梁钢筋与柱钢筋位置有冲突的，应按设计单位确认的技术方案调整。

（2）预制混凝土阳台、空调板、太阳能板的安装施工

装配式混凝土建筑的阳台一般设计成封闭式阳台，其楼板采用钢筋桁架叠合板；部分项目采用全预制悬挑式阳台。空调板、太阳能板以全预制悬挑式构件为主。全预制悬挑式构件是通过将甩出的钢筋伸入相邻楼板叠合层后浇混凝土与主体结构实现可靠连接。

预制混凝土阳台、空调板、太阳能板的现场施工工艺：定位放线→安装底部支撑并调整→安装构件→绑扎叠合层钢筋→浇筑叠合层混凝土→拆除模板。其安装施工均应符合下列规定：

①预制阳台板吊装宜选用专用型框架吊装梁；预制空调板吊装可采用吊索直接吊装。

②吊装前应进行试吊装，且检查吊装预埋件是否牢固。

③施工管理及操作人员应熟悉施工图纸，应按照吊装流程核对构件编号，确认安装位置，并标注吊装顺序。

④吊装时注意保护成品，以免墙体边角被撞。

⑤阳台板施工荷载不得超过 $1.5kN/m^2$。施工荷载宜均匀布置。

⑥悬臂式全预制阳台板，空调板、太阳能板甩出的钢筋都是负弯矩筋，首先应注意钢筋绑扎位置的准确。同时，在后浇混凝土过程中要严格避免踩踏钢筋而造成钢筋向下位移。

⑦预制构件的板底支撑必须在后浇混凝土强度达到100％后拆除。板底支撑拆除应保证该构件能承受上层阳台通过支撑传递下来的荷载。

（3）预制混凝土楼梯的安装施工

为提高楼梯抗震性能，参照传统现浇结构的施工经验，结合装配式混凝土建筑施工特点，楼梯构件与主体结构多采用滑动式支座连接。

预制楼梯的现场施工工艺流程：定位放线→清理安装面、设置垫片、铺设砂浆→预制楼梯吊装→楼梯端支座固定。其安装施工均应符合以下要点：

①吊装前应检查核对构件编号，确定安装位置，弹出楼梯安装控制线，对控制线及标高进行复核。

②滑动式楼梯上部与主体结构连接多采用固定式连接，下部与主体结构连接多采用滑动式连接。施工时应先固定上部固定端，后固定下部滑动端。

③楼梯侧面距结构墙体预留30mm空隙，为后续初装的抹灰层预留一定的空间；梯井之间根据楼梯栏杆安装要求应预留40mm空隙。在楼梯段上下口梯梁处铺20mm厚C25细石混凝土找平层灰饼，找平层灰饼标高要控制准确。

④预制楼梯采用水平吊装，用螺栓将通用吊耳与梯板预埋吊装内螺母连接，起吊前检查卸扣卡环，确认牢固后方可继续缓慢起吊。调整索具铁链长度，使楼梯段休息平台处于水平位置。试吊预制楼梯板，检查吊点位置是否准确，吊索受力是否均匀等；试起吊高度不应超过1m。

⑤楼梯吊至梁上方30~50cm后，调整楼梯位置板边线基本与控制线吻合。就位时要求缓慢操作，严禁快速猛放，以免造成楼梯板震折损坏。楼梯板基本就位后，根据控制线，利用撬棍

根据实际需要进行微调、校正，先保证楼梯两侧准确就位，再使用水平尺和倒链调节楼梯水平。

9.3.4 部品安装

装配式混凝土建筑的部品安装宜与主体结构同步进行，可在安装部位的主体结构验收合格后进行，并应符合国家现行有关标准的规定。部品安装严禁擅自改动主体结构或改变房间的主要使用功能，严禁擅自拆改燃气、暖通、电气等配套设施。部品吊装应采用专用吊具，起吊和就位应平稳，避免磕碰。

（1）准备工作

①应编制施工组织设计和专项施工方案，包括安全、质量、环境保护方案及施工进度计划等内容。

②应对所有进场部品、零配件及辅助材料按设计规定的品种、规格、尺寸和外观要求进行检查。

③应进行技术交底。

④现场应具备安装条件，安装部位应清理干净。

⑤装配安装前应进行测量放线工作。

（2）安装规定

1）预制外墙安装规定

①墙板应设置临时固定和调整装置。

②墙板应在轴线、标高和垂直度调校合格后方可永久固定。

③当条板采用双层墙板安装时，内、外层墙板的拼缝宜错开。

2）现场组合骨架外墙安装规定

①竖向龙骨安装应平直，不得扭曲，间距应满足设计要求。

②空腔内的保温材料应连续、密实，并应在隐蔽验收合格后方可进行面板安装。

③面板安装方向及拼缝位置应满足设计要求，内外侧接缝不宜在同一根竖向龙骨上。

3）龙骨隔墙安装规定

①龙骨骨架应与主体结构连接牢固，并应垂直、平整，位置准确。

②龙骨的间距应满足设计要求。

③门、窗洞口等位置应采用双排竖向龙骨。

④壁挂设备、装饰物等的安装位置应设置加固。

⑤隔墙饰面板安装前，隔墙板内管线应进行隐蔽工程验收。

⑥面板拼缝应错缝设置，当采用双层面板安装时，上下层板的接缝应错开。

4）吊顶部品安装规定

①装配式吊顶龙骨应与主体结构固定牢靠。

②超过3kg的灯具、电扇及其他设备应设置独立吊挂结构。

③饰面板安装前应完成吊顶内管道、管线施工，并经隐蔽验收合格。

5）架空地板安装规定

①安装前应完成架空层内管线铺设，且应经隐蔽验收合格。

②地板辐射供暖系统应对地暖加热管进行水压试验并经隐蔽验收合格后铺设面层。

9.4 数字化装配管理系统内容及组成

装配式建筑数字化装配管理系统内容主要由统计分析、装配计划、装配管理、项目形象进度四个部分组成，如图9-13所示。

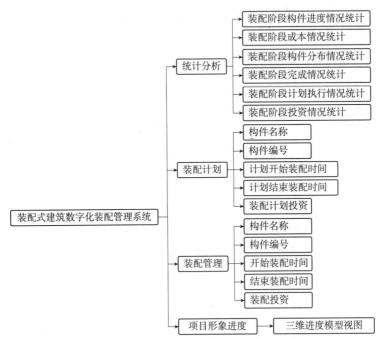

图9-13 装配式建筑数字化管理装配系统组成框架

9.4.1 统计分析

装配式建筑项目数字化管理平台的装配管理系统站在施工装配企业的角度，对装配阶段的预制构件安装进度情况、装配阶段成本情况、装配阶段构件分布情况、装配阶段完成情况、装配阶段计划执行情况、装配阶段投资情况进行统计，并提供数据信息穿透功能。登录基于物联网与BIM技术的装配式建筑项目数字化管理平台系统，点击进入装配管理页面，点击统计分析，清晰地显示构件的分布情况（未交付、待安装、安装中、安装完成）、构件安装完成情况（完成百分比）、安装阶段计划执行情况（未排期、正常、提前、延期）、安装阶段投资情况（总资金、已用资金、剩余资金），具体如图9-14所示。

通过对装配式建筑施工安装阶段的预制构件相应情况的统计分析，基层管理人员和决策管理者可以实时精确地掌握装配式建筑项目装配阶段构件的安装进度及成本投资情况，便于相关工作人员和决策者做出相应的调整和安排。

图9-14　装配式建筑项目数字化装配管理系统统计分析界面

9.4.2　装配计划

　　装配计划所包含的构件名称、构件编号、计划开始装配时间、计划结束装配时间和装配计划投资等五个部分主要是为装配阶段的进度计划服务，对预制构件的装配计划进行分析，实现更好、更全面的装配式建筑项目全进程的进度控制，以此达到项目目标要求。进度控制的任务是工程师针对装配式建筑建设项目，根据工程建设项目的规模、实际工程量与工程复杂程度，建设单位对工期和项目投产时间的具体要求、资金到位计划和实现的可能性、主要进场计划、工程地质、水文地质、建设地区气候等因素，进行科学合理分析后，计算装配式建筑项目的合理和最佳工期。各相关管理人员根据确定的工期制定各层级管理的进度目标并确定具体的实施方案，在施工过程中进行相应的控制和调整，以实现进度控制的目标。具体地讲，进度控制的任务是制定进度规划、进度控制和进度协调，要完成好这个任务，应做到以下三点：

　　（1）制定工程建设项目总进度目标和总计划。制定进度目标和总体计划是整个项目的战略要求，是非常重要而细致的。进度计划的编制，涉及装配式建筑建设工程的实际投资，设备材料供应、施工场地布置、主要施工机械和劳动力组合、各附属设施的施工、各施工安装单位的配合及建设项目投产的时间要求，需对以上因素进行全面综合考虑、科学合理组织、合理安排、统筹兼顾，以此制定符合各方期望和满足战略要求的进度规划。

　　（2）对进度计划进行实时控制，对建设项目进展的全过程，将计划进度与实际进度进行比较。当装配式建筑项目的施工装配过程的实际进度与计划进度发生偏离，进度加快、进度滞后均会对施工组织设计产生一定的影响，还会对施工工序带来影响，因此需要及时地对进度偏离采取有效措施加以调整，找出偏离原因并进行纠正。

　　（3）对进度计划进行全过程、全方位协调。进度协调的任务是对整个装配式建筑建设项目中各安装、土建等施工单位、总包单位、分包单位之间的进度进行相互搭接，在时间、空间交叉上进行必要的协调。这些都是相互联系、相互制约的因素，对工程建设项目的实际进度都有着直接的影响，如果对这些单项工程之间的施工关系不加以必要的协调，将会造成工程施工秩序的混乱，无法按期完成建设工程。

　　另外，质量问题是影响装配计划能否正常执行的关键，对装配式建筑的装配管理需要进行全过程的三项控制，从事前、事中、事后对每一个进程进行装配计划的监督和管理：

1）事前控制：周密计划，做到事前控制，在施工装配前认真做好施工组织工作；做好技术资料准备工作，做好对原材料、施工设备、具体零配件等质量进行检查和控制工作、做好对新材料、新工艺、新技术、新设备的质量鉴定和施工工艺的组织论证工作、建立健全质量管理制度，不断完善质量保证体系，认真对待由建设单位组织的设计交底和图纸会审工作。对施工中的人员组织、材料供应、机械设备可能发生的问题准备相应的预见性措施，使每一项具体装配施工过程都掌握在工程质量管理工作和进度管理的规划之中，发挥出在事前就把装配施工中的质量问题和进度问题解决好的作用，避免因没有做好事前控制而造成建设工程施工质量的返工返修的问题。

2）事中控制：参与装配式建筑项目过程的工作人员应积极的对待装配施工过程中的每一道工序，对发生无法预测的装配施工质量问题，做到不能在事前控制，尽量要在事中控制，避免装配施工质量问题的进一步扩大化，造成无法返工或因返工而产生经济损失。工程质量是在工序中产生的，工序科学合理控制对工程质量起着决定性的作用。应把影响工序质量的因素都纳入管理状态中，建立质量管理点，及时地检查和审核质量统计资料和质量控制图表。要严格进行工序间的交接检查，对于重要的工程部位或专业工程，工程师应亲自进行多次试验或技术复核，并实时监控。根据工程施工的具体特点，对完成的分部、分项工程，应及时按相应的质量评定标准和方法，进行规范的检查、验收。认真审核设计变更和图纸修改后对工程质量造成的影响，并对此向有关部门和建设单位提出建议和意见。组织定期或不定期的质量现场会议，及时发现并分析问题，通报批评工程质量状况，做好工程质量事故的处理方案，并对处理效果进行相应检查，才可以把施工中的质量问题，在每一个施工工序过程中及时做到事中控制。

3）事后控制：事后控制是指对完成施工、形成产品后的质量控制。施工单位应按国家有关的质量评定标准和办法，对完成的分项、分部工程和单位工程进行自检，只有内部通过验收才能交给有关单位进行验收，才能保证一次性验收通过，才能使整体的装配式建筑建设工程质量符合规范和要求。对有关的质量检验报告、评定报告及有关技术文件进行整理，向建设单位提供具体的施工竣工图，使施工竣工图成为今后建设单位在维修工程中的一个重要参考资料。

装配式建筑项目的进度情况与控制会影响到整个项目收益，而装配阶段的构件安装进度情况统计可以帮助施工人员减去负担。装配式建筑数字化装配系统自动统计每个安装进度的时间节点，标记构件的排期和装配状态，项目管理人员可以根据构件的二维码进行查询预制构件的安装进度和计划，指导实际施工。装配计划包含未排期和已排期两个状态。未排期是指已经交付装配单位，但装配单位还未进行排期的构件；已排期是指已经交付装配单位，而且装配单位已经进行了排期的构件，该状态表示构件可以进行装配，如图9-15所示。

9.4.3 装配管理

装配管理所包括的构件名称、构件编号、开始装配时间、结束装配时间和装配投资五个部分，主要是对构件即将或正在装配的进度完成情况和计划执行情况进行统计分析，实时跟

图9-15 装配式建筑数字化装配系统装配计划界面

进装配进度和动态监测，完成装配管理阶段的目标。装配管理以预制构件为对象，将构件的装配状态的构件分为：待装配、正在装配、装配完成3个状态。待装配是指可以进行装配的构件；正在装配是指正在进行装配的构件；装配完成是指已经装配完成的构件，此时的构件才可以在装配模式的模型浏览中显示。装配式建筑数字化装配系统实时追踪预制构件的安装进度和安装正确性，从而对装配建筑的装配阶段进行管理，如图9-16所示。

图9-16 装配式建筑数字化装配系统装配管理界面

为保障装配式建筑装配安装的施工进度计划有效实行，管理人员借助系统进行数字化管理，同时，可采取相应的管理措施保障装配式建筑项目装配阶段的顺利开展和有序进行。

（1）组织保证措施

相关部门应建立健全并完善装配式建筑装配施工进度计划保证体系，确保进度计划有效实施，在装配式建筑施工过程中需要做好以下两个方面：

1）推行全面计划管理，控制工程进度。做到周保旬，旬保月，坚持月平衡，周调度，工期倒排，确保总进度计划的实施。

2）严格坚持落实每周的工地会议制度，做好每日工程进度的具体安排，确保各项计划予以落实，决不能流于形式。

（2）技术保证措施

1）项目部要认真研究施工图纸和施工工艺，不断优化施工方案，积极使用新技术、新工艺，降低施工难度，提高施工效率，缩短施工工期。

2）根据工程特点，结合现场条件，科学划分流水段，合理进行工序穿插，缩短工期。

3）将各施工阶段划分为若干施工段，组织段与段之间流水施工。在满足进度要求的情况下，配备足够的人力、机械、物资等资源，提高计划的可实施性。在保证上一道工序质量的前提下，下一道工序可以提前插入装配施工。

（3）劳动力保证措施

在项目劳务策划、劳务招标中，项目部应认真考查、筛选有诚信和实力的劳务队伍。在分包合同中应明确劳动力能满足项目总体进度施工要求，按工种编制劳动力需求计划，各节点完成时间，并明确工期奖罚措施。

（4）材料设备保证措施

项目部工程技术人员要认真理解设计施工图纸，及时、准确编制材料采购计划，并且给采购部留出足够的审核、询价、洽谈及合同签订时间，确保材料正常供应。

（5）资金保证措施

根据项目资金计划和分包合同中相关要求，项目部应提前做好资金应急预案，确保施工计划按期完成。

（6）工程进度的监控与纠偏措施

装配式建筑项目的项目部应做好工程进度计划的动态跟踪检查、及时纠偏，必要时采取赶工措施。项目部应确保每月召开一次项目管理例会，且要求项目经理主持。会议总结和部署施工生产任务，安排和落实生产要素配置，解决生产管理以及装配施工过程中存在的突发问题。

9.4.4 项目形象进度

装配式建筑数字化装配系统的项目形象进度主要通过借助三维进度模型视图进行形象地展示和说明，如图9-17所示。进入项目形象进度页面，默认是按照"装配模式"进行模型展示，只能查看已经安装完成的构件，如需查看完整的按状态进行着色的模型可以点击右上角"完整模式"按钮，切换到完整的着色的模型进行查看。

图9-17 装配式建筑数字化装配系统项目形象进度界面

9.5 装配式建筑数字化装配系统主要功能

9.5.1 指导装配管理和施工

（1）基本信息查询

装配式建筑数字化装配系统主要用于指导现场基层施工人员和管理人员进行预制构件的装配。进入系统后，在显示的项目列表中，项目管理人员选择正在装配阶段的本项目，进入项目信息页面，如图 9-18 所示，在该页面可以直观地呈现项目编号、项目类型、项目总概算、开工日期、竣工日期等项目基本信息，便于项目管理人员和决策者了解装配式建筑项目的概况信息。

（2）查看装配进度

装配式建筑数字化装配系统的着色模型可以辅助装配管理人员明确装配阶段构件的实时装配进度和预制构件的对应状态，再点击某个具体的构件，可以清晰显示预制构件的对应信息，便于接下来的预制构件装配，如图 9-19 所示。

图9-18　装配式建筑项目基本信息界面　　图9-19　装配式建筑数字化装配管理系统预制构件的装配状态着色模型

现场的施工管理人员可登录装配式建筑项目数字化管理系统的移动 APP，进行实时的信息查询和反馈，通过移动 APP 扫描构件二维码，获取构件安装信息，便于实时高效地向装配施工人员呈现装配前的生产、运输相关信息，更好地对构件进行装配，指导现场作业。

（3）构件设置和查询

根据装配管理的计划安排和需求，输入相对应构件名称，寻找相对应构件，可以得到每个对应构件的具体详细信息，包括构件 ID、构件编号、构件名称、构件所对应的二维码、装配计划投资、装配投资、计划开始装配时间、开始装配时间、计划结束装配时间、结束装配时间以及所处阶段，掌握现场的装配进度和信息，如图 9-20 所示。另外，单击"构件编号"，可利用"构件编号"排序功能，软件会自动按照升序或降序的规律，重新编排显示所有构件，方便人员使用，查找构件，还可根据构件所处阶段，对各构件当前所处阶段进行筛选。

单击"装配管理"，弹出"状态设置"对话框，操作人员需设置当前构件所处阶段根据实际情况，根据预制构件的实际装配进展选择"等待装配""正在装配""装配完成"三个阶段，如图 9-21 所示。

图9-20　装配式建筑数字化装配系统装配管理查询界面

图9-21　装配式建筑数字化装配系统构件装配状态设置

预制构件装配完成，还需根据实际情况设置构件的投资金额，单击"保存"按钮后，保存数据完成设计，届时相对应统计分析数据也会更新，如图9-22所示。

图9-22　装配式建筑项目数字化管理系统预制构件设置界面

（4）指导安装定位

装配式建筑数字化装配系统基于北斗卫星定位系统实现厘米级的安装定位，辅助构件吊装就位，提高安装效率，避免后期因安装失误引起的返工，如图9-23所示。

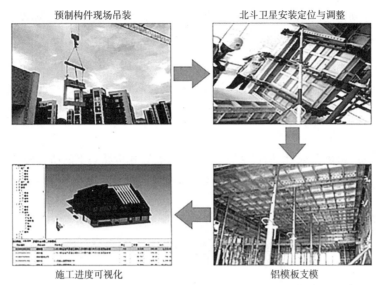

预制构件现场吊装　　　　北斗卫星安装定位与调整

施工进度可视化　　　　铝模板支模

图9-23　装配式建筑数字化装配系统指导现场安装施工过程

9.5.2　装配结果检验

通过装配式建筑数字化装配系统，将预制构件的安装进度在BIM模型中实时展示，并自动校验施工工序的合理性。

通过移动APP端，在构件展示页面中，点击下面"上，下，左，右，前，后"按钮，会调动摄像头对二维码进行扫描，对构件的位置进行校验（构件的相互位置由后台数据库手动设定，若没有设置，则无法校验），并给出对应结果，构件校验有"构件匹配正确"和"构件匹配失败"两种结果，如图9-24所示。

9.5.3　成本数字化管理

装配式建筑数字化装配系统可自动分析装配阶段成本管理的相关内容，实现装配式建筑的施工装配过程的成本信息数字化，系统绘制装配式建筑项目的计划投资和实际投资的曲线，以便管理决策人员进行成本监测和管控，如图9-25所示。

图9-24　装配检查结果

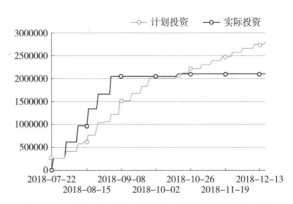

图9-25　装配式建筑数字化装配系统装配阶段成本情况

将鼠标悬停到任意时间点，可查看当前时间点，详细计划投资与实际投资数据，方便管理人员进行比较分析，了解当前时间节点计划与实际的差距。

为更好地制定装配式建筑装配阶段的资金计划，需了解资金的分配使用百分比，可勾选“计划投资”与“实际投资”显示隐藏的计划或投资的曲线装配阶段投资情况统计图，出现装配式建筑装配阶段的资金使用百分比图，鼠标悬停在每个分项上，即可显示当前分项投资占比、已用资金数目等详细信息（图 9–26）。

单击“总投资”进度条或“已用资金”进度条还可查看相应状态下的所有构件资金使用情况。如点击“已用资金”，就可显示已用资金具体用在哪些构件上，如图 9–27 所示。

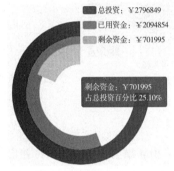

图9–26　装配式建筑装配阶段的资金使用百分比图

构件列表

	构件名称	计划投资	实际投资	装配计划投资(元)	装配投资(元)	所处阶段
1	TB_200	9749.00	10300.00	52.00	0.00	未交付
2	TB_200	9749.00	10300.00	18.00	0.00	未交付
3	TB_200	9749.00	10300.00	52.00	0.00	未交付
4	TB_200	9749.00	10300.00	30.00	0.00	未交付
	合计	262537533.41	25408000.00	2796849.00	2094854.00	

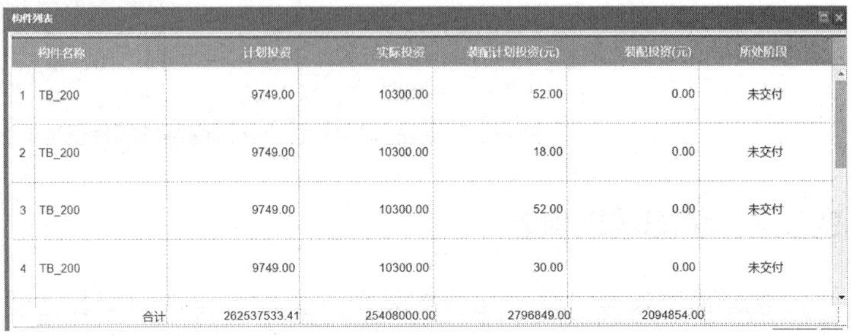

图9–27　具体预制构件的资金使用情况

9.5.4　进度数字化管理

装配式建筑数字化装配系统可自动分析进度管理的相关内容，将装配式建筑项目装配阶段的预制构件安装进度的状态信息和位置信息等进度状况进行数字化的管理。系统按照实时反馈的预制构件的进度状态，生成装配阶段构件的计划进度和实际进度曲线，如图 9–28 所示。

点击“计划进度”或“实际进度”，可以得到装配阶段构件分布情况统计、装配阶段完成情况统计和装配阶段计划执行情况统计的信息，如图 9–29 所示。通过进度百分比图，可以为管理人员提供直观的进度执行情况，为后续的装配安排做出充分的准备和安排，实现对装配式建筑装配阶段的实时进度管理。

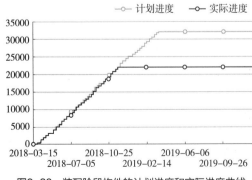

图9–28　装配阶段构件的计划进度和实际进度曲线

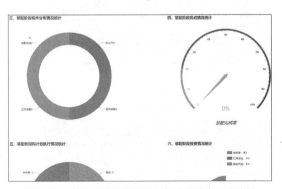

图9–29　装配式建筑装配阶段的进度信息百分比图

　　装配式建筑数字化装配系统除了将进度情况进行统计分析外，还可结合 BIM 轻量化模型进行项目形象进度的展示。使用不同的颜色表示预制构件的不同装配进度状态，将装配式建筑装配阶段的实时进度以及装配式建筑的阶段性成果形象地展示出来，便于装配式建筑项目的各参与方查看分析，如图 9-30 所示。

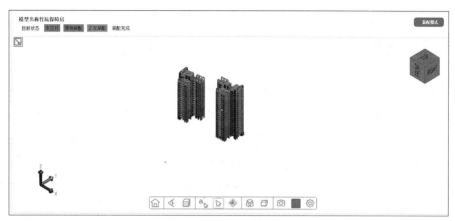

图9-30　装配式建筑数字化装配系统装配阶段项目形象进度

10 装配式建筑项目案例数字化管理实践

10.1 工程概况

　　深圳市根据自身城市发展情况，积极发展装配式建筑，逐步构建具有深圳创新特色的装配式建筑标准技术体系，在大力度的装配式政策背景下，深圳市各区都逐步加快装配式建筑项目的建设。其中，深圳市龙岗区自 2006 年以来率先开展住宅产业化新型住宅试点建设、大型住宅小区整体绿色建筑示范项目建设，一直积极推进绿色建筑和装配式建筑发展。在装配式建筑（住宅产业化）发展领域，龙岗区住建局大胆创新，按照"政府引导、企业主体实施、市场运作、全民参与"的思路，大力推进装配式建筑发展。目前，龙岗区已通过专家评审认定的装配式建筑项目 15 个，实施装配式建筑的总面积达到 86.1 万 m^2；已建成装配式建筑项目共 7 个，实施装配式建筑总面积达到 72 万 m^2，装配式建筑项目数量和总规模居全市各区首位。与此同时，龙岗区住建局将在出台新时期装配式建筑配套政策、完善装配式建筑整体解决方案等工作思路的基础上，从试点城市向示范城市转变做出探索，逐步扩大装配式建筑试点工作，大力培育装配式建筑开发、设计、生产和施工骨干企业，鼓励上下游产业链资源整合和优势互补，着力打造集约程度高、运转效率快、规模效应好的新型住宅产业链。

　　深圳市龙岗区宝澜雅苑小区是政府投资，EPC 模式下的保障房，位于龙岗宝龙工业城片区，北边邻近清风大道，南侧为翠宝路，西侧为宝龙一路，东侧与宝龙工业城地块相邻（图 10-1）。主管单位为深圳市规划和国土资源委员会，其总建筑面积为 25.35 万 m^2，有 1622 套房源，按计划分为八栋，由六栋超高层住宅及沿街商铺、一栋幼儿园、一栋门卫、两栋商业配套组成。工程投资估算总额约 6.2 亿元。其中，4A、4B 住宅采用装配式混凝土结构技术，设计符合标准化设计、工厂化生产、装配化施工、一体化装修和信息化管理的工业化建筑基本特征（图 10-2）。作为龙岗区首个保障房 EPC 项目实施装配式建造的工程，为保障装配式建筑工程

图10-1　深圳市龙岗区宝澜雅苑小区整体鸟瞰图

图10-2　深圳市龙岗区宝澜雅苑小区采用装配式的
4A、4B栋住宅

质量和施工安全，龙岗区住建局印发了《装配式建筑项目监管工作实施方案》，建立装配式建筑管理制度和监管部门联动机制，明确各部门责任分工；创新地建立起"区主管部门＋区质量安全监督机构＋行业协会＋专家组"为"四位一体"的装配式建筑联合巡查机制，以此帮助解决过程中的难题（图10-3）。

图10-3 深圳市龙岗区宝澜雅苑小区施工现场

10.2 应用背景

深圳市作为国内住宅产业化试点城市，近年来大力发展装配式建筑，随着国家政策的推行，也陆续出台了加快推进装配式建筑的若干措施。深圳市住房和城乡建设局于2017年1月12日正式发布《关于加快推进装配式建筑的通知》；2017年1月20日，深圳市住房和建设局、深圳市规划和国土资源委员会联合发布《深圳市装配式建筑住宅项目建筑面积奖励实施细则》的通知；2017年1月22日，为保障深圳市装配式建筑项目的技术认定工作规范有序，出台《深圳市住房和建设局关于装配式建筑项目设计阶段技术认定工作的通知》；2018年1月份印发了《关于提升建设工程质量水平打造城市建设精品的若干措施》（简称"质量提升24条"），将发展装配式建筑作为建筑业改善质量供给、提升质量水平的重要抓手；2018年3月份发布了《深圳市装配式建筑发展专项规划（2018—2020）》，明确提出8大任务和6大保障措施，对深圳市装配式建筑发展全面布局；2018年8月份印发了《深圳市装配式建筑专家管理办法》和《深圳市装配式建筑产业基地管理办法》；2018年11月份印发了《关于做好装配式建筑项目实施有关工作的通知》和《关于在市政基础设施中加快推广应用装配式技术的通知》。截至目前，深圳市已出台14个装配式建筑相关政策文件，基本形成了适应深圳特点的装配式建筑政策体系，加快深圳市装配式建筑落地，促进深圳装配式建筑的快速发展和绿色建筑高质量、高标准发展。

在装配式建筑推进过程中，深圳进一步创新项目管理模式，率先应用装配式建筑EPC工程总承包管理模式。与此同时，深圳装配式建筑发展创下多个全国第一：全国第一个住宅产业化综合试点城市、6大国家住宅产业化示范基地企业、运行时间最长的行业组织、全国首个保障性住房工业化产品1.0、率先在装配式建筑中推行EPC工程总承包模式、全国首创装配式建筑项目全过程技术服务等，勾勒出深圳装配式建筑全国示范的图景。目前，深圳成为了国内绿色建筑建设规模、建设密度最大和获绿色建筑评价标识项目、绿色建筑创新奖数量最多的城市之一。

推进装配式建筑是实现建筑业转型发展的根本途径，对于保障建筑工程质量和安全、提高建筑业科技含量和生产效率、降低资源消耗和环境污染均具有重要意义。随着装配式建筑的推行浪潮，对装配式建筑的管理问题成为关注的焦点。由于装配式建筑不同于传统建筑项目，非固定于一定地点，具有产业链纵深和宽度幅度大，信息来源多样，技术手段复杂等特点，使得装配式建筑项目的协调管理或成为装配式建筑发展的又一突破口。

装配式建筑项目逐步结合建筑信息模型（BIM）技术、计算机网络技术等，通过设计、生产、运输、施工等专业协调和信息共享，现已有大规模企业开发了一套适用自身甚至整个产业的装配式建筑项目信息管理系统，以便协调管理装配式建筑项目众多参与方的信息沟通和共享。本案例也是借助本系统（装配式建筑项目数字化管理系统），建立数据库，建立项目的 BIM 轻量化模型，管理预制构件的实时情况，协调项目的利益相关方的信息，优化装配式建筑的整体方案和资源配置，为实现全过程的质量控制和管控追溯提供数字化支撑。

10.3 数字化管理系统的功能

10.3.1 装配式建筑管理信息系统

深圳市龙岗区宝澜雅苑项目通过搭建一个围绕装配式建筑建设全过程管理的数字化管理系统以及数字化平台实现对项目管理过程的进度、质量、安全、资金等方面的控制与综合管理，收集和分析全过程和全方位的信息，形成一个相对完整的装配式建筑项目数字化管理体系。

（1）云平台管理端

1）项目信息管理

以项目为单位，实现对项目基本信息、项目资料等数据的完善和维护，并且串联龙岗宝澜雅苑装配式建筑项目的各阶段信息，从而实现全过程的信息共享和管理，其中主要包含工程概况信息、项目组织架构和项目资料三个板块，如图 10-4 所示。

工程概况信息：业主单位通过此操作将本项目的工程概况信息录入数字化管理系统中，作为项目管理的基本信息。

项目组织架构：主要实现进行项目信息登记时，同步完成的项目组织架构信息的登记工作，满足项目参与各方对信息管理云平台使用的需要，同时明确项目的参与方，更好地落实具体责任。

项目资料：负责的相关方将项目资料按类别进行上传，关联项目相关单位，并能自动汇

图10-4 深圳市龙岗区宝澜雅苑项目信息管理窗口

总到项目资料档案中，以便项目的参与方需要，进行查阅等功能。

2）BIM 模型管理

设计单位在接收到项目基本信息后，开始进行模型设计与排版，并把模型成果文件上传到系统中，系统自动对模型文件进行轻量化处理；系统自动读取成果文件内容，然后发送给构件生成商进行构件生产。图 10-5 为龙岗区宝澜雅苑项目的 BIM 轻量化模型。

3）BIM 模型浏览

项目的相关方通过网页的方式，可按单体建筑、楼层、构件类型、构件，多层次、多视角对项目的建筑模型进行浏览，并且可以点击某一具体构件，对构件的信息进行详细查询，如图 10-6 所示。

图10-5　深圳龙岗区宝澜雅苑项目BIM轻量化模型　图10-6　深圳龙岗区宝澜雅苑项目某一面墙的详细信息

4）二维码管理

生产商生产完构件后，每个二维码关联一个对应的构件，作为每个构件的唯一识别。项目的二维码标识用于生产、物流运输、指导安装、手机 APP 等各业务功能模块，方便相关方快速定位于构件信息，深圳市龙岗宝澜雅苑项目构件二维码清单如图 10-7 所示。

5）装配式构件管理

生产厂商接到设计单位的模型及构件信息后，开始安排构件生产计划，查看并下载预制构件的清单，导入生产单位自己的成本、进度等方面的计划，从而借助信息管理云平台对项目的构件进行全程管理。

图10-7　深圳市龙岗宝澜雅苑项目构件二维码

6）生产进度管理

构件生产厂商通过登录信息管理云平台直接输入预制构件实际完成情况，包括构件生产的实际开始时间、实际完成时间、实际成本以及运输计划开始时间、运输计划结束时间，并确定好生产构件的顺序与时间衔接点。项目的相关方可以按条件查询构件信息，来进行下一步的流程操作，比如物流运输单位，可以通过登录信息管理云平台运输管理模块对构件的运输进行管理或者使用移动设备扫描构件二维码的方式进行管理，图10-8为生产单位对构件设置的生产计划。

图10-8　生产单位设置的对构件生产计划

7）进度管理

装配式建筑项目进度计划和进度管理是施工生产的重要组成部分，是拟对工程目标、资源供应和施工方案的选择及其空间布置和时间排列等诸方面统筹安排，是土建施工和设备安装得以顺利进行的根本保证。因此，认真做好施工前的技术准备、物资准备、劳动组织准备、施工现场准备、施工场外准备等，对合理供应资源、加快施工速度、提高工程质量、确保施工安全、赢得社会信誉都有重要作用。进度管理的内容包括：判断项目进度的当前状态、对造成进度变化的因素施加影响、查明进度是否已经改变、在实际变化出现时对其进行管理；进度控制是整体变更控制的一部分。根据原先制定的项目计划，结合各构件实际的进度状态信息，结合各个阶段的 BIM 模型直观掌握项目整体进度，并且通过统计分析，查询预制构件的所在状态，对项目的计划进度和实际进度进行比对分析和适当评估，以便项目的相关方做出下一步的进度部署。

对于进度计划的查看，可根据构件的状态进行筛选，根据构件的名称进行精确查询。生产、装配、运输进度计划的查询流程基本一致：选择要设置的构件进行排期、状态、进度的设置，并且可以以 Excel 形式导入或者导出，最后查看项目的形象进度，根据构件的不同着色直观判断项目的进度进展（图 10-9~ 图 10-11）。

8）成本管理

结合 BIM 模型查看项目各阶段计划投资、实际投资，并且通过成本管理功能统计分析项目计划累计支付金额、实际累计支付金额，各阶段计划支付金额、实际支付金额，实现项目的实施成本管理和控制，为项目的开展提供可靠的保障，如图 10-12 所示为深圳市龙岗宝澜

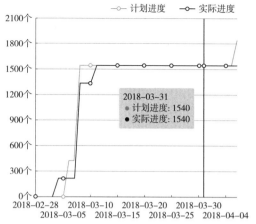

图10-9 深圳市龙岗宝澜雅苑项目进度对比分析图

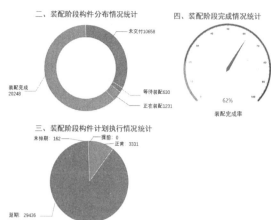

图10-10 深圳市龙岗宝澜雅苑项目装配阶段进度情况

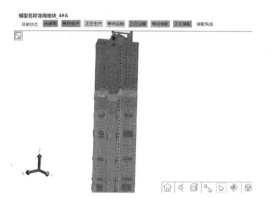

图10-11 深圳市龙岗宝澜雅苑项目某一时刻的形象进度模型

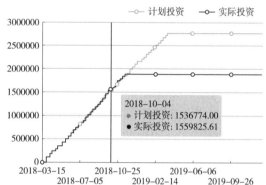

图10-12 深圳市龙岗宝澜雅苑项目的计划投资和实际投资的对比分析图

雅苑项目的计划投资和实际投资的对比分析图，将鼠标悬停到任意时间点，即可查看当前时间点详细计划投资与实际投资数据，了解当前时间节点计划与实际的差距。

如图 10-13 所示，深圳市龙岗宝澜雅苑项目某一时间节点的成本统计分析，鼠标悬停在每个分项上，即可显示当前分项投资占比、已用资金数目等详细信息。单击“总资产”进度条或“已用资金”进度条可以查看相应状态下所有构件的成本信息，如图 10-14 所示。

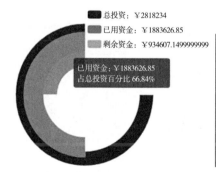

图10-13 深圳市龙岗宝澜雅苑项目某一时间节点的成本统计分布图

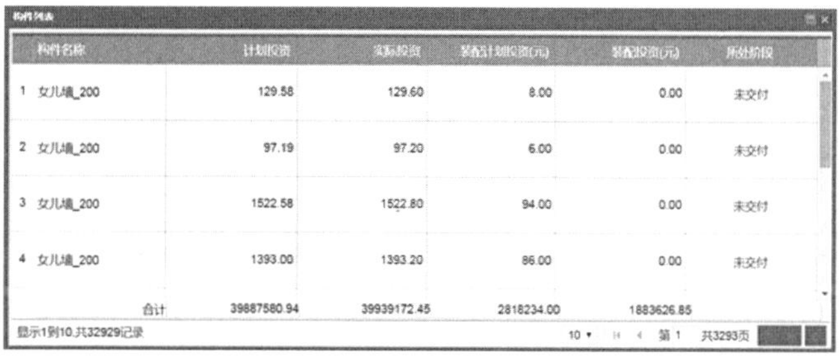

构件列表

构件名称	计划投资	实际投资	装配计划投资(元)	装配投资(元)	所处阶段
1 女儿墙_200	129.58	129.60	8.00	0.00	未交付
2 女儿墙_200	97.19	97.20	6.00	0.00	未交付
3 女儿墙_200	1522.58	1522.80	94.00	0.00	未交付
4 女儿墙_200	1393.00	1393.20	86.00	0.00	未交付
合计	39887580.94	39939172.45	2818234.00	1883626.85	

显示1到10,共32929记录 10 第 1 共3293页

图10-14 预制构件的成本计划清单

9）装配式专业知识库管理

专业知识库提供对装配式建筑构件生产、安装的工艺工法、技术标准等相关资料的收集整理、维护以及检索功能，并根据项目参与方的需要自行添加和删除文件，对文档进行下载和在线预览，以便为项目提供有力的理论保障，使项目在规范化的条件下有序开展，如图 10-15 所示。

10）系统管理

系统管理模块通过对人员信息、机构信息、流程设置、日志资料的管理，从而对人、事、权进行合理的分配。项目的不同参与方根据各自机构的管理模式进行设置，进而完成分支机构的管理。具体包括角色管理、组织机构管理、权限管理以及字典管理等功能。角色管理明确项目的管理身份（图 10-16）；组织机构管理明确单位的组织管理体系和直接负责人；权限管理便于保障数字化系统信息传播的安全性，字典管理便于对系统进行统一的维护。

图10-15　深圳市龙岗区宝澜雅苑项目专业知识库管理窗口　　　图10-16　深圳市龙岗区宝澜雅苑项目角色管理清单窗口

（2）移动 APP 端功能

1）登录 APP 及二维码扫描

根据项目的参与方自身的账号和密码登录移动 APP，如图 10-17 所示。预制构件在安装过程中，施工安装单位可通过 APP 扫描构件二维码，识别构件信息，定位构件在模型中的位置，确认预制构件的信息和任务计划，操作过程如图 10-18 所示。

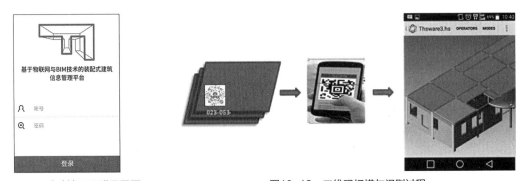

图10-17　移动端APP登录界面　　　　　　　图10-18　二维码扫描与识别过程

2）进度上传

通过数字化管理平台的 APP 端对项目进度进行管控，预制构件运达施工现场后，现场材料管理员启动预制构件入库二维码扫描功能，扫描构件二维码，完成预制构件入库操作，将入库信息推送到云平台，其他人员就可以通过云平台、APP 查看预制构件的状态信息。

当预制构件安装完成后，现场施工监理启动构件安装完成二维码扫描功能，扫描已安装构件二维码，或通过已安装构件选择录入操作，确定构件已安装完成。其他人员就可以通过云平台、APP 查看工程实际完工形象进度。另外在物流运输阶段，物流人员使用移动 APP，通过扫描构件二维码，将预制构件入库、出库、物流信息推送到云平台，其他人员就可以通过 BS（Browser/Server，浏览器 / 服务器模式）云平台、APP 查看预制构件的状态信息。

另外，项目的质检、变更等工作的资料报告，也通过云平台或者 APP 进行上传，第一时间将实时进度通过 APP 上传至云端，便于项目的各级管理层使用信息，从而对项目进行整体评估。

3）BIM 模型浏览

移动 APP 端也可以实现建筑模型的浏览，并且可按单体建筑、楼层、构件类型进行浏览，如图 10-19 所示。点击模型浏览页面右上角 "构件详情" 按钮，可进入到构件展示页面，查看构件的详细信息，如图 10-20 所示。

4）装配结果检验

在构件展示页面中，点击下面 "上、下、左、右、前、后" 按钮，能调动摄像头对二维码进行扫描，并对构件的位置进行校验，然后给出对应结果。

预制构件安装完毕后，通过 APP 扫描二维码，可以显示构件装配的结果，平台会根据定位信息判断装配位置是否正确，相邻的构件信息是否正常，若不正确，系统则会发出预警提示，提醒安装负责人员检查是否安装错误，避免项目完成后期，因发现安装错误而需要进行返工，进而造成时间和资金的浪费，装配结果检验的操作如图 10-21 所示。

图10-19 APP端的BIM
模型浏览界面

图10-20 APP端的
构件详细信息

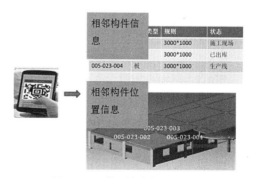

图10-21 装配检验结果操作流程

10.3.2 装配式项目可视化展示

（1）分角色管理功能应用

项目的不同参与方分别使用各自的企业账号和密码登录系统，进行相关操作。装配式建筑项目数字化管理系统主要分为业主单位、设计单位、构件生产单位、运输单位、施工单位等，不同的角色以及相应管理功能。不同的角色登录系统后，进行相应应用的操作：

1）设计单位进行模型设计与模型排版并上传项目的 BIM 模型文件；

2）业主单位进行模型审核、生产进度跟进、物流运输进度跟进、施工进度跟进、质量安全管控、成本管制、竣工验收以及运维管理；

3）生产单位进行模型排版、设置构件生产计划、生产构件；

4）运输单位负责构件运输以及定位管理；

5）施工单位负责构件检查与现场安装。

数字化管理系统根据每个企业在系统中的操作产生数据之后，按业务流程进行后续操作，实现项目各方之间的数据准确流通，达到信息共享，协同工作的目标，项目具体的业务流程如图 10-22 所示。

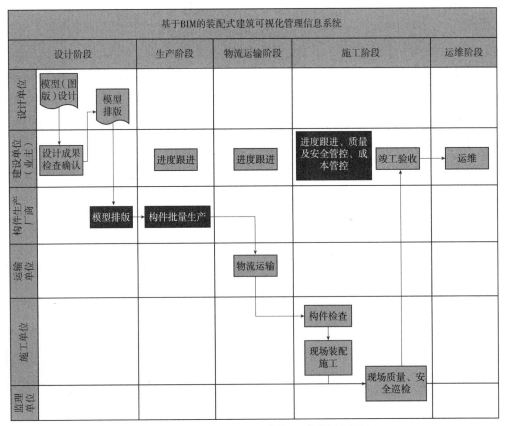

图10-22 深圳市龙岗宝澜雅苑项目的业务流程图

图10-23　数字化管理系统的
分屏大荧幕观察功能

另外，本系统还可以在大屏幕上进行直接观察，通过指定的接口，将系统与分屏进行链接，实现多屏查看，便于使用者监控实时数据、迅速发现异常问题等，如图10-23所示。

（2）定位 GPS 坐标

系统结合百度地图，随机选择路径达到目的地，坐标点的数据呈现动态变化，进而模拟整个物流运输状态实时信息，并且可以根据实时的交通情况选择最快速的路径供运输司机参考，如图10-24、图10-25所示。

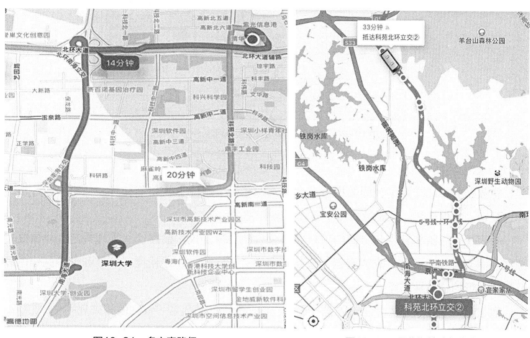

图10-24　多方案路径　　　　　　图10-25　最优运输路径方案

10.3.3　装配式建筑项目数字化管理数据交互

（1）云平台与 APP 端数据交互

装配式建筑管理信息系统云平台与移动 APP 端的数据采用 Web service 的方法进行交互，并进行数据调用与传递，交互的内容包括项目的生产进度数据、物流运输数据、装配式检验结果数据等。

（2）BIM 模型与云平台端和移动 APP 端的数据交互

Revit 模型与云平台、移动 APP 数据传导通过 IFC 文件格式转换，将模型进行轻量化处理之后，把数据传递到系统后台提供给项目相关方在云平台或移动 APP 上展示，方便随时随地办公。

（3）数据交互实现方案

深圳市龙岗宝澜雅苑项目的数字化管理中数据共享和交换平台基于SOA（面向服务的架构）体系结构实现，包括数据提供接口层、数据缓存中心、数据抽取接口层和管理工具，其功能架构如图10-26所示。

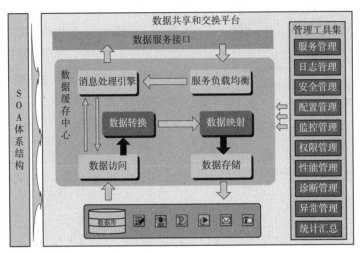

图10-26　项目的数据共享和交换平台SOA架构

1）数据转换

将数据共享和交换平台的数据进行语法结构和语义层面上的规范和统一，主要通过统一管理规定、数据规则、集成规则和业务规则来实现。

管理规定：给出共享和交换的项目通知公告、法律法规，根据这些管理规定中对数据资源共享和交换作出各种要求或限制，包括安全性、访问窗口、数据项、事务和各种副作用以及需要执行的辅助操作等；

数据规则：提供数据验证、数据一致性、数据准确性和数据一致性的相关规则；

集成规则：提供跨逻辑数据层和物理数据层的映射和一致性，集成映射将更高一级抽象对应到逻辑层或物理层；

业务规则：在数据服务中，业务规则在数据模型层捕捉业务处理逻辑，这些规则有些是在规范的模型中定义的，而另外一些则在应用程序规范模型中定义。

2）数据映射功能：将数据共享和交换平台中的各种异构数据源的数据映射成标准的XML、JSON（Java Script Object Notation）数据交换格式，以供平台中的其他服务进行调用，提供数据映射处理的异常管理，如强化数据格式和内容的相关业务规定，并且自动修正错误，或是自动将异常按模型定义的路径输出提供数据映射的可视化开发工具，定义数据映射的模板，优化和管理复杂的数据翻译和转换工作。

3）数据服务接口：实现与底层数据资源通信功能，项目使用者无需了解数据位置、类型和管理，底层数据资源对使用者而言是虚拟数据源。

数据服务接口要对业务数据、管理共享数据以及交换应用数据按照对外服务的主题进行封装，形成功能化的数据服务。

4）服务负载均衡：数据共享和交换平台对于给定的服务、任务、消息转换、数据转换等设置系统资源使用分配策略、异常监控和权限管理功能，而服务负载均衡可选择各种负载策略以实现在不同业务时段的均衡，满足数据共享和交换的性能要求。

5）消息处理引擎：提供对平台内外的消息驱动进行分析与整理功能，确定消息涉及的对象与目标，完成消息的转换与传输，最终达到消息驱动事件的目的。

10.4 系统的安装和实施

10.4.1 系统的安装

在系统设计定制完成后，进入全面的安装调试阶段，包括系统软、硬件的安装，系统安装的具体要求和安装步骤如下：

（1）系统软件环境

装配式建筑项目数字化管理系统安装的软件环境为 Windows Server 2012R2+，MYSQL11.1.13，+jdk1.8.x + tomcat8.0.48。

（2）系统硬件环境

安装装配式建筑项目数字化管理系统须在一定配置的硬件环境下实施，表 10-1 为本案例安装此系统的硬件环境说明。

装配式建筑项目数字化管理系统安装硬件环境　　　　表 10-1

设备名称	设备	数量	调整需求	技术参数及说明			
				CPU 频率	CPU 个数	内存	对应软件
数据库服务器	小型机	1	1	3.5G 以上	2 以上	8G 以上	数据库软件
应用服务器	小型机	4	4	3.5G 以上	2 以上	8G 以上	中间件软件
文件服务器	PC server	1	1	1.8G 以上	2 以上	8G 以上	—
外网应用服务器	PC server	2	2	1.8G 以上	2 以上	8G 以上	中间件软件
外网数据库服务器	小型机	2	2	3.0G 以上	2 以上	8G 以上	数据库软件
数据交换服务器	PC server	1	1	1.8G 以上	2 以上	8G 以上	数据交换软件
存储空间	存储	1	1	15T 空间	—	15T 空间（包含数据文件、数据归档空间）	

（3）系统具体安装步骤

1）安装分两次，第一次安装 JDK，第二次安装 JRE，安装 JDK 不能安装在 JDK 文件夹，而应安装在 JDK 上层文件夹的 JAVA 文件夹里面，配置系统的环境变量和系统变量；

2）安装 MYSQL 8.0.48；

3）进入 apache 官网下载 tomcat 8.0；

4）安装 VC++ 运行库，以免运行本项目时出现缺少 msvcp110.dll 等错误；

5）把安装文件解压到 tomcat 中；

6）替换 IP 和 GetModelTree.js 路径；

7）将 tomcat 注册成服务。

所有相关单位顺利完成系统安装后，则进入试运行阶段，在试运行期间对系统进行进一步完善，另将根据决策层相关领导提出的具体修正建议对系统进行局部调整和完善，使之满足深圳市龙岗宝澜雅苑装配式项目数字化协同系统管理的最终需求。各相关单位将按计划完成以下工作：

1）组织成立专门的数字化信息管理小组，完成装配式建筑建设的日常工作，及时对负责的阶段信息全面采集上传，并对所有数据进行分析评估，结合工程实施情况进行判断，编写管理日报，并通过装配式建筑项目数字化平台进行反馈，同时对数据备份。

2）组织审核小组，执行相关的数据审核工作，参与审查装配式建筑项目的过程数据，对装配式项目的各阶段进行日常的协调、指导、监督和考核。

3）对存在问题的节点进行重点跟踪，结合平台数据和实际工程进展状况利用合适的统计与预测方法预测其发展趋势，对存在的风险进行评估，并且及时上传确认后的风险评估报告至装配式建筑项目数字化管理平台。

4）对需要变更的节点进行确认反馈，结合平台的多角色管理功能，及时与变更涉及的相关方进行细节交流，并进行全程记录。

5）共同维护系统的运行状态，出现问题及时通知并组织相关技术人员抢修，确保装配式建筑项目数字化管理系统的正常运行。

6）总结并分析深圳市龙岗装配式建筑项目的多层数据，研究其中的规律，进行科研探查，用以指导后期施工。

7）加强业主单位、设计单位、生产单位、运输单位、施工单位彼此间的联系工作，业主单位负责收集对装配式建筑项目数字化系统的意见和建议，并对这些意见和建议进行消化、吸收并反馈给利益相关者，进行共同改正，使系统更加完善，以满足各级用户的需求。

10.4.2 系统的实施

装配式数字化管理系统包括云平台系统和移动系统，涵盖了装配式项目预制构件的设计、生产、运输、装配四个模块的信息管理，通过这两个系统，有效解决装配式项目管理中存在的问题，进而实现项目质量、进度、成本控制的目标。

其中，云平台系统是装配式数字化管理系统的核心，支持项目管理、BIM 模型、生产管理、物流运输、装配管理、专业知识库和系统管理。移动系统支持二维码的扫描识别、生产进度跟踪、物流运输进度跟踪、装配结果检验、BIM 模型浏览。两个系统相辅相成，数据可以共享，又可以独立运用（图 10-27）。

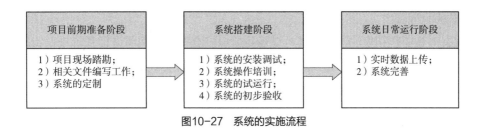

图10-27 系统的实施流程

装配式数字化管理系统实施共分为三大阶段。项目前期准备阶段、系统搭建阶段和日常运行阶段。

（1）项目前期准备阶段

1）项目现场踏勘

安排专业实施人员进场进行详细踏勘，收集相关资料：

①勘察建筑工地实际地质状况、场地面貌、交通路线及建设周边环境等；

②业主与设计单位开会商讨具体实施细节（如工期要求、资金要求、设备进场等）及相关技术需求（确认后再进行系统设计）；

③落实工程数字化管理技术及实施人员的工作环境及后勤安排等工作。

2）相关文件编写工作

在现场踏勘和与业主方的沟通交流之后，由装配式项目数字化管理系统项目负责人组织，收集项目相关的地质资料及建设信息，编写系统实施的相关文件和详细方案等，明确工程施工将存在的难点和风险，为业主和设计单位提供有力、可信的专业支撑依据。

3）系统的定制

通过专家访谈和与建设管理方的沟通，深入分析装配式建筑各实施阶段的管理目标和各参与方的业务需求，明确装配式项目数字化管理系统的功能需求，建立结合装配式建筑特点和项目管理需求的数字化管理系统。完成系统相关软、硬件系统的安装和调试工作，制定装配式建筑项目数字化系统管理办法和实施细则，系统操作手册等。

（2）系统搭建阶段

1）系统的安装调试

系统设计完成后，对系统软、硬件的安装进行全面的安装调试。安装调试工作完成后，系统即可正式启用。

2）系统操作培训

为保证参与深圳市龙岗区宝澜雅苑小区工程现场的各单位熟悉并能积极加入装配式建筑项目数字化系统的工作和管理中，保证系统能够高效运转，实现预期效益，因此需要对相关人员开展系统培训。

在项目开工前，针对业主、设计、生产、物流、施工、监理等单位的相关技术管理人员，围绕装配式建筑项目数字化系统的相关管理办法、实施流程、相关人员职责分工、具体操作等进行统一集中培训，有利于工人理解和掌握数字化系统的运用，便于各方之间进行交流协作。

3）系统的试运行

在所有筹备工作结束后，系统进入试运行阶段，在试运行期间进行系统进一步完善。根据项目各参与方提出的具体修正建议对系统进行局部的调整和完善，使之满足深圳市龙岗区宝澜雅苑小区数字化管理系统的最终需求。

4）系统的初步验收

在系统试运行结束后，参照相关验收标准对系统进行初步验收，验收内容包括：项目信息管理、BIM 模型管理、模型浏览、二维码管理、装配式构件管理、生产进度管理、物流运输管理、进度视图、成本视图、装配式专业知识库管理、系统管理、二维码扫描识别、生产进度上传、物流运输进度上传、装配结果校验、装配式知识库查询、BIM 模型浏览、分角色大屏幕功能、GPS 坐标模拟、物流运输状态地图、云平台与 APP 端数据交换、Revit 模型与云平台移动 APP 数据交换等，验收合格后的系统正式进入稳定运行阶段。

（3）系统日常运行阶段

1）结构设计

根据业主提出的相关技术需求和具体实施细节等，利用 BIM 技术建立建筑三维可视化模型。业主方确定建筑设计是否满足需求，若业主方满意，则邀请生产企业和施工企业相关专家评判构件设计的合理性，确定初步设计方案，最终确定施工图设计，并将相关设计资料上传到系统。

2）构件生产

生产企业根据施工图进行构件生产，严格把控构件的质量，并将相关生产信息，如生产负责人、生产日期、构件体积、质检等信息上传到系统。

3）构件运输

物流企业借助该系统动态模拟运输路线并进行优化，实时上传相关运输信息，如运输负责人、运输日期、构件体积、质检、实时位置等信息。

4）构件安装

施工企业根据施工图和扫描二维码信息进行构件吊装，并将相关装配信息，如装配负责人、装配日期、质检等信息上传到系统。

5）实时检查数据上传是否及时、完整，如果发现数据上传不及时、无故没有上传数据或上传数据不完整，需及时向主管领导汇报，并监督相关单位、人员及时整改。

6）加强与业主、设计、生产、物流、施工、监理等单位的联系工作，收集对装配式项目数字化管理系统的意见和建议，根据这些意见和建议完善系统。

10.5 系统的运行管理

10.5.1 云平台系统运行

（1）用户登录

在登录页面填写账号和密码后，点击登录即可登录到系统中（图 10-28）。

图10-28 用户登录界面　　　　　　　　图10-29 项目信息管理

（2）项目管理

1）项目信息管理

项目信息管理主要包含项目信息的编辑，项目的切换、新增和删除（图10-29）。

①项目信息编辑。操作步骤为：a.点击切换到项目信息管理菜单；b.在内容窗口编辑项目的信息；c.点击右下角保存按钮；d.保存项目信息。

②新增项目。a.点击右上角"选择项目"按钮；b.弹出项目选择窗口；c.点击左上角"项目管理"按钮；d.弹出项目管理页面；e.点击左上角"新增"按钮；f.新增页面填写项目相关信息；g.点击"保存"按钮，保存项目（图10-30）。

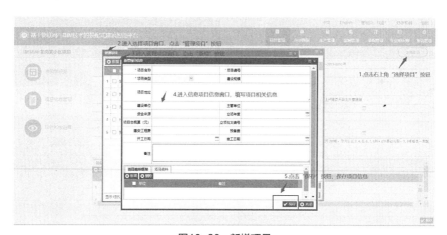

图10-30 新增项目

2）决策驾驶舱

决策驾驶舱主要分4个主题对项目相关信息进行统计。点击对应的项可弹出详细的列表清单。分别为：

①各阶段构件分布情况统计（图10-31）；

②各阶段完成情况统计（图10-32）；

③各阶段计划执行情况统计（图10-33）；

④各阶段投资情况统计（图10-34）。

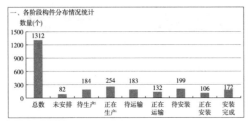

图10-31　各阶段构件分布情况统计

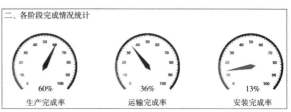

图10-32　各阶段完成情况统计

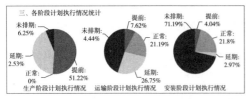

图10-33　各阶段计划执行情况统计

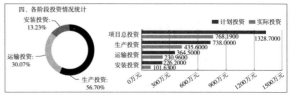

图10-34　各阶段投资情况统计

⑤数据穿透功能。针对构件分布情况统计，计划执行情况统计，各阶段投资情况统计图表做了数据穿透功能。例如：a.点击计划执行情况图表中提前的部分；b.会弹出对应的列表清单；c.点击列表中某一项的"详情"按钮；d.会弹出对应构件的详细信息窗口（图10-35）。

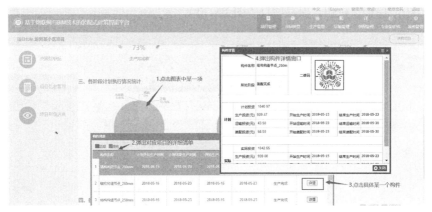

图10-35　构件信息查看

3）项目形象进度

项目形象进度主要是查看项目的模型，分为装配模式和着色模式。默认为着色模式。点击右上角的"装配模式"按钮即可切换为装配模式。其中着色模式为当前模式根据各个构件所处的状态进行着色所呈现的模型。装配模式为只显示已经装配完成的部分构件（图10-36）。

（3）模型管理

1）模型管理

模型上传：①切换到模型管理页面，点击"新增"按钮，进入模型上传页面；②点击选择要上传的模型（支持ifc和sfc格式的模型文件），上传完成后系统会自动进行解析；③解析完成后会跳到模型展示页面并弹出构件生成完成的提示（图10-37）。

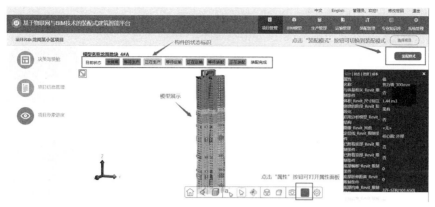

图10-36 项目形象进度查看

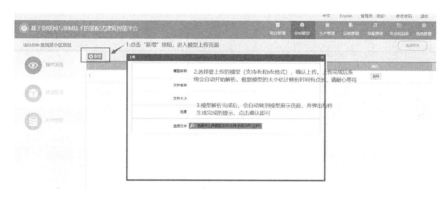

图10-37 模型上传

2）模型浏览（图 10-38）

模型管理中浏览的是未经处理的模型。保留模型的本来颜色。

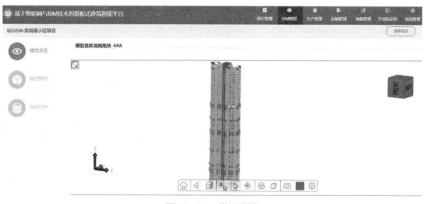

图10-38 模型浏览

3）构件列表

①构件关联关系设置。操作步骤：a.选择要关联的构件；b.点击"构件管理"按钮；c.选择上下左右关联构件；d.点击"保存"按钮，完成设置（图 10-39）。

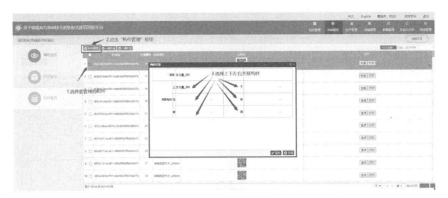

图10-39 构件关联

②一键生成二维码（图10-40）。

图10-40 一键生成二维码

③一键打印二维码（图10-41）。

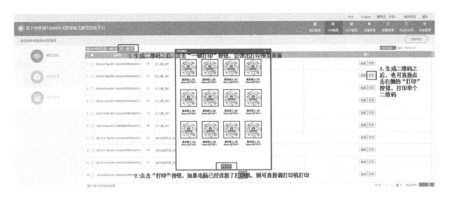

图10-41 一键打印二维码

（4）生产管理（图10-42）

生产管理设置状态：①勾选需要设置状态的构件；②点击生产管理按钮；③选择要设置的构件状态；④如果设置的状态为"生产完成"则需要设置投资金额；⑤点击保存完成设置。

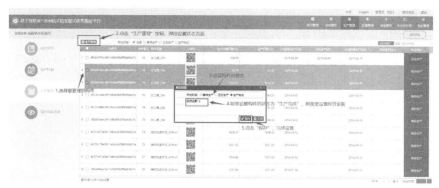

图10-42　构件生产管理

1）统计分析

与决策驾驶舱类似，生产管理的决策分析模块是站在生产商的角度，分别对生产的构件状态、生产进度情况、生产计划执行情况、生产投资情况四个维度进行数据统计，并提供数据穿透功能（图10-43）。

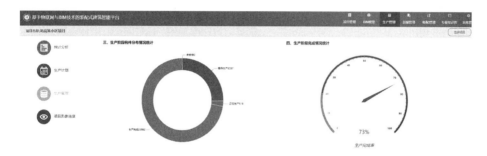

图10-43　构件生产统计分析

2）生产计划

①查看计划。进入生产计划页面后，默认显示的是未排期的构件，另外可根据构件所处的阶段，筛选出未排期、已排期及全部内容。另外，还可根据右上角的查询窗口按照构件名称进行精确查询（图10-44）。

图10-44　查看生产计划

②设置排期（图10-45）。

③导出和导入排期。点击列表上方"导出"按钮可把排期的列表导出为 Excel 文档。另外，在 Excel 文档里面编辑好的排期可以点击"导入"按钮，导入系统中。

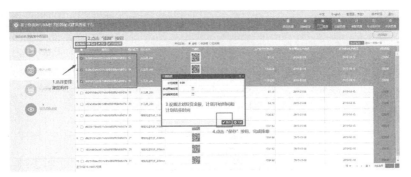

图10-45　设置排期

3）项目形象进度按照生产的4个状态：未安排、等待生产、正在生产、生产完成，对构件按照所处状态进行着色（图10-46）。

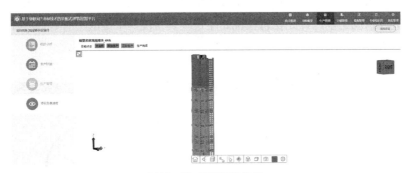

图10-46　项目形象进度

（5）运输管理

1）统计分析

站在运输企业的角度，对运输阶段构件分布情况、运输阶段完成情况、运输阶段计划执行情况及运输阶段投资情况进行统计，并提供数据穿透功能（图10-47）。

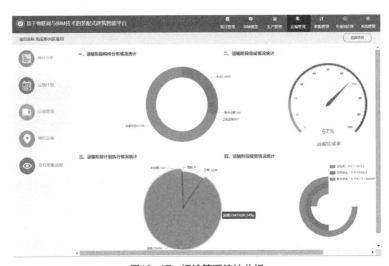

图10-47　运输管理统计分析

2）运输计划

运输计划的查看，也可根据构件的状态进行筛选，根据构件的名称进行精确查询。

运输计划的设置操作同生产计划：①选择要设置的构件；②点击"排期"按钮；③设置构件的状态；④如果设置的状态为"运输完成"则还需要设置运输的投资金额；⑤点击"保存"按钮完成设置。

点击"导出"按钮可把运输计划导出为 Excel 文件，点击"导入"按钮可把 Excel 文件导入系统。

3）运输管理

运输管理的操作步骤为：①勾选要设置的构件；②点击"运输管理"，进入设置页面；③选择要设置的状态；④如果选择的状态是"运输完成"，则需要设置运输投资金额；⑤点击"保存"按钮，保存数据完成设置。

4）模拟运输

切换到模拟运输菜单，进入百度地图页面，点击"开始"即可按照预设的路线进行模拟运输。

另外在运输管理页面中点击"模拟动态运输"按钮亦可进入模拟运输页面（图 10-48）。

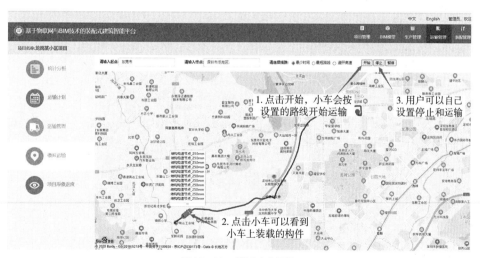

图10-48　模拟动态运输

5）项目形象进度

站在运输企业的角度，把构件按照：未交付、等待运输、正在运输及运输完成 4 个状态对模型进行着色（图 10-49）。

（6）装配管理

1）统计分析

站在安装企业的角度，对安装阶段构件分布情况，安装阶段完成情况，安装阶段计划执行情况和安装阶段投资情况进行统计，并带数据穿透功能（图 10-50）。

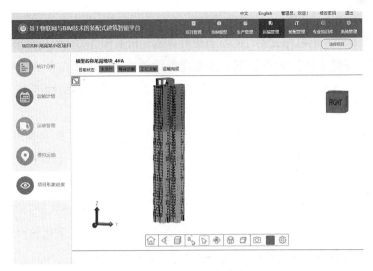

图10-49　项目形象进度

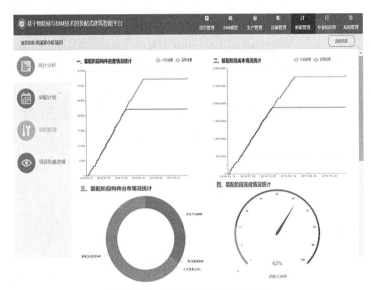

图10-50　项目装配管理统计分析

2）安装计划

安装计划的查看，也可根据构件的状态进行筛选，根据构件的名称进行精确查询。

安装计划的设置操作同生产计划：①选择要设置的构件；②点击"排期"按钮；③设置构件的状态；④如果设置的状态为"安装完成"则还需要设置安装的投资金额；⑤点击"保存"按钮完成设置。

点击"导出"按钮可把安装计划导出为 Excel 文件，点击"导入"按钮可把 Excel 文件导入进系统。

3）安装管理

安装管理的操作步骤为：①勾选要设置的构件；②点击"安装管理"，进入设置页面；

③选择要设置的状态；④如果选择的状态是"安装完成"，则需要设置安装投资金额；⑤点击"保存"按钮，保存数据完成设置。

4）项目形象进度

①点击进入项目形象进度页面，默认是按照"装配模式"进行模型展示。即只能查看已经安装完成的构件；②如需查看完整的按状态进行着色的模型可以点击右上角"完整模式"按钮，切换到完整的着色的模型进行查看（图10-51）。

图10-51 项目装配完整模式查看

（7）专业知识库管理

1）新建文件夹

①点击"管理类别"按钮进入管理列表页面；②点击"新增"按钮进行新增类别页面；③填写类别名称并选择上级目录；④点击保存，即可在所选中的目录下建一个子文件夹（图10-52）。

图10-52 专业知识库管理

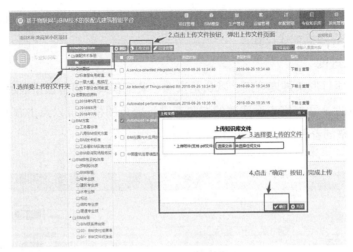

图10-53 上传知识库文件

2）删除文件夹

步骤：①点击"管理类别"按钮，进入类别管理页面；②选中要删除的文件夹；③点击"删除"按钮，确认后即可删除对应的文件夹。

3）上传文件

步骤：①选中要上传到的文件夹；②点击上传文件按钮；③选择文件确认上传（图10-53）。

4）删除文件

步骤：①选中要删除的文件；②点击"删除"按钮；③确认后即可删除文件。

5）查看下载文件

点击文件右侧的"下载"或"查看"按钮即可下载或查看对应的文件。

10.5.2 移动系统运行

（1）登录

打开APP进入登录页面，填写账号和密码，点击登录即可登录APP。

（2）查看项目列表

进入APP后首先展示的是项目列表清单，会显示项目编号和项目名称。

（3）查看项目信息

点击"项目"即可进入项目信息页面，可查看项目信息（图10-54）。

（4）扫描二维码查看构件信息

点击项目信息页面右上角的"扫描构件"按钮，调动摄像头扫描二维码即可进入构件详细页面（图10-55）。

（5）构件管理

点击构件展示页面中的"构件管理"按钮，即可进入构件管理页面。在构件管理页面中设置相关的属性，点击"确定"即可修改对应构件的信息（图10-56）。

图10-54 APP项目信息查看

图10-55 APP扫描二维码信息

图10-56 APP安装管理

10.6 项目管理的优化

10.6.1 构件标准化设计

基于平台建立构件模型库，并根据所设置的排版规则进行构件的标准化自动设计，利用 BIM 模型轻量化技术在 WEB 端和 APP 端展示设计成果，生成构件清单表。包括以下内容：

（1）创建 BIM 预制构件库，实现预制构件分类、编码。依据设置的排版规则，系统中实现构件的标准化自动设计。

（2）基于 BIM 的三维模型轻量化技术，实现标准化网络传输和模型的高速动态解析，支持面向互联网和移动终端的 BIM 模型在线渲染展示。

（3）输出预制构件，生产构件清单表。

10.6.2 装配式建筑预制构件生产工业化

根据平台标准化设计的成果，对构件的生产计划进行排期，并将生产进度进行可视化展示。利用二维码技术对构件生产进行跟踪管理，全面记录构件的生产信息和当前状态。包括以下内容：

（1）实现生产计划自动排期，提高构件生产效率；

（2）基于 BIM 技术进行构件生产进度的可视化展示；

（3）利用二维码标签对构件的生产进行跟踪管理，全面记录构件的生产信息、当前状态（未排期、待生产、正在生产、生产完成）等情况。

10.6.3 预制构件运输方案的辅助决策和定位追踪

根据施工进度合理制定预制构件的运输计划，并将构件二维码与车辆绑定，基于车载北斗卫星定位系统对车辆进行实时定位和运输线路规划，实现物流运输状态全程跟踪。其中包括以下内容：

（1）根据施工进度合理制定预制构件的运输计划，避免构件运输不及时而造成的现场施工延误或施工现场构件堆放过多的问题。

（2）基于 GPS 对车辆实时定位和运输线路规划，实现构件运输的可视化智能调度。

（3）基于二维码技术和信息化管理云平台，建立预制构件的跟踪监控系统，实现高效的数据采集和实时物流信息的传递共享。

10.6.4　装配式建筑现场安装施工管理

现场安装施工是装配式建筑建设阶段的最后一个环节，需要将运送至现场的部品部件按照设计方案进行组装。通过扫描二维码获取构件安装信息，科学指导现场作业，并将安装进度实施同步至 BIM 模型进行可视化展示，自动校验安装工序的合理性。

通过装配式建筑管理信息系统，对各预制构件的设计、生产、运输和其他所有信息进行集成，显著提高现场施工效率和管理水平，其中包括以下内容：

（1）通过移动 APP 扫描构件二维码，获取构件安装信息，指导现场作业；

（2）在 BIM 模型中实时展示构件安装进度，并自动校验施工工序的合理性；

（3）基于北斗卫星定位系统实现厘米级的安装定位，辅助构件吊装就位，提高安装效率。

10.6.5　质量问题的可追溯性

基于该项目数字化管理系统全面汇集项目全生命周期的信息，因此实现构件质量问题的可追溯性，从而减少不必要的争议。从构件的设计一直到构件安装、项目质检完成，构件的所有信息通过二维码得到有效保存，如：构件生产照片、原材料信息、质量检查报告等，进而避免人员流动造成的信息缺失。当发现构件质量问题时，可以利用该系统追溯问题的来源，确定责任方。因此，该系统起到一定的质量监督作用。

10.6.6　信息共享机制

项目各参与方可以利用该系统传输信息，促进企业内部或是企业之间的协同合作。对于企业内部而言，如设计单位，各专业人员利用 BIM 平台上传输数据，智能化应用建设项目所具备的参数信息快速建模，把项目包含的建筑、结构、水电、暖通、消防、室内装饰装修等设计模型整合在一起进行协同设计。三维可视化模型结合模拟仿真软件进行模型之间的碰撞检测，可以直观反映碰撞问题，给设计人员提供更加准确的修订建议，优化设计，从而减少因设计错误而带来的设计变更问题，避免造成更大的损失。

对于企业之间，该数字化管理系统化解了原本存在的信息孤岛，削弱了企业之间的风险影响，例如：在项目设计阶段，生产企业和施工单位根据该系统发现设计在可行性与合理性方面存在的问题，并提出修改意见，减少了后期的设计变更；施工单位通过定位追踪，掌握了构件运输的实时信息，根据定位信息合理安排机械、构件堆场和相关人员进场，避免了因为构件未进场造成的机械和人员窝工、场地浪费现象，有效减少了成本损失。

10.7　应用效果

结合该项目特点，深入分析装配式建筑各实施阶段的管理目标和各参与方的业务需求，结合 BIM 和物联网技术进行了项目管理流程的优化，达到全过程实时动态管控的目的。运用该系统，实现了以下目标：

（1）采用 J2EE 技术，支持同时在线人数达到 500 人，并发 100 人以上；

（2）系统 UI 操作响应时长不超过 3 秒；

（3）使用分布式部署技术，支持动态弹性横向扩容；

（4）装配式建筑轻量化移动化管理目标；

（5）主体结构现场施工工期延误率减少 50% 以上；

（6）预制构件现场装配效率提升 55% 以上；

（7）装配式建筑供应链运营效率提升 40% 以上；

（8）对比传统现浇施工节约能耗 30% 以上；

（9）施工现场工人用工数量节约 40% 以上；

（10）减少建筑施工现场建筑废弃物产生量 80% 以上。

参考文献

[1] 蒋勤俭. 国内外装配式混凝土建筑发展综述 [J]. 建筑技术，2010，41：1074-1077.

[2] 于龙飞，张家春. 基于 BIM 的装配式建筑集成建造系统 [J]. 土木工程与管理学报，2015，32：73-78+89.

[3] 王俊，赵基达，胡宗羽. 我国建筑工业化发展现状与思考 [J]. 土木工程学报，2016，49：1-8.

[4] 戴超辰，徐霞，张莉，等. 我国装配式混凝土建筑发展的 SWOT 分析 [J]. 建筑经济，2015，36：10-13.

[5] 齐宝库，张阳. 装配式建筑发展瓶颈与对策研究 [J]. 沈阳建筑大学学报（社会科学版），2015，17：156-159.

[6] 齐宝库，朱娅，马博，等. 装配式建筑综合效益分析方法研究 [J]. 施工技术，2016，45：39-43.

[7] 汤彦宁. 基于系统动力学的装配式住宅施工安全风险研究 [D]. 西安：西安建筑科技大学，2015.

[8] 贾磊. 基于系统动力学的装配式建筑项目成本控制研究 [D]. 青岛：青岛理工大学，2016.

[9] 白庶，张艳坤，韩凤，等. BIM 技术在装配式建筑中的应用价值分析 [J]. 建筑经济，2015，36：106-109.

[10] 顾泰昌. 国内外装配式建筑发展现状 [J]. 工程建设标准化，2014：48-51.

[11] 李湘洲，李南. 国外预制装配式建筑的现状 [J]. 国外建材科技，1995：24-27.

[12] 赖忠毅. 高烈度抗震设防区发展装配式建筑的思考——叠合（组合）装配式建筑体系 [J]. 建筑结构，2019，49：485-487.

[13] 刘红梁，高洁，吴志平，等. 预制装配式建筑结构体系与设计 [J]. 上海应用技术学院学报（自然科学版），2015，15：357-361.

[14] 齐宝库，王丹，白庶，等. 预制装配式建筑施工常见质量问题与防范措施 [J]. 建筑经济，2016，37：28-30.

[15] 卢求. 德国装配式建筑发展研究 [J]. 住宅产业，2016：26-35.

[16] 陈振基. 我国建筑工业化 60 年政策变迁对比 [J]. 建筑技术，2016，47：298-300.

[17] 马少春，鲍鹏，姜忻良，等. 装配式建筑墙板抗震实验研究 [J]. 河南大学学报（自然科学版），2018，48：717-722.

[18] Li CZ, Hong J, Xue F, etc. Schedule risks in prefabrication housing production in Hong Kong：a social network analysis[J]. Journal of Cleaner Production，2016，134：482-494.

[19] 郑生钦，冯雪东.住宅产业化在我国广泛推行的关键影响因素分析 [J]. 工程管理学报，2015，29：54–58.

[20] 兰兆红.装配式建筑的工程项目管理及发展问题研究 [D].昆明：昆明理工大学，2017.

[21] 王宇.基于贝叶斯网络的装配式住宅项目施工安全风险研究 [D].青岛：青岛理工大学，2018.

[22] 常春光，吴飞飞.基于 BIM 和 RFID 技术的装配式建筑施工过程管理 [J].沈阳建筑大学学报（社会科学版），2015，17：170–174.

[23] 陈建伟，苏幼坡.预制装配式剪力墙结构及其连接技术 [J].世界地震工程，2013，29：38–48.

[24] 王家远.装配式建筑案例分析 [M].北京：中国建筑工业出版社，2019.

[25] 陈锡宝，杜国城.装配式建筑概论 [M].上海：上海交通大学出版社，2018.

[26] 汤金明.装配式建筑全过程一体化数字化的实现探究 [J].建材与装饰，2020（09）：136–137.

[27] 郭伟，白少波，张睿.装配式建筑项目信息化管理研究综述 [J].价值工程，2020，39（01）：296–299.

[28] 沙莎，侯宇颖，谢丽.装配式建筑信息化管理研究 [J].四川建材，2019，45（06）：174–175+177.

[29] 付瑶.基于数字化的装配式建筑管理模式研究 [D].长春：吉林建筑大学，2019.

[30] 高洋.装配式建筑构件信息产业链联动方法研究 [D].北京：北京建筑大学，2019.

[31] 王冉.信息化技术在装配式建筑风险管理中的应用研究 [D].兰州：兰州理工大学，2019.

[32] 邱国林，刘盼.装配式建筑工程项目数字化集成管理的研究 [J].四川建材，2018，44（10）：195–196.

[33] 张仲华，孙晖，刘瑛，等.装配式建筑信息化管理的探索与实践 [J].工程管理学报，2018，32（03）：47–52.

[34] 谢思聪.装配式建筑项目中预制构件的信息化管理与优化研究 [D].大连：东北财经大学，2017.

[35] 叶浩文，周冲，樊则森，等.装配式建筑一体化数字化建造的思考与应用 [J].工程管理学报，2017，31（05）：85–89.

[36] 孙加加.建设项目信息数字化管理系统设计与实现 [D].合肥：安徽建筑大学，2014.

[37] 赵莉莉.基于物联网的铁路运营安全数字化管理系统运作机制研究 [D].大连：大连交通大学，2013.

[38] 张鹏，周代军.城市燃气管道数字化管理系统方案的框架设计 [J].大庆石油学院学报，2012，36（02）：103–108+130.

[39] 胡燕生.建筑工程施工数字化管理研究 [D].重庆：重庆大学，2007.

[40] 丁烈云，王征.轨道交通建设工程数字化管理系统总体设计研究 [J].土木工程学报，

2004（11）：97–100.

[41] 王建军.装配式建筑电气管线技术研究[J].居舍，2020（11）：60.

[42] 殷潇，范运海，温修春，等.装配式建筑 PC 构件成本控制分析——基于系统动力学模型[J].河南科学，2020，38（03）：456–463.

[43] 杨苏，王冕.装配式建筑生态效益评价模型的构建和仿真[J].厦门理工学院学报，2020，28（01）：66–72.

[44] 何江泉.装配式建筑施工进度风险评价[J].价值工程，2020，39（01）：30–31.

[45] 王茹，廖文涛，刘清楠.装配式建筑质量信息模型构建[J].土木工程与管理学报，2019，36（06）：8–16.

[46] 平鸿海.建筑智能化系统在安保配套信息化中的应用[J].中国新通信，2019，21（23）：164.

[47] 孟献宝，熊跃华.建筑工程咨询评估业务信息化管理系统[J].绿色建筑，2019，11（06）：61–62+67.

[48] 杨威，郑菘序.基于 BIM 信息化建设与管理系统的装配式建筑发展研究[J].四川建筑，2019，39（05）：170–171+174.

[49] 王琛，吴杰.基于 JSP 的装配式建筑信息化管理平台[J].东华大学学报（自然科学版），2018，44（04）：602–607.

[50] 文祖硕.装配式建筑的工程项目管理及发展问题研究[J].地产，2019（22）：94.

[51] 葛瑞新.装配式建筑的工程项目管理及发展问题的分析[J].地产，2019（21）：72.

[52] 刘喆，刘娜，周瑞，等.基于 SEM 的装配式建筑设计阶段风险研究[J].工程管理学报，2019，33（05）：40–44.

[53] 张卫伟.EPC 总承包模式下装配式建筑项目的成本及控制策略研究[J].价值工程，2019，38（28）：44–46.

[54] 童斌，郭婧娟.装配式建筑作业成本管理研究[J].价值工程，2019，38（24）：92–95.

[55] 赵宏.某住宅小区装配式施工技术及工程信息化技术在项目管理中的应用研究[J].建材与装饰，2019（20）：124–129.

[56] 严同博.基于 BIM 的 PC 装配式建筑研究[D].株洲：湖南工业大学，2019.

[57] 孙晖，米京国，陈伟，等.EPC 工程总承包模式在装配式项目中的应用研究[J].建筑，2019（11）：33–35.

[58] 王超.EPC 模式下装配式建筑项目管理研究[D].太原：太原理工大学，2019.

[59] 王洁凝，刘美霞，曾伟宁.装配式建筑项目全过程管理流程的改进建议[J].建筑经济，2019，40（04）：38–44.

[60] 郑娇君，陈剑，闫浩.EPC 模式下 BIM 信息化管理平台在装配式建筑中的应用研究[J].项目管理技术，2019，17（01）：117–121.

[61] 苏世龙.装配式建筑 EPC 信息化管理技术项目应用[J].建设科技，2019（01）：56–60.

[62] 孙国忠．EPC 总承包模式在装配式项目管理中的应用研究 [D]. 青岛：青岛理工大学，2018.

[63] 于淑萍．以 BIM 为导向的装配式建筑信息化管理研究 [J]. 价值工程，2018，37（36）：225–227.

[64] 梅彬．装配式建筑施工阶段风险管理 [D]. 武汉：武汉工程大学，2018.

[65] 刘娟．装配式建筑的工程项目管理及发展问题的分析 [J]. 四川水泥，2018（09）：206.

[66] 李锦华，李雪强，马辉．基于成本最优化的装配式建筑项目模式选择研究 [J]. 建筑经济，2018，39（07）：33–36.

[67] 陈敏．基于 BIM 的装配式建筑项目信息化管理 [J]. 建筑施工，2018，40（06）：1051–1052.

[68] 孙晖．基于装配式建筑项目的 EPC 总承包管理模式研究——深圳裕璟幸福家园项目 EPC 工程总承包管理实践 [J]. 建筑，2018（10）：59–61.

[69] 兰兆红．装配式建筑的工程项目管理及发展问题研究 [D]. 昆明：昆明理工大学，2017.

[70] 叶浩文，周冲，王兵．以 EPC 模式推进装配式建筑发展的思考 [J]. 工程管理学报，2017，31（02）：17–22.

[71] 金晨晨．基于装配式建筑项目的 EPC 总承包管理模式研究 [D]. 济南：山东建筑大学，2017.

[72] 周冲，张希忠．应用 BIM 技术建造装配式建筑全过程的信息化管理方法 [J]. 建设科技，2017（03）：32–36.

[73] 陈茸．我国装配式建筑发展的现状及未来发展的趋势 [J]. 地产，2019：36.

[74] 程琳．建筑工业化与信息化融合发展应用研究 [D]. 长春：长春工程学院，2020.

[75] 程月霞．装配式建筑项目质量管理应用研究 [D]. 合肥：安徽建筑大学，2019.

[76] 巩高铄．预制构件生产过程管理系统的研究与开发 [D]. 济南：山东大学，2019.

[77] 韩爱生．项目管理信息化的四大融合路径 [J]. 施工企业管理，2018：52–54.

[78] 郝哲．精益建造在建筑施工项目管理中的应用研究 [D]. 石家庄：石家庄铁道大学，2018.

[79] 侯蕾．装配式建筑成本控制问题与措施研究 [J]. 建材与装饰，2019：158–159.

[80] 李悦．装配式建筑项目精益建造管理水平评价研究 [D]. 西安：西安科技大学，2019.

[81] 林树枝，施有志．基于 BIM 技术的装配式建筑智慧建造 [J]. 建筑结构，2018；48：118–22.

[82] 马智亮．装配式建筑智慧建造的现状及发展趋势 [J]. 中国勘察设计，2019：57–59.

[83] 齐琳．基于因素分析的装配式建筑项目进度管理研究 [D]. 北京：北方工业大学，2019.

[84] 申金山，华元璞，袁鸣．装配式建筑精益成本管理研究 [J]. 建筑经济，2019，40：45–49.

[85] 苏世龙．装配式建筑 EPC 信息化管理技术项目应用 [J]. 建设科技，2019：56–60.

[86] 孙增强．基于 BIM 信息化技术的建筑项目成本管理系统 [D]. 天津：天津大学，2016.

[87] 孙忠旭．BIM 技术在装配式建筑中的应用研究 [D]. 长春：吉林建筑大学，2019.

[88] 王海宁．基于建筑工业化的建造信息化系统研究 [D]. 南京：东南大学，2018.

[89] 王冉. 信息化技术在装配式建筑风险管理中的应用研究 [D]. 兰州：兰州理工大学，2019.

[90] 吴海，竹乃杰，赵亚军. 大型预制构件存储与运输方式研究 [J]. 施工技术，2019；48：34–38.

[91] 吴磊. 建筑工程 EPC 总承包项目信息化管理的研究 [D]. 淮南：安徽理工大学，2018.

[92] 吴楠. 基于 BIM 的工程项目进度管理研究 [D]. 沈阳：沈阳建筑大学，2016.

[93] 吴双月. 基于 BIM 的建筑部品信息分类及编码体系研究 [D]. 北京：北京交通大学，2015.

[94] 肖帅. 装配式建筑建设过程多主体信息协同研究 [D]. 北京：北京交通大学，2019.

[95] 肖天琦. 装配式建筑部件生产与施工的协同研究 [D]. 南京：东南大学，2019.

[96] 谢思聪. 装配式建筑项目中预制构件的信息化管理与优化研究 [D]. 大连：东北财经大学，2017.

[97] 闫子君. 基于物联网平台的二维码技术在装配式工程中的应用 [J]. 天津建设科技. 2018；28：20–1+30.

[98] 严同博. 基于 BIM 的 PC 装配式建筑研究 [D]. 株洲：湖南工业大学，2019.

[99] 杨芳. 建筑工程项目信息化管理的研究 [D]. 天津：天津大学，2013.

[100] 叶浩文，周冲，樊则森，等. 装配式建筑一体化数字化建造的思考与应用 [J]. 工程管理学报. 2017，31：85–89.

[101] 于思淼，片锦香. 浅析装配式建筑标准化和信息化 [J]. 品牌与标准化. 2019：77–80.

[102] 周瑞. 基于 BIM 的装配式建筑智慧建造过程研究 [D]. 长春：吉林建筑大学，2019.

[103] 祖婧. 基于 BIM 技术的装配式建筑实施阶段成本管理研究 [D]. 长春：吉林建筑大学，2019.

[104] 中华人民共和国住房和城乡建设部. 装配式建筑评价标准：GB/T 51129—2017 [S]. 北京：中国建筑工业出版社，2016.

[105] 中华人民共和国住房和城乡建设部. 装配式混凝土建筑技术标准：GB/T 51231—2016 [S]. 北京：中国建筑工业出版社，2016.

[106] 中华人民共和国住房和城乡建设部. 装配式钢结构建筑技术标准：GB/T 51232—2016 [S]. 北京：中国建筑工业出版社，2016.

[107] 中华人民共和国住房和城乡建设部. 装配式木结构建筑技术标准：GB/T 51233—2016 [S]. 北京：中国建筑工业出版社，2016.

[108] 郭学明. 装配式建筑概论 [M]. 北京：机械工业出版社，2018.

[109] 樊则森. 从设计到建成 装配式建筑 20 讲 [M]. 北京：机械工业出版社，2018.

[110] 北京城市建设研究发展促进会. 装配式建筑建造 构件生产 [M]. 北京：中国建筑工业出版社，2018.

[111] 王颖佳，付盛忠，王靖. 装配式建筑构件吊装技术 [M]. 成都：西南交通大学出版社，2019.

[112] 住房和城乡建设部科技与产业化发展中心. 中国装配式建筑发展报告 [M]. 北京：中国建

筑工业出版社，2017.

[113] 郭学明.装配式混凝土建筑制作与施工 [M]. 北京：机械工业出版社，2017.

[114] 肖明和，苏洁.装配式建筑混凝土构件生产 [M]. 北京：中国建筑工业出版社，2018.

[115] 王颖佳，黄小亚.装配式建筑施工组织设计和项目管理 [M]. 成都：西南交通大学出版社，2019.

[116] 中国建筑工业出版社.装配式建筑标准汇编 [M]. 北京：中国建筑工业出版社，2017.

[117] 北京城市建设研究发展促进会.装配式建筑建造 基础知识 [M]. 北京：中国建筑工业出版社，2018.

[118] 北京城市建设研究发展促进会.装配式建筑建造 施工管理 [M]. 北京：中国建筑工业出版社，2018.

[119] 北京城市建设研究发展促进会.装配式建筑建造 构件安装 [M]. 北京：中国建筑工业出版社，2018.

[120] 住房和城乡建设部住宅产业化促进中心.大力推广装配式建筑必读——制度·政策·国内外发展 [M]. 北京：中国建筑工业出版社，2016.

[121] 肖明和，张蓓.装配式建筑施工技术 [M]. 北京：中国建筑工业出版社，2018.

[122] 刘占省.装配式建筑 BIM 技术概论 [M]. 北京：中国建筑工业出版社，2019.

[123] 吴刚.装配式建筑 [M]. 北京：中国建筑工业出版社，2019.

[124] 杨正宏.装配式建筑用预制混凝土构件生产与应用技术 [M]. 上海：同济大学出版社，2019.

[125] 陈建伟，苏幼坡.装配式结构与建筑产业现代化 [M]. 北京：知识产权出版社，2016.

[126] 马张永，王泽强.装配式钢结构建筑与 BIM 技术应用 [M]. 北京：中国建筑工业出版社，2019.

[127] 吴耀清，鲁万卿，赵冬梅，等.装配式混凝土预制构件制作与运输 [M]. 郑州：黄河水利出版社，2017.

[128] 赵博，汪洋，段国栋.BIM 协同平台在建设工程全生命期中的应用 [J]. 中国勘察设计，2019（12）：102-104.

[129] 邹家丽，郑焕奇.信息管理系统在建筑预制构件生产中的应用 [J]. 广东土木与建筑，2019，26（11）：70-73.

[130] 薛守斌，张云峰，周冲.预制叠合板不出筋技术研究与应用 [J]. 施工技术，2019，48（16）：57-60+65.

[131] 滕荣.CRTS Ⅰ型轨道板预制施工工艺 [J]. 科技经济导刊，2019，27（12）：54-55.

[132] 马祥飞，吴勇，张荣谦.装配式预制混凝土飘窗蜂窝问题分析 [J]. 施工技术，2018，47（S4）：387-389.

[133] 孟洞天.C 公司装配式建筑构件车间生产现场管理优化研究 [D]. 长春：吉林大学，2018.

[134] 庄宇平.BIM 技术在地铁行业中装配式施工的应用 [C]. 四川省水力发电工程学会.四川

省水力发电工程学会 2018 年学术交流会暨"川云桂湘粤青"六省（区）施工技术交流会论文集 . 四川省水力发电工程学会，2018：180-186.

[135] 何长黎，王志军，吴磊 . 让 BIM 走进装配式建筑的世界 [J]. 混凝土世界，2018（07）：42-47.

[136] 许雷力 . 杭州市建筑设计行业 BIM 技术应用的策略研究 [D]. 杭州：浙江大学，2018.

[137] 韩俊 . 装配式建筑参数化构件库设计研究 [D]. 武汉：湖北工业大学，2018.

[138] 邓华智，沈传姣 . 探究装配式建筑设计的 BIM 方法 [J]. 建材与装饰，2017（44）：85.

[139] 王志成，约翰·格雷斯，约翰·凯·史密斯 . 美国装配式建筑产业发展趋势（下）[J]. 中国建筑金属结构，2017（10）：24-31.

[140] 张德海，张岐 . 预制构件与部品 BIM 数据库的构建研究 [J]. 建材与装饰，2017（38）：266-267.

[141] 王志成 . 美国装配式建筑产业发展态势（三）[J]. 建筑，2017（13）：59-62.

[142] 刘金朋 . 新型装配整体式村镇住宅优化设计研究 [D]. 天津：河北工业大学，2017.

[143] 戴文莹 . 基于 BIM 技术的装配式建筑研究 [D]. 武汉：武汉大学，2017.

[144] 刘晓丽 . 基于智慧建造的项目管控机制研究 [D]. 济南：山东建筑大学，2017.

[145] 臧利军 . BIM 技术在装配式建筑应用浅析 [J]. 建材与装饰，2017（03）：21-22.

[146] 张霞 . 装配式混凝土结构质量控制及监管研究 [J]. 施工技术，2016，45（17）：137-140.

[147] 张飞翔 . 两种钻前工程附属设备基础的模块化技术 [D]. 绵阳：西南科技大学，2016.

[148] 孙钰钦 . BIM 技术在我国建筑工业化中的研究与应用 [D]. 成都：西南交通大学，2016.

[149] 王燕 . 基于 SAP 的某能源公司人力资源系统的应用 [D]. 济南：山东大学，2015.

[150] 樊骅，夏锋，丁泓，等 . 装配式住宅结构自动拆分与组装技术研究 [J]. 住宅科技，2015，35（10）：1-6.

[151] 赵向东 . 建筑工业化全过程安全风险评估及控制技术研究 [D]. 西安：西安建筑科技大学，2015.

[152] 王秋莉 . 现浇混凝土的自然养护 [J]. 黑龙江科技信息，2015（06）：169.

[153] 王丽佳 . 基于 BIM 的智慧建造策略研究 [D]. 宁波：宁波大学，2013.

[154] 王聪兴，王建斌 . 基于 Pro/E 的装载机工作装置参数化设计系统 [J]. 机械，2012，39（12）：70-73.

[155] 郑镭，郭力娜，段立伟，等 . 关于高校实验设备维修维护平台建设 [J]. 河北联合大学学报（社会科学版），2012，12（04）：151-154.

[156] 赵新武 . 跨河道钢筋混凝土拱桥满堂支模架设计 [C]. 河南省建筑业协会：河南省建筑业行业优秀论文集（2010），2010：644-653.

[157] 江冰 . 动车组转向架关键零部件参数化设计研究与应用 [D]. 北京：北京交通大学，2009.

[158] 郭享 . 基于三维地质模型的地下厂房参数化设计与方案优选研究 [D]. 天津：天津大学，2008.

[159] 李长福.沈阳惠民新城装配式建筑成本效益分析与综合评价研究[D].沈阳：沈阳建筑大学，2015.

[160] 李秉航.装配式建筑的发展现状和趋势[J].居舍，2017（25）：8-9.

[161] 杨家骥，刘美霞.我国装配式建筑的发展沿革[J].住宅产业，2016（08）：14-21.

[162] 岑岩，邓文敏.香港住宅产业化发展经验借鉴[J].住宅产业，2015（09）：62-67.

[163] 全国部分装配式建筑政策一览[J].中国建筑金属结构，2016（08）：20-25.

[164] 2018年全国装配式建筑市场研究[J].中国建筑金属结构，2019（02）：40-47.

[165] 全国装配式建筑相关政策及发展动态[J].中国勘察设计，2017（09）：54-56.

[166] 李素兰.装配式建筑的现状与发展[J].上海建材，2018（05）：27-35.

[167] 董云龙.基于CPFR的多级库存协调补货模型构建与仿真[D].沈阳：东北大学，2008.

[168] 冯重光.装配式建筑工程供应链协同管理模型研究[D].上海：上海交通大学，2017.

[169] 矫桂兰.面向供应链管理的库存管理系统设计[D].成都：四川大学，2004.

[170] 钱洪.化工企业供应链系统设计研究[D].北京：北京化工大学，2003.

[171] 王硕.电子商务概论[D].合肥：合肥工业大学，2007.

[172] 徐伟红.供应商道德风险管理研究[D].苏州：苏州大学，2013.

[173] 张光明.供应链分销系统优化研究[D].武汉：武汉理工大学，2005.

[174] 曾桂香，唐克东.装配式建筑结构设计理论与施工技术新探[M].北京：中国水利水电出版社，2018.

[175] 黑龙江省人民政府办公厅关于推进装配式建筑发展的实施意见[Z].黑龙江省人民政府办公厅，2018.

[176] 吉林省人民政府办公厅关于大力发展装配式建筑的实施意见[Z].吉林省人民政府办公厅，2017.

[177] 河南省人民政府办公厅关于大力发展装配式建筑的实施意见[Z].河南省人民政府办公厅，2018.

[178] 青海省人民政府办公厅关于大力发展装配式建筑的实施意见[Z].青海省人民政府办公厅，2017.

[179] 国务院办公厅关于大力发展装配式建筑的指导意见[Z].国务院办公厅，2016.

[180] 赵维程，刘云启，曾丹，等.基于iOS系统的混合开发模式移动车险App[J].工业控制计算机，2018，31（05）：134-135.

[181] 乐喜.面向无线人机交互的多设备连接算法研究[D].福州：福州大学，2018.

[182] 张蕾.软件安全测试技术和工具的研究[J].中国新技术新产品，2017（17）：21-22.

[183] 岳莹莹.基于BIM的装配式建筑信息共享途径和方法研究[D].聊城：聊城大学，2017.

[184] 张悦.基于RFID组网分割的大棚温度监测方法研究[D].保定：河北农业大学，2015.

[185] 李海军.北斗导航系统与全球定位导航系统（GPS）的比较及优势分析[J].信息系统工程，2014（06）：141+147.

[186] 姜俐俐，王海宾，柴旭光．基于三层架构的农村超市管理系统的设计与实现 [J]. 网络安全技术与应用，2014（05）：8-9.

[187] 陈忠力，金刚波．基于 NET 平台的面向对象应用框架的研究与设计 [J]. 浙江万里学院学报，2011，24（01）：74-80.

[188] 李静．浅谈 Java Web 开发思想 [J]. 信息与电脑（理论版），2010（10）：108.

[189] 刘超．税务系统内部网络安全审计探讨 [D]. 天津：天津大学，2004.

[190] 魏武财．北斗导航系统与 GPS 的比较 [J]. 航海技术，2003（06）：15-16.

[191] 孙超．架构式管理软件看端详 [J]. 中国电子商务，2003（05）：68.

[192] 王娟．电话营业厅项目管理应用研究 [D]. 济南：山东大学，2013.

[193] 周智勇．石油国际工程项目管理模式问题研究 [D]. 西安：西安石油大学，2014.

[194] 陈嗣慈．EPC 模式下装配式建筑建造过程影响因素研究 [D]. 成都：西华大学，2019.

[195] 信朝霞，张志毅．基于 ETL 的网络认证计费查询系统 [J]. 科技资讯，2012（16）：16.

[196] 葛莉．普通高校二级学院教务管理系统的设计与实现 [D]. 成都：西华大学，2018.

[197] 任建基．局域网资产管理系统的研究与实现 [D]. 大连：大连理工大学，2006.

[198] 曲涛．大客户预付款结算信息系统的设计与实现 [D]. 成都：西南交通大学，2018.

[199] 陈毅敏，刘金刚．基于 ASP 的高校院系经费管理系统 [J]. 微计算机信息，2010，26（36）：38-39+5.

[200] 杨雨，王宏伟，杜国骏．基于 MVC 的中英 BTEC(HND)项目课业评价系统的设计与实现 [J]. 计算机时代，2011（01）：57-60.

[201] 王书爱．面向对象程序设计的应用 [J]. 电脑知识与技术，2011，7（29）：7289-7290+7299.

[202] 李晶．浅析对"面向对象"基本原理的认识 [J]. 科技信息，2011（36）：220.

[203] 李晓斌．一种 Web 地图服务引擎的设计与实践 [J]. 微电子学与计算机，2011，28（04）：42-44+48.

[204] 李富星，牛永洁．基于 AJAX 技术的 Web 模型在网站互动平台的应用研究 [J]. 信息技术，2010，34（12）：178-180+184.

[205] 张绍志，张荔喆，赵阳，等．BIM 技术在暖通空调教学中的应用探讨 [J]. 高等工程教育研究，2019（S1）：130-132.